U0210837

住房和城乡建设部"十四五"规划教材

高等职业教育建设工程管理类专业课程思政系列教材

工程招投标
与合同管理

黄婉意　卢永松　主　编

黄燕飞　张　婧　副主编

谢廷赏　主　审

中国建筑工业出版社

图书在版编目（CIP）数据

工程招投标与合同管理 / 黄婉意，卢永松主编 ；黄燕飞，张婧副主编. -- 北京 ：中国建筑工业出版社，2024. 8. --（住房和城乡建设部"十四五"规划教材）（高等职业教育建设工程管理类专业课程思政系列教材）.

ISBN 978-7-112-29947-8

Ⅰ. TU723

中国国家版本馆CIP数据核字第20246K13Z5号

本教材根据《中华人民共和国民法典》《中华人民共和国招标投标法》《中华人民共和国招标投标法实施条例》《建设工程施工合同（示范文本）》GF—2017—0201、《建设项目工程总承包合同（示范文本）》GF—2020—0216、《建设工程工程量清单计价规范》GB 50500—2013等最新法律规范，吸收了近年来建筑工程招投标与合同管理方面研究和实践的新成果，结合大量的工程案例编写而成。全书共分为6个单元，内容包括：工程招投标与合同管理基本知识；建设工程招标；建设工程投标；建设工程开、评、定标；建设工程施工合同管理；建设工程总承包合同管理。每个单元附有"单元知识结构图"及"单元小练"。

本教材可作为高等职业院校建设工程管理、工程监理、工程造价、建筑经济管理等专业的课程教材，也可作为在职职工的岗位培训以及相关专业职业资格考试的培训教材，还可作为广大建设工程管理人员自学的参考书籍。

为更好地支持相应课程的教学，我们向采用本书作为教材的教师提供教学课件，有需要者可与出版社联系，邮箱：jckj@cabp.com.cn，电话：010-58337285，建工书院 http://edu.cabplink.com（PC端）。欢迎任课教师加入专业教学交流群：745126886。

责任编辑：吴越恺　张　晶
责任校对：张惠雯

住房和城乡建设部"十四五"规划教材
高等职业教育建设工程管理类专业课程思政系列教材

工程招投标与合同管理

黄婉意　卢永松　主　编
黄燕飞　张　婧　副主编
　　　谢廷赏　主　审

*

中国建筑工业出版社出版、发行（北京海淀三里河路9号）
各地新华书店、建筑书店经销
北京鸿文瀚海文化传媒有限公司制版
北京圣夫亚美印刷有限公司印刷

*

开本：787毫米×1092毫米　1/16　印张：18½　字数：369千字
2024年6月第一版　2024年6月第一次印刷
定价：**48.00**元（赠教师课件）

ISBN 978-7-112-29947-8
　　（43076）

出版说明

党和国家高度重视教材建设。2016 年，中办国办印发了《关于加强和改进新形势下大中小学教材建设的意见》，提出要健全国家教材制度。2019 年 12 月，教育部牵头制定了《普通高等学校教材管理办法》和《职业院校教材管理办法》，旨在全面加强党的领导，切实提高教材建设的科学化水平，打造精品教材。住房和城乡建设部历来重视土建类学科专业教材建设，从"九五"开始组织部级规划教材立项工作，经过近 30 年的不断建设，规划教材提升了住房和城乡建设行业教材质量和认可度，出版了一系列精品教材，有效促进了行业部门引导专业教育，推动了行业高质量发展。

为进一步加强高等教育、职业教育住房和城乡建设领域学科专业教材建设工作，提高住房和城乡建设行业人才培养质量，2020 年 12 月，住房和城乡建设部办公厅印发《关于申报高等教育职业教育住房和城乡建设领域学科专业"十四五"规划教材的通知》（建办人函〔2020〕656 号），开展了住房和城乡建设部"十四五"规划教材选题的申报工作。经过专家评审和部人事司审核，512 项选题列入住房和城乡建设领域学科专业"十四五"规划教材（简称规划教材）。2021 年 9 月，住房和城乡建设部印发了《高等教育职业教育住房和城乡建设领域学科专业"十四五"规划教材选题的通知》（建人函〔2021〕36 号）。为做好"十四五"规划教材的编写、审核、出版等工作，《通知》要求：（1）规划教材的编著者应依据《住房和城乡建设领域学科专业"十四五"规划教材申请书》（简称《申请书》）中的立项目标、申报依据、工作安排及进度，按时编写出高质量的教材；（2）规划教材编著者所在单位应履行《申请书》中的学校保证计划实施的主要条件，支持编著者按计划完成书稿编写工作；（3）高等学校土建类专业课程教材与教学资源专家委员会、全国住房和城乡建设职业教育教学指导委员会、住房和城乡建设部中等职业教育专业指导委员会应做好规划教材的指导、协调和审稿等工作，保证编写质量；（4）规划教材出版单位应积极配合，做好编辑、出版、发行等工作；（5）规划教材封面和书脊应标注"住房和城乡建设部'十四五'规划教材"字样和统一标识；（6）规划教材应在"十四五"期间完成出版，逾期不能完成的，不再作为《住房和城乡建设领域学科专业"十四五"规划教材》。

住房和城乡建设领域学科专业"十四五"规划教材的特点，一是重点以修订教育部、住房和城乡建设部"十二五""十三五"规划教材为主；二是严格按照专业标准规范要求编写，体现新发展理念；三是系列教材具有明显特点，满足不同层次和类型的学校专业教学要求；四是配备了数字资源，适应现代化教学的要求。规划教材的出版凝聚了作者、主审及编辑的心血，得到了有关院校、出版单位的大力支持，教材建设管理过程有严格保障。希望广大院校及各专业师生在选用、使用过程中，对规划教材的编写、出版质量进行反馈，以促进规划教材建设质量不断提高。

住房和城乡建设部"十四五"规划教材办公室

2021 年 11 月

前　言

　　建设工程招投标与合同管理是工程建设项目管理中十分重要的工作，也是建筑企业（承包商）主要的生产经营活动之一，建筑企业通过投标获得承包任务并通过完善的项目合同管理取得好的经济效益，是企业生存发展的主要路径。招投标与合同管理在企业经营管理活动中具有非常重要的地位和作用。因此，"工程招投标与合同管理"是职业教育建设工程管理、工程造价等专业的核心课程。

　　本教材基于"工程招投标与合同管理"的课程标准要求，培养从事建设工程招投标与合同管理工作的人才，结合招投标与合同管理发展的前沿问题，从学生的实际情况出发组织编写。内容分为3个模块：基础知识导入；工程项目招标与投标；建设工程合同管理。3个模块共分为6个单元，分别是：工程招投标与合同管理基本知识；建设工程招标；建设工程投标；建设工程开、评、定标；建设工程施工合同管理；建设工程总承包合同管理。

　　本教材的编写具有以下特色：

　　1. 内容体系完备。教材内容的选取涵盖了工程招投标与合同管理领域的基础理论知识、岗位技能知识。本教材先介绍了招投标与合同的相关基础知识，使学习者对该工作开展的背景了解后，进一步详细阐述招投标和合同管理工作如何开展。在陈述工作如何开展的内容前也会根据需要先作基础知识铺垫，从而使学习者充分地理解知识的背景和内涵，力求达到举一反三、触类旁通的学习效果。

　　2. 案例丰富。通过用例子解释法律法规条文的运用、用综合案例串联各单元知识点的方式，把重点放在讲清工程法律法规、工程招投标、工程合同管理的应用方面，强化了学习者对知识的运用，也增强了内容的可读性和实用性。

　　3. 知识前沿。在编写本教材的过程中，对相关法律、法规作了详尽的调研，确保内容紧跟建筑业发展趋势，能反映招投标与合同管理领域的最新理论、技术、法律法规、技术标准。教材中的工程案例，也均是源于近几年实际工作和实际工程的典型事例。

　　4. 情境教学。本教材的每个任务由"情境导入"开始，以具体的案例作为学习背景，引导学生身临其境的去学习和理解知识点，加深对知识的理解和记忆。

　　5. 课证融通。教材内容的选取，除了注重学习者对工作技能知识的掌握，还响应了新时代对职业院校学生毕业获得"双证"的要求，内容融合了国家职业技能等级证书、执业资格证书等考试要求，有助于学生在校或毕业后考取相关证书。

　　6. 思政融入，落实教育立德树人的根本任务。书中设置思政案例，在讲解知识的过程插入思政元素，学习者在掌握知识的同时也培养了他们的社会主义核心价值观和良好的职业道德。

7. 数字化资源配套。本书紧随时代发展潮流，配套了大量微课，学习者扫描书中二维码，即可观看视频，同步学习相关知识，寓教于乐。

8. 辅助巩固训练。每个单元都配套了相应的习题，习题大部分来源于各类职业证书考试的考题，学习者通过练习，可以更牢固的掌握所学知识。

本教材由黄婉意（广西建设职业技术学院）、卢永松（广西建设职业技术学院）担任主编，黄燕飞（广西建设职业技术学院）、张婧（广西建工集团冶金建设有限公司）担任副主编，参编人员长期在教学、科研、生产第一线从事相关工作，具体写作分工如下：

单元 1：任务 1.1、1.2、1.3，赖云平；任务 1.4、1.5，刘承波。

单元 2：任务 2.1、2.2、2.3，黄燕飞；任务 2.4，赖云平。

单元 3：任务 3.1、3.2、3.4、3.5，黄燕飞；任务 3.3，赖云平。

单元 4：潘颖。

单元 5：黄婉意。

单元 6：卢永松。

全教材由黄婉意总纂修改、校核、定稿。南宁项目策划咨询集团有限责任公司谢廷赏担任本教材主审。

在本教材的编写过程中，我们拜读了国内外许多专家和学者的著作，并借鉴了其中部分内容，在此谨向他们表示深深的谢意！受时间和水平所限，书中难免会有不足之处，敬请专家和读者不吝指正。

编　者

2024 年 3 月

目　录

模块 1　基础知识导入

模块 2　工程项目招标与投标

模块3　建设工程合同管理

模块 1
基础知识导入

单元1 工程招投标与合同管理基本知识

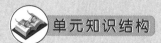 单元知识结构

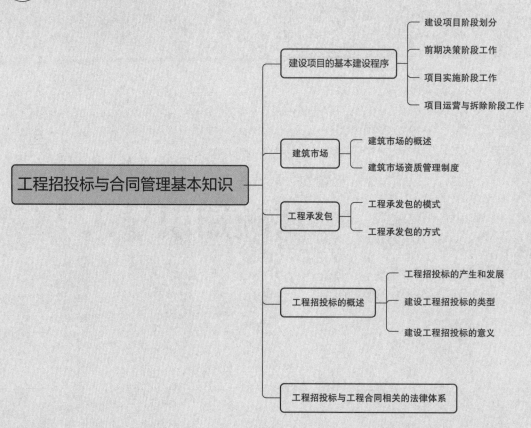

任务 1.1　建设项目的基本建设程序

知识目标

了解建设项目阶段划分以及各阶段的主要工作，了解不同投资主体的项目工作内容的差别。

熟悉各阶段工作实施的主体，熟悉项目实施准备环节与项目实施阶段的具体工作内容。

能力目标

能分辨项目各工作的责任主体。

素质目标

学会从全局的视角看事情，做事有计划、有方法，培养法治意识，学会遵法依规完成既定目标。

情境导入

某学校因扩招，需要建设新校区，基建处刚入职的职工小王被安排全程参与这个项目，他对项目建设比较陌生，要建一个新校区应当按什么样的流程推进？具体又有哪些工作需要去完成？在过程中需要哪些对象参与到工作之中呢？

1.1.1　建设项目阶段划分

一个建设项目从建设构思到报废拆除所经历的整个过程，称为该项目的发展周期。建设项目阶段划分是在我国长期建设的实践中总结的，对项目生命周期中各工作之间前后顺序与逻辑关系的总结。建设项目的发展周期通常会经历前期决策、项目实施、运营与拆除三个阶段，分别以"项目实施准备"和"竣工验收与试运行"为分界线。建设项目阶段划分与具体工作如图 1-1 所示。

投资决策阶段的主要任务是对项目投资机会、方案进行研究，从而确定项目投资建设的各类技术经济指标，为项目实施过程提供依据。建设实施阶段是根据投资决策阶段确定的方案与技术经济指标，完成项目实体建设的过程。运营与拆除阶段是在项目实体竣工验收后，利用项目实体进行生产经营直到项目实体报废并最终拆

图 1-1 建设项目阶段划分与具体工作

除的过程。各阶段的工作顺序对于不同投资者、不同类型、不同规模的项目有时会出现交叉，甚至一些项目会省略其中的部分工作。

🅛🅛🅛 前期决策阶段工作

前期决策阶段也叫项目前期阶段、投资决策阶段，其最终成果是作出投资决策并为项目做好各项准备工作。在此过程中通过资料调查与数据收集形成多个可以实施的方案，基于方案的比较与选择，确定多种方案中适合项目实施的方案，并通过详细研究方案，对是否实施项目以及如何实施项目这两个核心问题进行讨论，并为项目的正式实施做好各项行政审批、土地获取工作。该阶段的工作主要包括机会研究、可行性研究、评估决策和项目实施准备工作。

1．机会研究

机会研究是投资者对项目建设有初步意向的基础之上，根据国民经济与社会发展状况、行业与产业发展情况、市场与生产力布局、国家与地方政策等条件，对项目投资的必要性进行初步探讨，并对投资方向、投资规模、投资结构等进行初步研究与确定的工作，其结果是形成项目建议书。

2．可行性研究

可行性研究可以分为初步可行性研究和详细可行性研究两步进行。初步可行性研究是在机会研究认为项目值得进一步开展并确定了大致的投资方向、投资规模、投资结构等内容的基础上，投资者为进一步判断机会研究结论的正确性以及项目实施的可行性而开展的研究工作。详细可行性研究则是对项目建设的必要性、可行性以及拟定的项目建设方案、效益等内容全面深入的研究，是作出投资决策的基础，也是项目投资决策阶段的关键环节。

3．评估决策

评估决策工作的主要内容是组织有关专家、有资质的单位，对项目可行性研究报告的内容与结论进行核实、确认，最终投资者作出最终投资决策的过程。项目评估有三种：项目发起人的项目评估、贷款人的项目评估、政府方的项目评估。

4．项目实施准备

项目实施阶段准备工作是为项目能在实施阶段顺利实施而在投资决策过程中做的各项准备工作，主要包括获取建设用地、资金筹措和工程发包。

⓵⓵⓷ 项目实施阶段工作 ·· ●

项目评估确认项目可实施，并且在建设用地、项目资金都落实后，项目就会进入到实施阶段，这一阶段的主要工作有：勘察设计、施工安装、竣工验收与试运行。

1．勘察设计

（1）工程勘察。有勘察资质的单位根据工程建设的规划需要，依据法律法规以及相关规范的要求，对拟进行工程场地及周边的地质、地形、水文等状况进行测量、勘探等活动，并形成勘察成果为项目的设计、施工提供依据。

（2）初步设计。初步设计是有设计资质的单位在可行性研究报告、勘察成果的基础上，对拟建工程宏观性的设计，如对主要工艺流程、建筑总体布局、主要设备型号等的确定。

（3）施工图设计。施工图设计又叫详细设计，是设计单位在初步设计及技术设计的基础上，绘制详尽完整的可用于施工安装的图纸。施工图设计完成后应进行施工图审查：将施工图报送有资质的设计审查机构审查，并报送行业主管部门备案。

2．施工安装

这一阶段工作主要包括施工准备及工程施工安装。

（1）施工准备。为确保项目能顺利进行施工，业主在正式施工之前需要做好各项准备工作。主要包括：基础资料移交；完善施工条件；组织施工单位、监理单位、设计单位进行图纸会审和技术交底。

（2）工程施工安装。在完成报建手续并完善相应的施工条件后，项目即可开工进入到施工安装工作中。在这一阶段，施工单位按照相关法律法规、合同约定、设计要求完成施工安装任务。

3．竣工验收与试运行

（1）竣工验收。竣工是指施工单位按合同内容完成了相应的施工任务，竣工验收则是在正式将可交付物移交建设单位前，由建设单位组织勘察、设计、监理、有关政府单位等对项目进行查验，确认工程、验收材料符合要求，合同约定的试车已经通过，工程能正常使用，最终由建设单位接收工程。

（2）试运行也叫试车，是对项目建设的成果在正式投产前进行运行，确保在正式投产后项目能够稳定运转，包括单机试车、联动试车、投料试车。

1.1.4 项目运营与拆除阶段工作 ••••••••••••••••••••••••• ●

项目在通过竣工验收且试运行情况良好的条件下，就会进入到生产运营阶段，且随着生产过程逐渐磨损并最终在无法修复或修复无意义的情况下拆除。在此过程中会进行以下工作：

1．缺陷修复与保修

根据有关法律法规，施工单位需要从工程通过竣工验收之日起在合同约定的缺陷责任期内（约定最长不能超过 24 个月）承担缺陷修复义务，并且在此期间发包人预留了质量保证金，若承包人不维修也不承担费用发包人可以扣除质量保证金。同时，施工单位还要从工程竣工验收合格之日起，按合同约定或法律规定的最低保修年限，承担保修义务。

2．竣工决算与项目后评价

竣工决算与后评价都是对项目实际情况的检查，目的是为日后的工作提供改进意见。建设项目竣工决算是指建设项目在竣工验收、交付使用阶段，由建设单位编制的反映建设项目从筹建开始到竣工投入使用为止全过程中实际费用的经济文件。

项目后评价是在项目投产到一定时期后，对项目从决策到后评价时间为止所有工作的再评估，通过对可行性研究成果、项目评估结果与实际项目情况的对比，分析数据差异之处，了解项目运营情况，为改善运营提供依据，同时为下一次实施类似项目提供参考。

任务 1.2　建筑市场

知识目标

了解建筑市场的含义，以及建筑市场的监督管理体制。熟悉建筑市场的主体与客体。掌握建筑市场资质管理制度。

能力目标

能判断不同类型、不同规模项目的勘察、设计、施工、监理单位应当具备的资质。

素质目标

培养法治意识，学会遵法依规，感受改革开放的丰硕成果，认同中国特色社会主义市场经济。

情境导入

小王在了解建设项目基本建设程序后，明确了新校区建设的流程，但市场上鱼龙混杂，怎么确保参与新校区建设的各单位能帮助学校建设好新校区呢？参与单位应不应当有门槛条件？法律法规对市场上各主体又有什么样的监管措施与准入条件呢？

1.2.1 建筑市场的概述

市场是古时候人们对进行交易的场所的称呼，因此狭义上的市场是指进行商品交易的地点。而如今，随着社会生产力与经济理论的发展，市场一词被推广到更高领域，广义上的市场是商品交换关系的总和，这种关系可以是交易具体位置关系的描述，也就是狭义上的市场，也可以是对供给和需求之间关系的描述。

建筑市场的概念也有狭义和广义之分，狭义的建筑市场是指有形建筑市场，也就是具体的交易场所；广义的建筑市场不仅包括有形建筑市场，还包括各种材料、技术、劳务之间的供求关系，还包括各种材料、技术、劳务之间交换情况的具体关系，是对建筑产品生产、交易过程中各类关系的概括性描述。

从不同类型市场横向对比来看，建筑市场中交易的对象——建筑产品本身存在生命周期性、影响长期性、独特性、高价值等特点，因此建筑市场相较于其他市场而言更为复杂，其复杂性可以从市场的主客体与市场的管理体制中体现。

建筑市场的主体是对"谁在建筑市场中做交易"的描述，也就是建筑市场中进行交易的各方。在我国现行法律体系中，建筑市场的主体是具有法人资格的单位，而自然人则依托具有法人资格的单位在建筑市场中发挥作用，这些法人单位主要包括建设单位、承包人、工程咨询服务机构等。

（1）建设单位。建设单位又称业主，是建设项目的发起人和总牵头单位，对项目决策、实施进行全过程组织、协调和督促，并最终取得建设项目的成果以达到使用与运营的目的。建设单位在发包建设工程任务时成为发包人。目前大部分项目的建设单位为具有法人资格的民事主体。建设单位的产生主要有两种情形：

1）投资企业或单位作为建设单位。投资企业或单位要新建、扩建、改建工程，可以直接以自身作为建设单位推进项目的实施，特别是对于政府及事业单位投资工程项目，此种情形较常见。

2）建设单位为新建法人。新建法人作为建设单位，能有效的实现有限追索或无追索，并且在满足条件的基础上能够实现项目发起人对项目的表外融资，是实施项目融资模式的常用方式，因此越来越多盈利性项目采用新建项目公司的方式筹建项目，此时项目公司就成为了项目的建设单位。

（2）承包人。承包人是进行工程建设的主体，包括勘察单位（企业）、设计单位（企业）、施工单位（企业）。承包人从事建筑活动，需要按照其拥有的注册资本、专业技术人员、技术装备和已完成的建筑工程业绩等资质条件，划分为不同的资质等级，经资质审查合格，取得相应等级的资质证书后，方可在其资质等级许可的范围内从事建筑活动。

（3）工程咨询服务机构。工程咨询服务机构是为项目提供各类咨询服务的单位（企业），包括监理、工程咨询、项目管理、造价咨询等机构。监理、造价类工程咨询服务机构在我国较早得到发展。随着我国经济增长，对建设项目的需求日益复杂，市场经历着巨大的发展，对工程咨询、项目管理类业务的需求也随之不断增加。

建筑市场的客体则是建筑市场中被交易的对象，包括有形的建筑产品和无形的建筑产品，如建筑物、构筑物、混凝土构件等以实物形态呈现的建筑产品属于有形建筑产品，而监理、咨询等服务则属于无形建筑产品。

建筑市场的概念、
主体与客体

1.2.2 建筑市场资质管理制度 ●

资质是一种行政许可，是建设行政机关根据从事建筑活动的主体的申请，经依法审查，准予其从事特定建筑活动的行为。资质可以理解为进入相关领域的门槛条件，其目的是维护公共利益和建筑市场秩序，保证建设工程质量安全。根据《中华人民共和国建筑法》第十三条，从事建筑活动的施工企业、勘察单位、设计单位和工程监理单位，按照其拥有的注册资本、专业技术人员、技术装备和已完成的建筑工程业绩等资质条件，划分为不同的资质等级，经资质审查合格，取得相应等级的资质证书后，方可在其资质等级许可的范围内从事建筑活动。

企业无资质或超越资质承揽工程需要承担相应的法律后果。如《建设工程质量管理条例》规定，勘察、设计、施工、工程监理单位超越本单位资质等级承揽工程的，责令停止违法行为，对勘察、设计单位或者工程监理单位处合同约定的勘察费、设计费或者监理酬金1倍以上2倍以下的罚款；对施工单位处工程合同价款2%以上4%以下的罚款，可以责令停业整顿，降低资质等级；情节严重的，吊销资质证书；有违法所得的，予以没收。未取得资质证书承揽工程的，予以取缔，依照前款规定处以罚款；有违法所得的，予以没收。因此，企业应当重视其资质的获取与管理。

1．资质条件

资质条件的设定是为了考量从事建筑活动的主体是否具备完成相应建筑活动的能力，不同类型、不同等级的资质的资格条件不同，但主要包括资产、专业技术人员、技术装备和已完成的建筑工程业绩。

（1）有符合规定的资产：企业资产是指企业拥有或控制的能以货币计量的经济资源。由于建筑产品价值高、周期长，对企业的经济状况要求高，因此对资产的考量显得尤为重要。对资产进行考量的主要内容是企业净资产——企业的资产总额减去负债后的净额，即所有者权益。相比起企业的注册资本，净资产反映了企业的负债情况，真实体现企业可以控制的资源，能准确反映企业的经济状况。

（2）有符合规定的主要人员：建筑活动有较强的专业性和技术性，需要由有相应能力的专业人员完成这一活动，因此对企业资质的审查中，需要对企业拥有的注册建造师及其他注册人员、工程技术人员、施工现场管理人员和技术工人进行考量。

（3）有符合规定的技术装备：建筑企业从事工程建设活动需要使用与其从事的活动相适应的技术装备。但目前许多大型机械设备均采用租赁或融资租赁的方式，因此具体要求较少。

（4）有符合规定的已完成工程业绩：考量企业是否有实际参与工程建设的经验，以及相应经验的资深程度。为提高市场竞争，目前政策对业绩的要求也在逐渐降低，部分资质等级不考核业绩。

2．施工企业资质等级划分

禁止"工程挂靠"

施工企业的资质等级划分与许可活动范围在《建筑业企业资质管理规定》《建筑业企业资质标准》中做出了明确规定，施工企业资质分为施工总承包资质、专业承包资质、施工劳务资质三个序列。

（1）施工总承包分为12个类别，包括建筑工程施工总承包、公路工程施工总承包、铁路工程施工总承包等。各类别下分为若干等级，主要包括特级、一级、二级和三级，需要注意的是并不是每个类别都有4个等级，如通信工程施工总承包和机电工程施工总承包资质仅分为一、二、三级。

（2）专业承包分为36个类别，包括地基基础工程专业承包、起重设备安装工程专业承包、预拌混凝土专业承包等。各类别下分为若干等级，主要包括一级、二级和三级，需要注意的是并不是每个类别都有3个等级，如建筑幕墙工程专业承包资质仅分为一、二级。

（3）施工劳务资质不分类别与等级。

施工企业的资质等级划分见表1-1。各资质能承揽的工程范围不同，以《建筑业企业资质标准》为准，其中最高等级资质（特级/一级）不约束承揽范围。

【例1-1】施工企业取得建筑工程施工总承包一级资质后，可以承担单项合同额3000万元以上的下列建筑工程的施工：

① 高度200m以下的工业、民用建筑工程；

② 高度 240m 以下的构筑物工程。

施工企业取得建筑工程施工总承包二级资质后，可以承担下列建筑工程的施工：

① 高度 100m 以下的工业、民用建筑工程；

② 高度 120m 以下的构筑物工程；

③ 建筑面积 4 万 m^2 以下的单体工业、民用建筑工程；

④ 单跨跨度 39m 以下的建筑工程。

施工企业取得建筑工程施工总承包三级资质后，可以承担下列建筑工程的施工：

① 高度 50m 以下的工业、民用建筑工程；

② 高度 70m 以下的构筑物工程；

③ 建筑面积 1.2 万 m^2 以下的单体工业、民用建筑工程；

④ 单跨跨度 27m 以下的建筑工程。

施工企业资质等级划分　　　　　表 1-1

资质序列	资质类别	等级划分
施工总承包资质	建筑工程施工总承包	特、一、二、三
	公路工程施工总承包	特、一、二、三
	铁路工程施工总承包	特、一、二、三
	港口与航道工程施工总承包	特、一、二、三
	水利水电工程施工总承包	特、一、二、三
	电力工程施工总承包	特、一、二、三
	矿山工程施工总承包	特、一、二、三
	冶金工程施工总承包	特、一、二、三
	石油化工工程施工总承包	特、一、二、三
	市政公用工程施工总承包	特、一、二、三
	通信工程施工总承包	一、二、三
	机电工程施工总承包	一、二、三
专业承包资质	地基基础工程专业承包	一、二、三
	起重设备安装工程专业承包	一、二、三
	预拌混凝土专业承包	不分等级
	电子与智能化工程专业承包	一、二
	消防设施工程专业承包	一、二
	防水防腐保温工程专业承包	一、二
	桥梁工程专业承包资质	一、二、三
	隧道工程专业承包	一、二、三

续表

资质序列	资质类别	等级划分
专业承包资质	钢结构工程专业承包	一、二、三
	模板脚手架专业承包	不分等级
	建筑装修装饰工程专业承包	一、二
	建筑机电安装工程专业承包	一、二、三
	建筑幕墙工程专业承包	一、二
	古建筑工程专业承包	一、二、三
	城市及道路照明工程专业承包	一、二、三
	公路路面工程专业承包	一、二、三
	公路路基工程专业承包	一、二、三
	公路交通工程专业承包（含分项）	一、二
	铁路电务工程专业承包	一、二、三
	铁路铺轨架梁工程专业承包	一、二
	铁路电气化工程专业承包	一、二、三
	机场场道工程专业承包	一、二
	民航空管工程及机场弱电系统工程专业承包	一、二
	机场目视助航工程专业承包	一、二
	港口与海岸工程专业承包	一、二、三
	航道工程专业承包	一、二、三
	通航建筑物工程专业承包	一、二、三
	港航设备安装及水上交管工程专业承包	一、二
	水工金属结构制作与安装工程专业承包	一、二、三
	水利水电机电安装工程专业承包	一、二、三
	河湖整治工程专业承包	一、二、三
	输变电工程专业承包	一、二、三
	核工程专业承包	一、二
	海洋石油工程专业承包	一、二
	环保工程专业承包	一、二、三
	特种工程专业承包	不分等级
施工劳务资质	不分类别	不分等级

3. 勘察企业资质等级划分

勘察企业的资质等级划分与许可活动范围在《建设工程勘察设计资质管理规定》

《建设工程勘察设计管理条例》《工程勘察资质标准》中做出了明确规定，勘察企业资质分为工程勘察综合资质、工程勘察专业资质、工程勘察劳务资质三个类别。除此之外，海洋工程由于其特殊性，相关企业资质参照《海洋工程勘察资质分级标准》的有关规定。

（1）工程勘察综合资质是指包括全部工程勘察专业资质的工程勘察资质，工程勘察综合资质只设甲级，取得后能承担各类建设工程项目的岩土工程、水文地质勘察、工程测量业务（海洋工程勘察除外），其规模不受限制（岩土工程勘察丙级项目除外）。

（2）工程勘察专业资质包括岩土工程专业资质、水文地质勘察专业资质和工程测量专业资质；其中，岩土工程专业资质包括岩土工程勘察、岩土工程设计、岩土工程物探测试检测监测等岩土工程（分项）专业资质。岩土工程、岩土工程设计、岩土工程物探测试检测监测专业资质设甲、乙两个级别；岩土工程勘察、水文地质勘察、工程测量专业资质设甲、乙、丙三个级别。

（3）工程勘察劳务资质包括工程钻探和凿井，不分等级。

（4）海洋工程勘察资质设甲、乙两个等级，在海洋工程测量、海洋岩土勘察和海洋工程环境调查三个分专业。同时满足甲级或乙级资质等级要求时，相应定为海洋工程勘察甲级或乙级资质；其中某一分专业满足甲级或乙级资质等级要求时，定为相应专业的甲级或乙级资质。

勘察企业的资质等级划分见表1-2。各资质能承揽的工程范围不同，以《工程勘察资质标准》为准。

勘察企业资质等级　　　　　　　　　　　　　表1-2

资质序列	资质类别	等级划分
综合资质	综合资质	只设甲级
专业资质	水文地质勘察	甲、乙、丙
	工程测量	甲、乙、丙
	岩土工程	甲、乙
	岩土工程勘察分项	甲、乙、丙
	岩土工程设计分项	甲、乙
	岩土工程物探测试检测监测分项	甲、乙
	海洋工程勘察	甲、乙
	海洋岩土勘察分专业	甲、乙
	海洋工程环境调查分专业	甲、乙
	海洋工程测量分专业	甲、乙
劳务资质	工程钻探	不分等级
	凿井	不分等级

4．设计企业资质等级划分

设计企业的资质等级划分与许可活动范围在《建设工程勘察设计资质管理规定》《建设工程勘察设计管理条例》《工程设计资质标准》中做出了明确规定，设计企业资质分为工程设计综合资质、工程设计行业资质、工程设计专业资质、工程设计专项资质四个序列。

（1）工程设计综合资质是指涵盖 21 个行业的设计资质。工程设计综合资质只设甲级。

（2）工程设计行业资质是指涵盖某个行业资质标准中的全部设计类型的设计资质。工程设计行业划分为 21 个，行业与其等级划分见表 1-3。

工程设计行业与等级划分　　　　　　　　　　　表 1-3

行业	备注	等级划分
煤炭		甲、乙
化工石化医药	含化石、化工、医药	甲、乙
石油天然气	海洋石油	甲、乙
电力	含火电、水电、核电、新能源	甲、乙、丙（限送变电）
冶金	含冶金、有色、黄金	甲、乙
军工	含航天、航空、兵器、船舶	甲、乙
机械		甲、乙
商物粮	含商业、物资、粮食	甲、乙
核工业		甲、乙
电子通信广电	含电子、通信、广播电影电视	甲、乙
轻纺	含轻工、纺织	甲、乙
建材		甲、乙
铁道		甲、乙
公路		甲、乙、丙
水运		甲、乙
民航		甲、乙
市政		甲、乙、丙
农林	含农业、林业	甲、乙、丙
水利		甲、乙、丙
海洋		甲、乙
建筑	含建筑、人防	甲、乙、丙、丁

（3）工程设计专业资质是指某个行业资质标准中的某一个专业的设计资质。如

电力行业专业资质包括：火力发电、水力发电、风力发电、新能源发电、送电工程、变电工程。

（4）工程设计专项资质是指为适应和满足行业发展的需求，对已形成产业的专项技术独立进行设计以及设计、施工一体化而设立的资质，包括建筑装饰工程设计专项资质、建筑智能化系统设计专项资质、建筑幕墙工程设计专项资质、轻型钢结构工程设计专项资质、风景园林工程设计专项资质、消防设施工程设计专项资质、环境工程设计专项资质、照明工程设计专项资质。

5．监理企业资质等级划分

工程监理企业资质分为综合资质、专业资质和事务所资质。其中，专业资质按照工程性质和技术特点划分为若干工程类别。综合资质、事务所资质不分级别。专业资质分为甲级、乙级；其中，房屋建筑、水利水电、公路和市政公用专业资质除甲级、乙级外还设立丙级。监理企业资质等级见表 1-4。

监理企业资质等级划分　　　　　　　　　　　表 1-4

序号	工程类别	等级划分	序号	工程类别	等级划分
1	房屋建筑工程	甲、乙、丙	8	铁路工程	甲、乙
2	冶炼工程	甲、乙	9	公路工程	甲、乙、丙
3	矿山工程	甲、乙	10	港口与航道工程	甲、乙
4	化工石油工程	甲、乙	11	航天航空工程	甲、乙
5	水利水电工程	甲、乙、丙	12	通信工程	甲、乙
6	电力工程	甲、乙	13	市政公用工程	甲、乙、丙
7	农林工程	甲、乙	14	机电安装工程	甲、乙

6．企业资质新规

（1）2016 年，住房和城乡建设部为进一步推进建筑行业简政放权、放管结合，发布了《住房城乡建设部关于简化建筑业企业资质标准部分指标的通知》。通知对《建筑业企业资质标准》中部分指标进行了简化，同时提高了申请高等级资质的企业相应业绩可信度要求：

1）除各类别最低等级资质外，取消关于注册建造师、中级以上职称人员、持有岗位证书的现场管理人员、技术工人的指标考核；

2）取消通信工程施工总承包三级资质标准中关于注册建造师的指标考核；

3）大量降低建筑工程施工总承包一级及以下资质的建筑面积考核指标值；

4）对申请建筑工程、市政公用工程施工总承包特级、一级资质的企业，未进入全国建筑市场监管与诚信信息发布平台的企业业绩，不作为有效业绩认定。

（2）2022年，住房和城乡建设部办公厅发布了《关于〈建筑业企业资质标准（征求意见稿）〉等4项资质标准公开征求意见的通知》（以下简称意见稿），开启对新资质标准相关意见的征求工作。意见稿中资质变动较大的为施工企业资质：企业资质分为施工综合资质、施工总承包资质、专业承包资质和专业作业资质4个序列。其中施工综合资质不分类别和等级；施工总承包资质设有13个类别，分为2个等级（甲级、乙级）；专业承包资质设有18个类别，一般分为2个等级（甲级、乙级，部分专业不分等级）；专业作业资质不分类别和等级。勘察、设计、监理资质也有一定程度的变动。总体上看，资质序列、类别、等级划分更统一，数量上也得到了简化。

知识加油站 ···

建筑市场从业者的职业资格证书

在我国，对于从事建筑活动的施工企业、勘察单位、设计单位和工程监理单位要求必须具备相应的资质条件，对于建筑行业从业者也要求持有相应的职业资格证书。职业资格证书是指通过考核或评审获得的、证明一个人具备特定职业技能或知识水平的证书。常见的建筑行业相关职业资格证书有注册建筑师、注册结构工程师、注册建造师、注册监理工程师、注册造价工程师等。取得职业资格证书是对从业者职业水平的一种认可，对于提升个人职业素质、证明执业的合法性、增强个人竞争力具有重大意义。

建筑市场的从业
资格制度

任务 1.3　工程承发包

知识目标

了解工程承发包的含义；熟悉工程承发包的方式及适用情况；掌握工程承发包的模式及适用情况。

能力目标

能根据项目的特点选择不同的承发包模式。

素质目标

学会从全局的视角看事情，做事有计划有方法，培养法治意识，学会遵法依规完成既定目标。

情境导入

小王在了解项目建设的流程后，明确了项目建设过程中需要将建设的工作内容委托给专业的部门或单位完成，但是在工程内容发包时，有哪些模式呢？应该以什么样的方式发包呢？

工程承发包是建筑市场最主要的交易方式，由发包人将建设工程任务发包交由承包人完成，并向承包人支付报酬，因此工程承发包包括工程发包与工程承包两个基本过程。其中，发包人通常是项目业主，但在代建制或项目管理 MC 模式下业主也不一定是发包人；承包人通常是勘察、设计、施工等企业。

广义上，工程发包内容主要包括：

（1）工程咨询类：项目建议书 / 可行性研究、造价咨询、全过程工程咨询。

（2）勘察、设计服务。

（3）材料与设备供应。

（4）建筑施工、设备安装。

（5）工程试车。

而狭义上的工程发包特指建筑施工与安装发包，随着经济发展与现代化专业分工背景下，广义的工程发包概念更适用于现代工程项目。

工程承发包的概念与内容

1.3.1 工程承发包的模式 ………………………………… ●

1．平行承发包模式

平行承发包是指发包人将工程项目各建设工程任务按照其管理需要进行分解，并将分解后的设计、施工等任务分别发给不同的承包人，发包人分别与各承包人签订合同。平行承发包可以运用在建设项目的各阶段，也可以运用在具体的某个阶段。

对于各阶段均采用平行承发包模式的情况下，项目发包模式结构如图 1-2 所示。

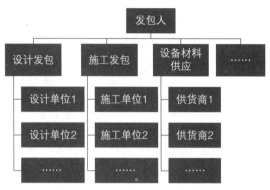

图 1-2　平行承发包模式结构图

平行承发包的优点有：

（1）对于工程的每一部分，发包人可以直接控制发包过程，利于找到最符合期望目标的承包人，且与承包人为直接合同关系，有利于项目的总体控制；

（2）平行承发包下各任务包工作量不大，有利于发包人的检查和检验，且各部分承包人之间能够形成相互约束，提高质量可控性；

（3）合理设计的平行承发包可以实现"边设计边施工"，从而有利于加快项目总体进度。

平行承发包的缺点有：

（1）项目实际投资额要在最后一个承包人竣工结算后才能得出，不利于投资的控制，并且发包人需要负责与所有承包人进行谈判、签约，从而导致工程采购工程量大、耗时长、成本支出高；

（2）平行承发包模式下合同数量大，管理界面复杂，发包人需要协调组织各承包人之间的关系，发包人面临的管理风险显著提高；

（3）平行承发包下，发包人需要面对不同专业的承包人，且管理任务繁重，需要投入大量的有实力的人力进行管理。

（4）在平行发包的操作过程中，易出现将工程任务分解过细而变为肢解发包的情况，肢解发包在我国是违法的。

2．总承包模式

总承包模式是指将多个建设工程任务打包，交给一个承包人完成，如将项目全部设计任务交由一个设计院完成，或者将项目全部施工任务交给一个施工单位完成，亦或者将设计、施工的全部任务交给一个承包人完成。项目中常见的总承包模式有：设计/施工总承包、工程总承包等。

（1）设计/施工总承包，即设计总承包与施工总承包，是指将全部设计/施工任务交由一个承包人完成，该模式自 20 世纪 80 年代起得到较快发展，衍生出大量总承包公司，特别是施工总承包公司。设计 / 施工总承包的优点主要是相同类型的任务发包人仅需要进行一次发包，与发包人具有直接合同关系的承包人大量减少，发包人的项目管理工作量降低，合同界面也变得更为清晰，总投资的控制也随着施工合同的签订基本得到明确，也不再要求发包人对建设项目全过程了如指掌。平行承发包与总承包模式下发包人合同结构的差别如图 1-3 所示。

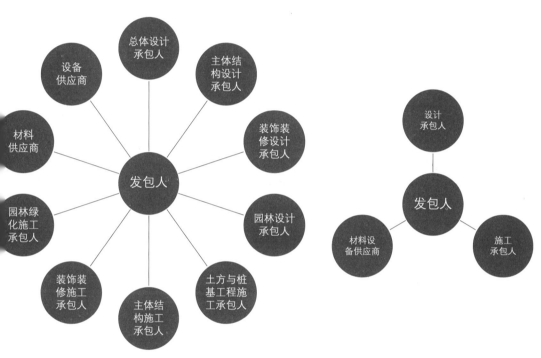

图 1-3　平行承发包（左）与设计 / 施工总承包（右）模式下的差别

但是，设计 / 施工总承包也有缺点，如在进度控制方面，采用设计 / 施工总承包一般要等施工图设计全部完成后才能进入施工发包，对项目总进度会产生一定的影响。同时，工程质量、进度等目标与总包单位的技术、管理水平有着很大的关系，而发包人通常仅发包一次，若发包过程错失最优承包人，有可能导致实际与目标偏离较大的情形出现。最后，虽然在采购承包人的过程中总承包的费用较少，但是由于工程实践中常采用"费率报价"的方式，在合同价款约束较松的情形下，可能因为价格调整、索赔等情形导致投资超出可控范围。

（2）工程总承包，是指承包单位按照与建设单位签订的合同，承担工程设计、采购、施工等过程中的若干或全部，并对工程的质量、安全、工期和造价等全面负责的工程建设组织实施方式。工程总承包按照承包单位承包内容的不同分成下列五种常用子模式：

① 设计－施工总承包（Design–Build，简称 DB）：即承包单位负责完成项目的全部设计与施工任务，在这一模式下承包单位根据发包人提供的相关参数完成设计任务并按设计成果进行施工。

② 设计－采购－施工总承包（Engineering–Procurement–Construction，简称 EPC）：即承包单位负责完成项目的全部设计、采购与施工任务，相较 DB 模式，EPC 中重要的工程设备、材料也由承包单位采购并施工，最终向发包人交付符合合同约定的可交付物。

③ 采购－施工总承包（Procurement–Construction，简称 PC）：即承包单位按照图纸采购相应的工程物资并完成施工任务。

④ 设计－采购总承包（Engineering–Procurement，简称 EP）：即承包单位完成项目设计工作并按照其图纸采购相应的工程物资。

⑤ 交钥匙（Turnkey）模式：交钥匙是对 EPC 模式的一种延伸，在这一模式下承包单位不仅承担工程设计、采购与施工的全部任务，同时还可以进一步承担项目前期决策工作、后期试运行工作以及项目全过程的管理工作，最终向发包人交付合同约定的可交付物。在这一模式下，项目的绝大部分风险都由承包商承担，而业主方的管理工作量及相关风险能最大限度地减少。

其中，DB 模式与 EPC 模式是当前我国大力推广的模式，而在全过程工程咨询发展的背景下，越来越多的发包人开始探索 Turnkey 模式。

13.2 工程承发包的方式

工程发包的方式则包括直接发包与招标发包。

（1）直接发包是指发包人通过掌握的信息，自行选择能胜任该建设工程任务包的承包商，通过直接协商谈判对承发包双方的权利义务达成一致后，签订工程承包合同以实现发包的方式。直接发包的优点在于简单易行，免去了繁琐的法定过程，能较快地发包从而缩短项目周期，并能节约一定的发包费用；缺点主要是缺乏竞争，发包人可能会因此错过最优承包商，同时直接发包过程并非完全公开，容易滋生贪污腐败等问题。

（2）招标发包则是发包人使用具有竞争机制的招投标手段，对工程建设、货物买卖、中介服务等交易业务，事先公布采购条件和要求，吸引愿意承接任务的众多承包商参加竞争，并按照法定及事先规定的程序、办法，择优选定承包人。招标发包通过信息公开，能够有效避免贪污腐败等问题，同时通过吸引有能力的承包商参与竞争，使得发包人更有可能选择到最优承包商，缺点则是程序繁琐，因此需要付出更高的发包成本。

　　采用何种发包方式需视具体情况而定，如对于规模较小工期要求较紧的项目采用直接发包方式能节约一定的成本、缩短项目周期；再如部分业主方常年进行同类项目建设，有可靠的利益共享合作方也可以直接将项目给予合作方完成。但属于《中华人民共和国招标投标法》规定的大型基础设施、公用事业等关系社会公共利益、公众安全的项目，全部或者部分使用国有资金投资或者国家融资的项目，以及使用国际组织或者外国政府贷款、援助资金的项目则必须使用招标发包的方式确保国家利益、公共利益不受到侵害。具体的必须招标项目范围在单元 2 中详细介绍。

工程承发包的
方式

任务 1.4　工程招投标的概述

 **知识目标**

　　理解招投标的产生和发展。掌握建设工程招投标的类型。理解建设工程招投标的意义。

 **能力目标**

　　简要阐述建设工程招投标的类型。

 **素质目标**

　　培养诚实守信、客观公正、坚持准则、知法守法的职业道德。

 **情境导入**

　　小王已经明白了新校区建设的工程项目要以招标的方式发包，但是对招投标工作的认识还不够深入，它是怎么在我国产生和发展的呢？招投标有什么意义呢？招标工作有什么类型呢？

1.4.1 工程招投标的产生和发展 ⋯⋯⋯⋯⋯⋯⋯⋯⋯⋯⋯●

　　工程招投标是工程承发包的产物，前者随着后者的发展而产生和逐步完善。

1．国外工程招标投标的产生和发展

工程招标投标（简称招投标）是在承包业的发展中产生的。早在 19 世纪初期，各主要资本主义国家为了巩固和发展它们的经济实力，需要进行大规模的经济建设，大力发展建筑业，这导致了承包商的数量也越来越多。再者，经济的发展必然导致社会对工程的功能、质量、建设速度和设计、施工的技术水平要求越来越高，投资者为了满足这种要求，需从众多的承包商中选择出自己满意的承包商，这就导致了招投标交易方式的出现。1830 年，英国政府就明确要求工程承发包要采用招投标的方法，即利用招投标形式选择承包商。当资本主义国家的经济建设发展到顶峰时，由于其国内的承包业务不足，就促使承包商转向国外进行工程承包，这样就推动了国际招投标的发展。

落后的国家为了繁荣本国的经济，改变落后面貌，也要想办法进行力所能及的经济建设，在发展本国工程承包业务的同时，对那些规模大、技术复杂的建设项目承招有能力的国外承包商来承包，这也有力地促进了国际招标投标的发展。

2．我国招标投标制的产生与发展

中华人民共和国成立后的一段时间内，我国一直都采用行政手段指定施工单位，层层分配任务的方法。这种计划分配任务的方法，在当时为我国摆脱帝国主义的封锁，促进国民经济全面发展曾起过重要作用，为我国的社会主义建设做出过重大贡献。我国在这一时期没有开展工程招投标工作。

用行政手段分配任务，在计划经济时期是可行的，也是必然的，但是随着社会的发展，这种方式已不能满足经济飞速发展的需要。1980 年，在《国务院关于开展和保护社会主义竞争的暂行规定》中首次提出："对一些适宜承包的生产建设项目和经营项目，可以实行招标投标的办法。"1981 年，以吉林省吉林市和经济特区深圳市为试点，率先试行招标投标，收效良好，在全国产生了示范性的影响。1983 年 6 月，原城乡建设环境保护部颁布了《建筑安装工程招标投标试行办法》，它是我国第一个关于工程招投标的部门规章，对推动全国范围内试行此项工作起到了重大作用。

1984 年 5 月，第六届全国人大二次会议通过的《政府工作报告》中明确提出："要积极推行以招标承包为核心的多种形式的经济责任制。"同年 9 月，国务院根据全国人大六届二次会议关于改革建筑业和基本建设管理体制的精神，制定并颁布了《国务院关于改革建筑业和基本建设管理体制若干问题的暂行规定》，该规定提出"要改革单纯用行政手段分配建设任务的老办法，实行招标投标。由发包单位择优选定勘察设计单位、建筑安装企业"，同时要求"大力推行工程招标承包制"，规定了

招标投标的原则办法，这是我国第一个关于工程招投标的国家级法规。同年 11 月，原国家计委和原城乡建设环境保护部联合制定了《建设工程招标投标暂行规定》共 6 章 30 条。此后，自 1985 年起，全国各省、市、自治区以及有关部门先后以上述法规为依据，相继出台了地方、部门性的工程招投标管理办法。

1999 年 8 月 30 日，第九届全国人大常委会第十一次会议通过了《中华人民共和国招标投标法》，这部法律的颁布实施标志着我国建设工程招投标步入了法治化的轨道。至此，我国的建设工程招投标工作经历了观念确立和试点（1980 ~ 1983 年）、大力推行（1984 ~ 1991 年）和全面推开（1992 ~ 1999 年）三个阶段，立法建制已初具规模，形成了基本框架体系。并且随着社会经济的发展，对招投标法制体系进行了不断的完善。2011 年 11 月 30 日，国务院常务会议通过并公布《中华人民共和国招标投标法实施条例》，自 2012 年 2 月 1 日起施行，在 2019 年又修订了部分内容。

知识加油站

招投标的定义

招投标是指在市场经济条件下，进行工程建设、货物买卖、中介服务等经济活动的一种竞争形式和交易方式。整个招投标过程主要包括招标、投标和定标等三个阶段。

建设工程招投标的产生、发展与原则

1.2 建设工程招投标的类型

按照不同的标准，建设工程招投标的分类情况如下：

1. 按工程建设程序的不同：建设工程招投标可分为建设项目可行性研究招投标、工程勘察设计招投标、材料设备采购招投标、施工招投标。

2. 按行业和专业的不同：建设工程招投标可分为工程勘察设计招投标、设备安装招投标、土建施工招投标、建筑装修装饰施工招投标、工程咨询和建设监理招投标、货物采购招投标。

3. 按建设项目的组成的不同：建设工程招投标可分为建设项目招投标、单项工程招投标、单位工程招投标、分部分项工程招投标。

4. 按工程发包承包的范围的不同：建设工程招投标可分为工程总承包招投标、工程分包招投标、工程专项承包招投标。

5. 按工程是否有涉外关系：建设工程招投标可分为国内工程招投标、国际工程招投标。

🅐🅑🅒 建设工程招投标的意义 •••••••••••••••••••••••••••• ●

实施建设工程招投标是我国建筑市场趋向规范化、完善化的重要举措，对于择优选择承包单位、全面降低工程造价具有十分重要的意义，具体表现在以下几个方面：

1．形成了市场定价机制，有利于节约投资，提高效益

通过实行招投标，投标人之间通过竞争，尤其是价格的竞争，使价格趋于合理或下降。国内国际历年的招投标证明，经过招投标的工程，最终可节约造价5%～10%。这种通过招投标形成的市场定价机制，在控制工程投资时具有非常重要的意义。

2．促进社会平均消耗水平降低，提升建筑业技术水平及生产效率

在建筑市场中，不同的投标企业个别劳动消耗是有差异的。通过推行招投标，最终使那些个别劳动消耗水平低的投标者获胜，这样便实现了生产资源的较优配置，也对投标者实现了优胜劣汰。面对激烈的竞争压力，为了生存和发展，每个投标者都在降低自己的个别劳动消耗上下功夫。这将会全面降低社会平均劳动消耗水平，提高生产效率。

3．有利于供求双方相互选择，择优选择，合理控制工程造价

采用招投标的方式为供求双方在较大的范围内进行相互选择创造了条件，为需求者和供给者在最佳点的结合提供了可能。需求者对供给者选择的基本出发点就是择优选择，即选择了那些报价较低、工期较短，具有良好业绩和管理水平的供给者，从而为合理的工程造价奠定了基础，使得价格更加符合价值。

4．贯彻了公开、公平、公正的原则

我国的招投标活动有特定的机构进行管理，有必须遵守的严格程序，有高素质的专家支持系统，有工程技术人员的群体评估与决策，能够避免盲目过度的竞争和徇私舞弊的发生，对建筑行业中的腐败现象能够有力地遏制，使整个交易过程变得透明而且规范。

任务 1.5　工程招投标与工程合同相关的法律体系

 **知识目标**

　　了解建设工程招投标的法律体系；了解《中华人民共和国招标投标法》。

 **能力目标**

　　能够简要阐述建设工程招投标的法律体系。

 **素质目标**

　　培养诚实守信、客观公正、坚持准则、知法守法的职业道德。

 **情境导入**

　　小王现在已经知道招投标工作的重要性了，他还有一个疑问：招投标工作在进行的时候可以想怎么做就怎么做吗？在进行这项工作的过程中受哪些法律法规约束呢？

1.5.1　建设工程招投标的法律体系 ················· ●

　　建设工程招投标要规范参与各主体的行为，这就需要建立一个相互联系、相互补充、相互协调、多层次的完整统一的法律体系，即建设工程招投标法律体系。它是指根据《中华人民共和国立法法》的规定，制定和公布施行的有关建设工程的各项法律、行政法规、地方性法规、自治条例、单行条例、部门规章和地方政府规章的总称，是建设工程法规体系的一个重要组成部分。

　　我国建设工程招投标法律体系的构成分为三个层次。

　　第一个层次是建设法律，是指由全国人民代表大会及其常务委员会制定并通过，由国家主席签署主席令予以公布的。

　　第二个层次是行政法规，是指由国务院根据宪法和法律制定的规范建设工程活动的各项法规，由国务院总理签署国务院令予以公布。

　　第三个层次是指建设工程招投标部门规章和地方建设工程招投标法规。招投标部门规章是指国务院相关部委按照国务院规定的职权，根据法律和国务院的行政法规，制定的规范工程建设招投标活动的法规文件。地方性法规是指省、自治区、直辖市及较大的市的人民代表大会及其常务委员会制定并通过的有关建设工程招投标的法律文件。

上述法律法规规章的法律效力是：法律的效力高于行政法规，行政法规的效力高于部门规章和地方性法规，地方性法规和部门规章具有同级法律效力。

与建设工程招投标有关的法律、法规、规章举例如下：

1．法律

（1）《中华人民共和国民法典》（下简称《民法典》）

（2）《中华人民共和国建筑法》（下简称《建筑法》）

（3）《中华人民共和国招标投标法》（下简称《招标投标法》）

（4）《中华人民共和国政府采购法》（下简称《政府采购法》）

2．行政法规

（1）《中华人民共和国招标投标法实施条例》（下简称《招标投标法实施条例》）

（2）《建设工程质量管理条例》

（3）《建设工程安全生产管理条例》

（4）《建设工程勘察设计管理条例》

3．部门规章

（1）《工程建设项目招标范围和规模标准规定》

（2）《工程建设项目招标代理机构资格认定办法》

（3）《工程建设项目施工招标投标办法》

（4）《工程建设项目货物招标投标办法》

（5）《建筑工程设计招标投标管理办法》

（6）《工程建设项目勘察设计招标投标办法》

（7）《房屋建筑和市政基础设施工程施工招标投标管理办法》

（8）《评标委员会和评标方法暂行规定》

（9）《评标专家和评标专家库管理暂行办法》

（10）《工程建设项目招标投标活动投诉处理办法》

（11）《招标代理服务收费管理暂行办法》

（12）《公路工程施工招标投标管理办法》

建设工程招投标
主体与客体、法
律体系

⓵⑤⓶ 《招标投标法》简介 ·· ●

《招标投标法》于 1999 年 8 月 30 日由第九届全国人大常委会第十一次会议通过，于 2000 年 1 月 1 日起施行。

全文共 6 个章节 68 个条款，包括总则，招标，投标，开标、评标和中标，法律责任以及附则部分。

1．《招标投标法》的内容简介

《招标投标法》的总则除了阐明立法的宗旨外，还分别对《招标投标法》的适用条件、依法必须招标的范围、招投标活动必须遵循的原则、禁止将依法必须招标的项目以任何方式规避招标、禁止以任何方式干预依法进行的招投标活动，以及对招投标活动的行政监督管理等问题作出了规定。

第二章是关于招标的规定，共 17 条，主要规定了招标的主体、招标方式、招标的组织方式、招标代理机构、招标公告、邀请招标的对象和邀请招标书的内容、编制招标文件的基本要求、项目踏勘及招标人的保密义务。

第三章是关于投标的规定，共 9 条，分别规定了投标的主体及应具备的基本条件，编制投标文件的要求，投标文件的送达、补充修改、撤回，投标人拟分包的规定，联合体投标，投标中禁止事项的规定。

第四章是关于开标、评标和中标的规定，共 15 条，主要规定了开标的时间和地点、开标的程序、评委的组成及职责、中标的条件、中标通知书的发出及法律效力、招标人与中标人签订合同的要求、中标后禁止转包及分包的规定。

第五章是关于违反本法应该承担的法律责任的规定，共 16 条，主要规定了对违反《招标投标法》的行为应承担的行政责任和民事责任，对其中构成犯罪的行为，要依法追究刑事责任。

第六章为附则，共 4 条，主要对投标人和其他利害关系人认为不合法的招投标活动，依法可不进行招标的项目，使用国际组织和外国政府贷款、援助资金的招标项目的适用规范问题以及本法的施行日期作出了规定。

2．《招标投标法》的主要内容

（1）招标方式

《招标投标法》规定，招标的方式分为公开招标和邀请招标两种。只有按规定可不进行招标的项目才可以采用直接委托的方式，如涉及国家安全、国家秘密、抢险救灾、利用扶贫资金以工代赈、需要使用农民工的特殊情况，以及低于国家标准的小型工程或标的较小的改扩建工程。

公开招标和邀请招标主要是看投标对象是否是特定的，如果不是特定的对象，就是公开招标，其竞争也就可能更激烈和充分。邀请招标则是对特定的对象发出邀请后进行的，但邀请对象不得少于三家。

（2）招标人和投标人

《招标投标法》规定，招标人是提出招标项目、进行招标的法人或其他组织。所谓招标项目，即采用招标方式进行采购的工程、货物或服务项目。招标人必须是法人或其他组织，自然人不能成为招标人。

投标人是响应招标参加投标竞争的法人或其他组织。依法招标的科研项目是允许个人参加投标的，这是对科研项目的特殊规定。对于建设工程招投标来说，投标人应当具有法律法规规定的资质等级，并在其资质等级内承担项目。

（3）关于招标代理

工程招标代理，就是指受招标人的委托，对招标人提出的建设工程项目代理招标的行为。《招标投标法》规定，招标人可以自行组织招标，也可以委托招标代理机构组织招标事宜，是否委托和委托谁是招标人自愿的。

招标代理机构是指承接招标人委托招标事宜的单位。招标代理机构业务不受地域限制，招标代理机构与被代理招标项目的投标人不得有隶属关系和利益关系。

（4）关于联合体投标

由于我国一直实施设计与施工等资质分开的管理方式，导致很多单位的资质单一。而工程建设项目越来越大，承发包模式越来越趋向于总承包，这样数家企业组成联合体，成为填补企业资源和技术缺口、提高竞争力、适应当前市场环境的一种良好方式。

联合体投标，就是两个及两个以上法人或者其他组织组成一个联合体，以一个投标人的身份共同投标。联合体各方均应具有承担招标项目的相应资质及能力；由同一专业资质组成的联合体，按照资质等级较低的单位确定联合体资质；联合体各方应当签订联合体协议，明确约定各方拟承担的工作和责任，并将共同联合体协议与投标文件一起提交；联合体中标的，联合体各方应当共同与招标人签订合同，就中标项目向招标人承担连带责任。

（5）关于招标中相关时间的关系

在《招标投标法》中对整个招投标的节点时间作出了明确的规定。一旦错过相应的时间，将会错过竞标的机会。

《招标投标法》及《招标投标法实施条例》规定发布招标公告的时间不得少于5个工作日；资格预审文件或者招标文件的发售期不得少于5个工作日；提交资格预

审申请文件的时间，自资格预审文件停止发售之日起不得少于 5 个工作日；对资格预审文件或招标文件澄清或修改的，招标人应在提交资格预审申请文件截止时间至少 3 日前，或者投标截止时间至少 15 日前发出；中标公示不得少于 3 个工作日；自招标文件发出之日起至投标人提交投标文件截止之日止，最短不得少于 20 日；招标人和中标人应在中标通知书发出后的 30 日内签订书面合同等。

3．《招标投标法》中的特殊规定

（1）招标中异议和投诉的规定

《招标投标法》附则中规定：招标人和其他利害关系人认为招标投标活动不符合本法有关规定的，有权向招标人提出异议或者依法向有关行政监督部门投诉。

只有与该项招投标活动有直接利害关系的人才可以对招投标活动提出异议或者进行投诉。至于与该项目招投标活动无直接利害关系的其他人，当然可以对招投标中的违法行为进行检举、揭发，但不是提出异议或投诉；提出异议或投诉以及处理异议或投诉必须遵循规定的法定程序和时限。

（2）必须进行招标项目的例外规定

根据《招标投标法》中规定必须招标的项目，如符合如下条件，可以不进行招标：①涉及国家安全、国家秘密的项目；②抢险救灾的项目；③属于利用扶贫资金实行以工代赈、需要使用农民工的项目；④其他特殊原因不适合招标的项目。

（3）利用境外资金进行招标项目的规定

《招标投标法》附则规定，使用国际组织或者外国政府贷款、援助资金的项目进行招标，贷款方、资金提供方对招投标的具体条件和程序有不同规定的，可适用其规定，但违背中华人民共和国的社会公共利益的除外。

我国在利用外资进行招投标活动中特地开了可优先适用国际惯例的先河，且排除了若与国内法冲突之时适用国内法的适用原则，可见我国对引进外资进行招投标活动的重视。

🄵🄵🄵 《招标投标法实施条例》简介 ●

2012 年 2 月 1 日实施的《招标投标法实施条例》是在《招标投标法》实施 12 年以后编制实施的，对弥补《招标投标法》的漏洞，解决当前招投标领域中的突出问题，促进公平竞争，预防腐败等都起到了关键作用。《招标投标法实施条例》于 2017 年 3 月 1 日、2018 年 3 月 19 日、2019 年 3 月 2 日分别做了第 1、2、3 次修订。

全文共 7 个章节，84 条，分为总则，招标，投标，开标、评标和中标，投诉与处理，法律责任，附则。

《招标投标法实施条例》总则共 6 条，分别规定了本法编制的依据，对《招标投标法》中的工程建设项目作了明确的规定，对《招标投标法》中的招投标市场及招投标的行政监督机构作出了明确的规定。

第二章是招标，共 26 条，对招投标法规定的招标作了更具体的规定，分别是依法招标项目的核准内容和程序，可以进行邀请招标的规定，可以不进行招标的规定，关于招标代理机构受理机关和代理业务的规定，关于招标公告的规定，关于资格预审方式和程序的规定，关于招标文件编制的规定，关于投标有效期及投标保证金的规定，关于招标标底的规定，踏勘项目的规定，两阶段招标的规定，终止招标的规定，关于排斥、限制投标人行为的规定等。

第三章是投标，共 11 条，分别是关于投标业务的限制性规定，投标人撤回标书或未按照期限送达标书的规定，关于联合体投标的规定，关于投标人变更的规定，关于串通投标的规定，关于以他人名义和弄虚作假行为的规定等。

第四章是开标、评标和中标，共 15 条，分别是关于开标的规定，关于评标办法的规定，关于评标委员会的规定，关于《招标投标法》中特殊项目的规定，关于评标的规定，关于中标公示的规定，关于确定中标人的规定，关于签订合同的规定，关于履约担保和分包及转包的规定。

第五章是投诉与处理，共 3 条，分别是异议或投诉的主体规定，投诉的主管部门和处理程序的规定，关于投诉的处理方法的规定等。

第六章是法律责任，共 20 条，分别是关于招标人违法的处理规定，关于招标代理机构违反本条例的处理规定，评标委员会违反本条例的处理规定，关于投标人违反本条例的处理规定，政府监督管理部门违反本条例的处理规定，招标代理从业人员违法的处理规定，国家工作人员违反本条例的处理规定，关于建立招投标信用制度的规定，关于违法后项目招投标的处理办法等。

第七章是附则，共 3 条，分别是关于招投标协会，关于政府采购的法律适用以及本法的实施时间。

单元小练

一、单选题

1. 建筑市场的客体是（　　）。

A. 建筑产品 　　　　　　　　B. 业主

C. 咨询服务机构 　　　　　　D. 承包商

2.以下不属于工程承包方的有（　　　）。

A.工程勘察设计单位　　　　B.施工单位

C.建设单位　　　　　　　　D.工程设备供应及设备安装制造单位

3.建设工程施工合同的当事人是指（　　　）。

A.发包人　　　　　　　　　B.承包人

C.发包人和承包人　　　　　D.分包人

4.关于建设工程发包与承包的制度的说法，正确的是（　　　）。

A.工程分包后，总承包人不再对分包的工程承担任何责任

B.发包人可以将一个单位工程的主体结构分解成若干部分发包

C.建筑工程只能招标发包，不能直接发包

D.建设工程总承包单位可以将承包工程中的部分工程发包给具有相应资质条件的分包单位

5.承包商依法分包工程，由于分包工程质量不合格，造成的损失由承包商负（　　　）。

A.连带赔偿责任　　　　　　B.直接赔偿责任

C.基本责任　　　　　　　　D.有限责任

6.对承包商来说，采取下列（　　　）合同形式其承担的风险最小。

A.固定总价　　　　　　　　B.单价

C.调价总价　　　　　　　　D.成本加酬金

7.建筑工程中，单价合同的合同风险是由（　　　）承担的。

A.发包方　　　　　　　　　B.承包方

C.发包方和承包方共同　　　D.业主

8.下列关于分包的说法中，正确的有（　　　）。

A.招标人可以直接指定分包人

B.经招标人同意，中标人可以将中标项目的非关键性工作分包给他人完成

C.中标人为节约成本可以自行决定将中标项目的部分非关键性工作分包给他人完成

D.经招标人同意，接受分包的人可将项目再次分包给他人

二、多选题

1.建筑市场的主体包括（　　　）。

A.发包人　　　　　　　　　B.承包人

C.咨询服务机构　　　　　　D.市场组织管理者　　　　　　E.建筑物

2.根据《建筑业企业资质管理规定》，我国建筑业企业（施工企业）分为（　　　）。

A.施工总承包企业　　　　　B.合资承包企业

C. 专业承包企业　　　　　　D. 独立承包企业

E. 劳务分包企业

3. 建设工程交易中心的基本功能有信息服务功能、场所服务功能、集中办公功能，信息服务功能包括收集、存储和发布各类（　　　）。

A. 工程信息和法律法规　　　B. 造价信息和建材信息

C. 咨询单位和专业人士信息　D. 具体工程开标前的标底价

E. 具体工程评标前的评标专家名单

4. 工程施工合同按合同价款的确定方式可以划分为（　　　）。

A. 固定总价合同　　　　　　B. 可调单价合同

C. 成本加酬金合同　　　　　D. 总承包合同　　　E. 分包合同

5. 按照承发包的范围划分，工程承发包可以分为（　　　）。

A. 建设全过程承发包　　　　B. 阶段承发包

C. 成本加酬金承发包　　　　D. 专项承发包　　　E. 专业承发包

6. 建设工程承发包的内容包括（　　　）。

A. 项目建议书　　　　　　　B. 可行性研究

C. 建筑安装工程　　　　　　D. 建设工程监理　　　E. 工程设备采购

三、判断题

1. 建设工程交易中心是有形的建筑市场，是不以营利为目的工程交易场所。

（　　　）

2. 承发包是一种经营方式，是指交易的一方负责为交易的另一方完成某项工作或供应一批货物，并按一定的价格取得相应报酬的一种交易行为。　（　　　）

3. 与其他承包单位联合共同承包大型建设工程，符合我国《建筑法》的规定。

（　　　）

4. 施工总承包人可以将承包工程中的专业工程自主分包给分包商，无需发包人同意。　　　　　　　　　　　　　　　　　　　　　　　　　　　　（　　　）

5. 中标人和招标人可以在合同中约定将中标项目的部分非主体工作分包给他人完成。　　　　　　　　　　　　　　　　　　　　　　　　　　　　（　　　）

模块 2
工程项目招标与投标

单元2　建设工程招标

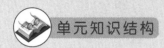 单元知识结构

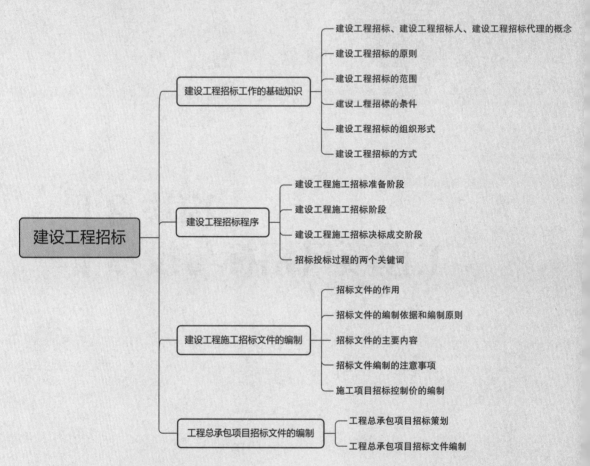

任务 2.1　建设工程招标工作的基础知识

 **知识目标**

了解建设工程招标的范围、了解可不进行工程招标的工程建设项目情况；了解建设单位自行组织招标的基本条件。

熟悉建设工程招标的方式、熟悉招标人的权利和义务，熟悉建设工程招标的基本条件，熟悉建设单位自行组织招标的具体条件。

掌握依法必须招标项目的规模标准，掌握工程施工招标应具备条件，掌握公开招标与邀请招标的适用范围。

 **能力目标**

能正确区分依法必须招标项目。

能正确使用招标方式开展招标活动。

 **素质目标**

培养一丝不苟、严谨细致、重视细节、精益求精的职业精神。

培养严谨认真、诚实守信、遵守相关的法律法规的职业道德。

培养良好的团队协作、协调人际关系的能力。

 **情境导入**

某个学校新校区的建设，包含勘察、设计、监理等服务的单位采购；也包括各种电梯、空调等设备、货物的供应商采购；还包括各种建筑单体施工单位的确定。基建处新入职的小王关于招标有几个问题不清楚：是不是所有这些单位的确定都需要通过招标的这种采购方式来确定呢？哪些是属于依法必须招标的工程项目呢？公开招标的数额标准是多少呢？ 项目必须满足什么条件才能开始进行招标呢？

2.1.1 建设工程招标、建设工程招标人、建设工程招标代理的概念 ●

招投标是在市场经济条件下进行工程建设、货物买卖、中介服务等经济活动的一种竞争方式和交易方式，其特征是引入竞争机制以求达成交易协议或订立合同。

招投标是指招标人对工程建设、货物买卖、中介服务等交易业务，事先公布采购条件和要求，吸引愿意承接任务的众多投标人参加竞争，招标人按照规定的程序和办法择优选定中标人的活动。

工程建设项目，是指工程以及与工程建设有关的货物、服务。这里所说的"工程"，是指建设工程，包括建筑物和构筑物的新建、改建、扩建及其相关的装修、拆除、修缮等；所称与工程建设有关的货物，是指构成工程不可分割的组成部分，且为实现工程基本功能所必需的设备、材料等；所称与工程建设有关的服务，是指为完成工程所需的勘察、设计、监理等服务。

1. 建设工程招标

建设工程招标是指发包人率先提出工程的条件和要求，发布招标公告吸引或直接邀请三家以上投标人参加投标并按照规定程序从中择优选择承包人的行为。

2. 建设工程招标人

建设工程招标人是指依法提出招标项目，进行招标的法人或者其他组织。通常为该建设工程的投资人即项目业主或建设单位。建设工程招标人在建设工程招投标活动中起主导作用。

（1）建设工程招标人的权利

1）自行组织招标或者委托招标的权利。招标人是工程建设项目的投资责任者和利益主体，也是项目的发包人。招标人发包工程项目凡具备招标资格的，有权自己组织招标自行办理招标事宜；不具备招标资格的，则委托具备相应资质的招标代理机构代理组织招标，代为办理招标事宜。

2）进行投标资格审查的权利。对于要求参加投标的潜在投标人，招标人有权要求其提供有关资质情况的资料进行资格审查、筛选，拒绝不合格的潜在投标人参加投标。

3）择优选定中标人的权利。招标的目的是通过公开、公平、公正的市场竞争，确定最优中标人。招标过程其实就是一个优选过程。择优选定中标人就是要根据评标组织的评审意见和推荐建议，确定中标人。这是招标人最重要的权利。

4）享有依法约定的其他各项权利。建设工程招标人的权利依法确定，法律、法规无规定时则依双方约定，但双方的约定不得违法或损害社会公共利益和公共秩序。

（2）建设工程招标人的义务

1）遵守法律、法规、规章和方针、政策的义务。建设工程招标人的招标活动必须依法进行，违法或违规、违章的行为不仅不受法律保护，而且还要承担相应的法律责任。遵纪守法是建设工程招标人的首要义务。

2）接受招投标管理机构管理和监督的义务。为了保证建设工程招投标活动公开、公平、公正，建设工程招投标活动必须在招投标管理机构的行政监督管理下进行。

3）不侵犯投标人合法权益的义务。招标人、投标人是招投标活动的双方，他们在招投标中的地位是完全平等的，因此招标人在行使自己权利的时候，不得侵犯投标人的合法权益，妨碍投标人公平竞争。

4）委托代理招标时，需履行向代理机构提供招标所需资料、支付委托费用等的义务。

5）保密的义务。建设工程招投标活动应当遵循公开原则，但对可能影响公平竞争的信息，招标人必须保密。招标人设有标底的，标底必须保密。

6）与中标人签订并履行合同的义务。招投标的最终结果，是择优确定出中标人，与中标人签订并履行合同。

7）承担依法约定的其他各项义务。在建设工程招投标过程中，招标人与他人依法约定的义务，也应认真履行。

3．建设工程招标代理

（1）建设工程招标代理的概念

建设工程招标代理，是指建设工程招标人将建设工程招标事务，委托给相应中介服务机构，由该中介服务机构在招标人委托授权的范围内，以委托的招标人的名义同他人独立进行建设工程招投标活动，由此产生的法律效果直接归属于委托的招标人的一种制度。这里代替他人进行建设工程招标活动的中介服务机构称为代理人；委托他人代替自己进行建设工程招标活动的招标人称为被代理人（本人）；与代理人进行建设工程招标活动的人称为第三人（相对人）。

招标代理从业人员的职业素养

（2）建设工程招标代理的特征

建设工程招标代理行为具有以下几个特征：

1）工程招标代理人必须以被代理人的名义办理招标事务。

2）工程招标代理人，具有独立进行意思表示的职能。这样才能使工程招标活动得以顺利进行。

3）工程招标代理行为，应在委托授权的范围内实施。因为工程招标代理在性质上是一种委托代理，即基于被代理人的委托授权而发生的代理。工程招标代理机构未经建设工程招标人的委托授权，就不能进行招标代理，否则就是无权代理。工程招标代理机构已经工程招标人委托授权的，不能超出委托授权的范围进行招标代理，否则也是无权代理。

4）工程招标代理行为的法律效果归属于被代理人。

招标代理机构代理招标业务，应当遵守《招标投标法》和《招标投标法实施条例》关于招标人的规定。招标代理机构不得在所代理的招标项目中投标或者代理投标，也不得为所代理的招标项目的投标人提供咨询。

知识加油站 ··

建设工程招标代理机构

建设工程招标代理机构是指受招标人的委托代为从事招标组织活动的中介组织。它必须是依法成立，从事招标代理业务并提供相关服务实行独立核算、自负盈亏，具有法人资格的社会中介组织，如工程招标代理公司、工程招标（代理）中心、工程咨询管理公司等。

1. 工程招标代理机构应当具备的条件

（1）是依法设立的中介组织，具有独立法人资格。

（2）与行政机关和其他国家机关没有行政隶属关系或者其他利益关系。

（3）有从事招标代理业务的营业场所和所需设施及办公条件。

（4）有能够编制招标文件和组织评标的相应专业力量。

（5）有健全的组织机构和内部管理的规章制度。

（6）法律、行政法规规定的其他条件。

招标代理机构是提供招标业务咨询和代理服务的中介机构。为保证通过市场竞争、信用约束、行业自律来规范招标代理行为，住房和城乡建设部发文，正式废止《工程建设项目招标代理机构资格认定办法》，各级住房和城乡建设部门停止了招标代理机构资格审批。招标代理机构可按照自愿原则向工商注册所在地省级建筑市场监管一体化工作平台报送基本信息，接受招标人招标代理业务的委托。

2. 工程招标代理机构的权利

工程招标代理机构主要有以下几方面的权利：

（1）组织和参与招标活动。招标人委托代理人的目的，是让其代替自己办理有关招标事务。组织和参与招标活动既是代理人的权利，也是代理人的义务。

（2）依据招标文件要求审查投标人资质。代理人受委托后即有权按照招标文件的规定，审查投标人资质。

（3）按规定标准收取代理费用。建设工程招标代理人从事招标代理活动，是一种有偿的经济行为，代理人要收取代理费用。代理费用由被代理人与代理人按照有关规定在委托代理合同中协商确定。

（4）招标人授予的其他权利。

3. 工程招标代理机构的义务

工程招标代理机构主要有以下几方面的义务：

（1）遵守法律、法规、规章和方针、政策。工程招标代理机构的代理活动必须依法进行，违法或违规、违章的行为不仅不受法律保护，而且还要承担相应的责任。

（2）维护委托的招标人的合法权益。代理人从事代理活动必须以维护委托的招标人的合法权利和利益为根本出发点和基本的行为准则。因此代理人承接代理业务、进行代理活动时，必须充分考虑委托的招标人的利益保护问题，始终把维护委托的招标人的合法权益，放在代理工作的首位。

（3）组织编制、解释招标文件，对代理过程中提出的技术方案、计算数据、技术经济分析结论等的科学性、正确性负责。

（4）工程招标代理机构应当在其资格证书有效期内，妥善保存工程招标代理过程文件和成果文件。工程招标代理机构不得伪造、隐匿工程招标代理过程文件和成果文件。

（5）接受招投标管理机构的监督管理和招标行业协会的指导。

（6）履行依法约定的其他义务。

4. 工程招标代理机构在工程招标代理活动中的禁止行为

工程招标代理机构在工程招标代理活动中不得有以下行为：

（1）与所代理招标工程的招投标人有隶属关系、合作经营关系及其他利益关系。

（2）从事同一工程的招标代理和投标咨询活动。

（3）超越资格许可范围承担工程招标代理业务。

（4）明知委托事项违法而进行代理。

（5）采取行贿、提供回扣或者给予其他不正当利益等手段承接工程招标代理业务。

（6）未经招标人书面同意，转让工程招标代理业务。

（7）泄露应当保密的与招投标活动有关的情况和资料。

（8）与招标人或者投标人串通、损害国家利益、社会公共利益和他人合法权益。

（9）对有关行政监督部门依法责令改正的决定拒不执行或者以弄虚作假方式隐瞒真相。

（10）擅自修改经招标人同意并加盖了招标人公章的工程招标代理成果文件。

（11）涂改、倒卖、出租、出借或者以其他形式非法转让工程招标代理资格证书。

（12）法律、法规和规章禁止的其他行为。

2.1.2 建设工程招标的原则

根据《招标投标法》第五条的规定，招标投标活动应该遵循公开、公平、公正和诚实信用原则。

1．公开原则

公开原则是指建设工程招投标活动应具有较高的透明度。公开原则包含以下四方面内容：

（1）建设工程招投标的信息公开。通过建立和完善建设工程项目报建登记制度，及时向社会发布建设工程招投标信息，让有资格的投标者都能得到同等的信息。

（2）建设工程招投标的条件公开。什么情况下可以组织招标，什么机构有资格组织招标，什么样的单位有资格参加投标等，必须向社会公开，便于社会监督。

（3）建设工程招投标的程序公开。在建设工程招投标的全过程中，招标单位的主要招标活动程序、投标单位的主要投标活动程序和招投标管理机构的主要监管程序，必须公开。

（4）建设工程招投标的结果公开。哪些单位参加了投标，最后哪个单位中了标，应当予以公开。

2．公正原则

公正原则是指在建设工程招投标活动中，按照同一标准实事求是地对待所有的投标人，不偏袒任何一方。

3．公平原则

公平原则是指所有投标人在建设工程招投标活动中，享有均等的机会，具有同等的权利，履行相应的义务，任何一方都不受歧视。

4．诚实信用原则

诚实信用原则是指在建设工程招标投标活动中，招（投）标人应当以诚相待，讲求信义，实事求是，做到言行一致，遵守诺言，履行成约，不得见利忘义、投机取巧、弄虚作假、隐瞒欺诈，不得损害国家、集体和其他人的合法权益。诚实信用原则是建设工程招投标活动中的重要道德规范，是市场经济的基本前提。在社会主义条件下一切民事权利的行使和民事义务的履行，均应遵守诚实信用原则。

②①③ 建设工程招标的范围······························●

建设工程采用招投标这种承发包方式，在提高工程经济效益、保证建设质量、保证社会及公众利益方面具有明显的优越性，世界各国和主要国际组织都规定，对某些工程建设项目必须实行招投标。我国也对建设工程招标范围进行了界定，即国家规定了依法必须招标的建设工程项目范围，而在此范围之外的项目，业主可以自愿选择是否招标。

防范"规避招标"
手法

1．建设工程招标范围

我国工程建设项目招标的范围，《招标投标法》中有明确规定，在中华人民共和国境内进行下列工程建设项目包括项目的勘察、设计、施工、监理及与工程建设有关的重要设备、材料等的采购必须进行招标：①大型基础设施、公用事业等关系社会公共利益、公众安全的项目；②全部或者部分使用国有资金投资或者国家融资的项目；③使用国际组织或者外国政府贷款、援助资金的项目。"

《招标投标法》中所规定的招标范围，是一个原则性的规定。针对这种情况，国家发展改革委制定出了更具体的招标范围，见表2-1。

建设工程招标范围　　　　　　　　　　　　表2-1

序号	建设工程招标范围	具体规定	政策依据
1	全部或者部分使用国有资金投资或者国家融资的项目	（1）使用预算资金200万元人民币以上，并且该资金占投资额10%以上的项目； （2）使用国有企业事业单位资金，并且该资金占控股或者主导地位的项目	2018年6月1日起施行的《必须招标的工程项目规定》（中华人民共和国发展和改革委员会令第16号）
2	使用国际组织或者外国政府贷款、援助资金的项目	（1）使用世界银行、亚洲开发银行等国际组织贷款、援助资金的项目； （2）使用外国政府及其机构贷款、援助资金的项目	2018年6月1日起施行的《必须招标的工程项目规定》（中华人民共和国发展和改革委员会令第16号）
3	大型基础设施、公用事业等关系社会公共利益、公众安全的项目	（1）煤炭、石油、天然气、电力、新能源等能源基础设施项目； （2）铁路、公路、管道、水运，以及公共航空和A1级通用机场等交通运输基础设施项目； （3）电信枢纽、通信信息网络等通信基础设施项目； （4）防洪、灌溉、排涝、引（供）水等水利基础设施项目； （5）城市轨道交通等城建项目	2018年6月6日起施行的《必须招标的基础设施和公用事业项目范围规定》（发改法规〔2018〕843号）

2．建设工程招标规模标准

根据2018年6月1日起施行的《必须招标的工程项目规定》（中华人民共和国发展和改革委员会令第16号）的规定，符合表2-1招标范围内的各类工程建设项目，其勘察、设计、施工、监理以及与工程建设有关的重要设备、材料等的采购达到下列标准之一的，必须进行招标：

（1）施工单项合同估算价在 400 万元人民币以上；

（2）重要设备、材料等货物的采购，单项合同估算价在 200 万元人民币以上；

（3）勘察、设计、监理等服务的采购，单项合同估算价在 100 万元人民币以上。

同一项目中可以合并进行的勘察、设计、施工、监理以及与工程建设有关的重要设备、材料等的采购，合同估算价合计达到前款规定标准的，必须招标。

3．可以不进行招标的项目范围

建设项目的勘察、设计采用特定专利或者专有技术的，或者其建筑艺术造型有特殊要求的，经项目主管部门批准，可以不进行招标。

工程建设项目有下列情形之一的，经工程建设项目审批部门批准，依法可以不进行施工招标：

（1）《招标投标法》第六十六条规定，涉及国家安全、国家秘密、抢险救灾或者属于利用扶贫资金实行以工代赈、需要使用农民工等特殊情况，不适宜进行招标的项目，按照国家有关规定可以不进行招标。

（2）《招标投标法实施条例》第九条规定，除招标投标法第六十六条规定的可以不进行招标的特殊情况外，有下列情形之一的，可以不进行招标：

1）需要采用不可替代的专利或者专有技术；

2）采购人依法能够自行建设、生产或者提供；

3）已通过招标方式选定的特许经营项目投资人依法能够自行建设、生产或者提供；

4）需要向原中标人采购工程、货物或者服务，否则将影响施工或者功能配套要求；

5）国家规定的其他特殊情形。

（3）根据《房屋建筑和市政基础设施工程施工招标投标管理办法》第十条的规定，工程有下列情形之一的，经县级以上地方人民政府建设行政主管部门批准，可以不进行施工招标：

1）停建或者缓建后恢复建设的单位工程，且承包人未发生变更的；

2）施工企业自建自用的工程，且该施工企业资质等级符合工程要求的；

3）在建工程追加的附属小型工程或者主体加层工程，且承包人未发生变更的；

4）法律、法规、规章规定的其他情形。

建设工程招标的
范围

【案例分析 2-1】判断以下项目是否属于依法必须招标的范围：

1. 某工程项目用了财政资金 500 万元，但是这个项目的总投资额是 5 亿元。

2. 某工程项目用了财政拨款 50 万元，但项目总投资额 200 万元，占比达到了 25%。

3. 民营企业投资一家 100 亿元的医院，财政投资 8 亿元。

4. 民营企业投资一条 10 亿元的公路。

【分析】以上四个项目是否属于依法必须招标的项目分析如下：

1. 不属于，原因财政的 500 万元没有占到该项目资金投资额的 10%；

2. 不属于，使用预算资金只有 50 万元，没有达到规定的 200 万元；

3. 不属于，财政的资金没有占到该项目资金投资额的 10%；

4. 属于，公路属于《必须招标的基础设施和公用事业项目范围规定》中必须招标的项目，即使没有用到财政资金，但属于招标范围的项目，所以需要招标。

2.1.4 建设工程招标的条件

1. 建设工程招标的基本条件

在建设工程进行招标之前，招标人必须完成必要的准备工作，具备招标所需的条件。招标项目按照规定应具备两个基本条件：

（1）项目审批手续已履行。

（2）项目资金来源已落实。

招标项目按照国家规定需要履行项目审批手续的，应当先履行审批手续。项目建设所需资金也必须落实，因为建设资金是最终完成工程项目的物质保证。

对于建设项目不同阶段的招标，又有更为具体的条件。

2. 工程施工招标应该具备的条件

根据《房屋建筑和市政基础设施工程施工招标投标管理办法》的规定，工程施工招标应当具备下列条件：

（1）按照国家有关规定需要履行项目审批手续的，已经履行审批手续；

（2）工程资金或者资金来源已经落实；

（3）有满足施工招标需要的设计文件及其他技术资料；

（4）法律、法规、规章规定的其他条件。

3．工程总承包招标应该具备的条件

建设单位应当根据项目情况和自身管理能力等，合理选择工程建设组织实施方式。建设内容明确、技术方案成熟的项目，适宜采用工程总承包方式。

工程总承包招标应该具备的条件：

（1）按照国家有关规定需要履行项目审批、核准或者备案程序的，已经履行审批、核准或者备案手续。

（2）工程资金或者资金来源已经落实。

（3）有满足招标需要的设计文件及其他技术资料。采用工程总承包方式的企业投资项目，应当在核准或者备案后进行工程总承包项目发包。采用工程总承包方式的政府投资项目，原则上应当在初步设计审批完成后进行工程总承包项目发包；其中，按照国家有关规定简化报批文件和审批程序的政府投资项目，应当在完成相应的投资决策审批后进行工程总承包项目发包。

（4）法律、法规、规章规定的其他条件

工程总承包单位不得是工程总承包项目的代建单位、项目管理单位、监理单位、造价咨询单位、招标代理单位。政府投资项目的项目建议书、可行性研究报告、初步设计文件编制单位及其评估单位，一般不得成为该项目的工程总承包单位。政府投资项目招标人公开已经完成项目建议书、可行性研究报告、初步设计文件的，上述单位可以参与该工程总承包项目的投标，经依法评标、定标，成为工程总承包单位。

根据实践经验，对建设工程招标的条件，最基本和最关键的是要把握住两条：一是招标项目按照国家有关规定需要履行项目审批手续的，应当先履行审批手续，取得批准；二是建设资金已基本落实，工程任务承接者确定后能实际开展工作。

【案例分析2-2】某高职院校因学生扩招计划兴建两栋计 60000m² 的学生宿舍项目，可行性研究报告已经通过地方发改委批准，初步设计获得审批通过，资金为财政拨款方式，资金尚未完全落实，仅有初步设计图纸，因急于开工，在此情况下要求招标代理公司在当地的公共资源交易中心发布了招标公告开展施工招标活动。

问题：该工程施工招标具备了哪些条件？缺少哪些条件？是否可以开展招标工作？

【分析】该建设工程施工招标具备条件有：

按照国家有关规定需要履行项目审批手续的，已经履行审批手续；

缺少的条件为以下几条：

（1）工程资金或者资金来源已经落实；

（2）没有满足施工招标需要的设计文件及其他技术资料；

该项目不满足施工招标条件，所以不能开展施工招标工作。

❷❶❺ 建设工程招标的组织形式 ················· ●

招标人开展招标活动按组织方式可以分为两种组织方式：自行组织招标活动或委托招标代理机构代理组织招标。

1．建设单位自行组织招标

（1）建设单位自行组织招标的基本条件

根据《招标投标法》第十二条规定，招标人具有编制招标文件和组织评标能力的，可以自行办理招标事宜。任何单位和个人不得强制其委托招标代理机构办理招标事宜。依法必须进行招标的项目，招标人自行办理招标事宜的，应当向有关行政监督部门备案。

自行组织招标要具有招标资质（招标资格），即要具备两个基本条件：有编制招标文件的能力；有组织评标的能力。

（2）建设单位自行组织招标的具体条件：

1）招标人是法人或依法成立的其他组织；

2）有与招标工程相适应的经济、技术、管理人员；

3）有从事同类工程建设项目招标的经验；

4）设有专门的招标机构或者拥有3名以上专职招标业务人员；

5）熟悉和掌握《招标投标法》等有关法规、规章。

对于工程项目招标，《房屋建筑和市政基础设施工程施工招标投标管理办法》第十一条规定，依法必须进行施工招标的工程，招标人自行办理施工招标事宜的，应当具有编制招标文件和组织评标的能力：

1）有专门的施工招标组织机构；

2）有与工程规模、复杂程度相适应并具有同类工程施工招标经验、熟悉有关工程施工招标法律法规的工程技术、概预算及工程管理的专业人员。不具备上述条件的，招标人应当委托具有相应资格的工程招标代理机构代理施工招标。

2．工程招标代理机构代理组织招标

（1）工程招标代理机构的概念

招标代理机构是依法设立、从事招标代理业务并提供相关服务的社会中介组织。

招标代理机构受招标人委托，代为办理有关招标事宜，如编制招标方案、招标文件及招标控制价，组织评标，协调合同的签订等。

（2）工程招标代理机构成立应具备的条件如下：

1）是依法成立的中介组织；

2）与行政机关和其他国家机关不得存在隶属关系或者其他利益关系；

3）有从事招标代理业务的营业场所和所需设施及办公条件；

4）有能够编制招标文件和组织评标的相应专业力量；

5）有健全的组织机构和内部管理的规章制度。

招标代理机构是提供招标业务咨询和代理服务的中介机构。为保证通过市场竞争、信用约束、行业自律来规范招标代理行为，住房和城乡建设部发文，正式废止《工程建设项目招标代理机构资格认定办法》，各级住房城乡建设部门停止了招标代理机构资格审批。招标代理机构可按照自愿原则向工商注册所在地省级建筑市场监管一体化工作平台报送基本信息，接受招标人招标代理业务的委托。

2.1.6 建设工程招标的方式 ·· ●

建设工程招投标在国外已有多年的历史，也产生了许多招标方式。对招标方式可以从不同的角度进行分类。按竞争的程度分类有公开招标和邀请招标；按竞争的范围分类，有国内竞争性招标和国际竞争性招标；按招标的阶段分类，有一阶段招标和两阶段招标。根据《招标投标法》第十条规定，招标分为公开招标和邀请招标。

1．公开招标

（1）公开招标的概念

公开招标也称无限竞争性招标，是一种由招标人按照法定程序，以招标公告的方式邀请不特定的法人或者其他组织投标，并通过国家指定的报刊、广播电视及信息网络等媒介发布招标公告，有意的投标人接受资格预审，购买招标文件，参加投标的招标方式。招标人从中择优选择中标者。

（2）公开招标的优缺点

1）优点：能有效地防止腐败，为潜在的投标人提供均等的机会，能最大限度引起竞争，发包人有较大的选择余地，达到节约建设资金、保证工程质量、缩短建设工期的目的。

2）缺点：会导致招标人对资格预审和评标工作量加大，招标周期长，花费人力、物力、财力多等方面的不足。

（3）公开招标适用范围

《招标投标法实施条例》第八条规定，国有资金占控股或者主导地位的依法必须进行招标的项目，应当公开招标。

2．邀请招标

（1）邀请招标的概念

邀请招标又称有限竞争性招标，是指招标人用投标邀请书的方式邀请特定的法人或者其他组织投标。招标人根据自己的经验和所掌握信息，向具备施工能力、资信良好的三个以上承包商发出投标邀请书，收到邀请书的单位参加投标，从中选定中标者的招标方式。

邀请招标的特点是：

1）招标人在一定范围内邀请特定的法人或其他组织投标。为了保证招标的竞争性，邀请招标必须向三个以上具备承担招标项目能力并且资信良好的投标人发出邀请书。

2）邀请招标不需发布公告，招标人只要向特定的投标人发出投标邀请书即可。接受邀请的人才有资格参加投标，其他人无权索要招标文件，不得参加投标。

（2）邀请招标的优缺点

1）优点：采用这种招标方式，由于被邀请参加竞争的投标者为数有限，不仅可以节省招标时间和费用，提高每个投标者的中标概率，而且投标人不易串通抬价，所以对招标、投标双方都有利。

2）缺点：这种招标方式限制了竞争范围，把许多可能的竞争者排除在外，不利于招标人获得最优报价，取得最佳投资效益。而且不符合自由竞争、机会均等的原则。

邀请招标虽然在潜在投标人的选择上和通知形式上与公开招标不同，但其所适用的程序和原则与公开招标是相同的，其在开标、评标标准等方面都是公开的，因此，邀请招标仍不失其公开性。

（3）邀请招标的适用范围

《招标投标法》第十一条规定，国务院发展计划部门确定的国家重点项目和省、自治区、直辖市人民政府确定的地方重点项目不适宜公开招标的，经国务院发展计划部门或者省、自治区、直辖市人民政府批准，可以进行邀请招标。

《招标投标法实施条例》第八条规定，国有资金控股或者占主导地位的依法必须进行招标的项目，应当公开招标；但有下列情形之一的，可以邀请招标：

①技术复杂、有特殊要求或者受自然环境限制，只有少量投标人可供选择；

②采用公开招标方式的费用占项目合同金额的比例过大。

国家重点建设项目的邀请招标，应当经国务院发展计划部门批准；地方重点建设项目的邀请招标，应当经各省、自治区、直辖市人民政府批准。

全部使用国有资金投资或者国有资金投资占控股或者主导地位的并需要审批的工程建设项目的邀请招标，应当经项目审批部门批准，但项目审批部门只审批立项的，由有关行政监督部门审批。

任务 2.2　建设工程招标程序

知识目标

了解建设工程施工招标准备阶段的工作内容；熟悉施工招标决标定标阶段的工作内容；掌握建设工程施工招标阶段的内容。

能力目标

通过学习，使学生具有组织招标活动的能力；能正确执行法律法规的要求开展招标活动。

素质目标

培养一丝不苟、严谨细致、重视细节、精益求精的职业精神；培养严谨认真、诚实守信、遵守相关法律法规的职业道德。培养良好的团队协作、协调人际关系的能力。

情境导入

某高职院校因学生扩招，计划兴建两栋总计 $60000m^2$ 的学生宿舍项目，可行性研究报告已经通过地方发改委批准，资金为财政拨款（已经完全落实），已有施工设计图纸，拟通过公开招标的方式确定施工单位。施工招标的公开程序分为哪几个阶段？每个阶段又包含哪些工作内容？

建设工程招标程序主要是指招标工作在时间和空间上应遵循的先后顺序，建设工程招标公开招标主要可以分为招标准备阶段、招标阶段、决标成交阶段三个阶段，邀请招标程序可参照公开招标程序进行。由于建设工程施工阶段的特点，其招标程序是建设工程招标中最为复杂的，也是最为全面和应用最多的，其他建设工程的货物、设备或建设工程服务的招标程序都可以参照建设工程施工招标程序开展招标工作。

建设工程施工招标程序如图 2-1 所示。

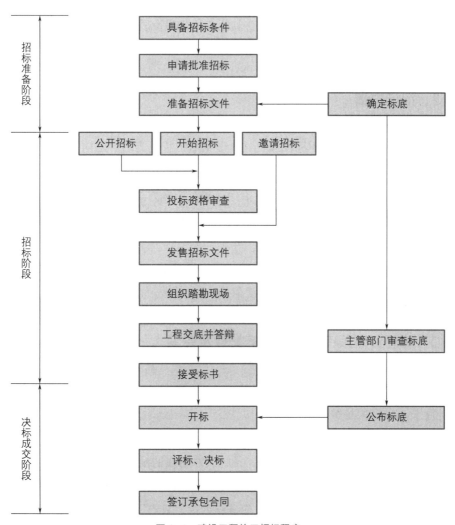

图 2-1　建设工程施工招标程序

2.2.1 建设工程施工招标准备阶段 ·································· ●

建设工程施工招标准备阶段是指从办理招标申请开始到发出招标公告或投标邀请书的时间段。

1．审查招标人资质

组织招标有两种情况，招标人自己组织招标和委托招标代理机构代理招标。招标人自行办理施工招标事宜的，应当在发布招标公告或者发出投标邀请书的 5 日前，向工程所在地县级以上地方人民政府建设行政主管部门备案，建设行政主管部门对招标人是否具备自行招标的条件进行检查。对委托招标代理机构代理招标的也应向建设行政主管部门备案，主管部门检查其相应的代理资质。对委托的招标代理机构，招标人应与其签订委托代理合同。

2．招标申请

当招标人自己或委托招标代理机构代理组织招标确定后，应向招投标行政监管机关提出招标申请，经批准后方可进行招标。招标申请表的内容包括工程名称、建设地点、招标建设规模、结构类型、招标范围、招标方式、要求企业等级、前期施工准备情况（土地征用、拆迁情况、勘察设计情况、施工现场条件等）、招标机构组织情况等。

招标人的招标申请得到招标管理机构批准同意后，可进行编制资格预审文件、招标文件。招标申请表的格式如图 2-2 ~ 图 2-4 所示。

3．编制资格预审文件、招标文件及备案

（1）编制资格预审文件

1）资格预审的种类

公开招标对投标人的资格审查，有资格预审和资格后审两种。

资格预审是指在发售招标文件前，招标人对潜在的投标人进行资质条件、业绩、技术、资金等方面的审查；资格后审是指在开标后评标前对投标人进行的资格审查，经资格后审不合格的投标人的投标应作废标处理。只有通过资格预（后）审的潜在投标人，才可以参加投标。

建设工程招标采取资格预审的招标人应当编制资格预审文件，在资格预审文件中载明资格预审的条件、标准和方法；采取资格后审的，招标人应当在招标文件中载明对投标人资格要求的条件、标准和方法。

2）资格预审文件的内容

资格预审文件包括以下内容：①资格预审公告；②申请人须知；③资格审查办法；④资格预审申请文件格式；⑤项目建设概况。

××市建设工程施工

招标申请表

项目名称：＿＿＿＿＿＿＿＿＿＿＿＿＿＿＿＿

招标人（盖章）：＿＿＿＿＿＿＿＿＿＿＿＿＿＿＿

法定代表人（签字或盖章）：＿＿＿＿＿＿＿＿＿＿＿＿＿＿

地址：＿＿＿＿＿＿＿＿＿＿＿＿＿＿＿

联系人：＿＿＿＿＿＿＿　　　电话：＿＿＿＿＿＿＿＿＿

日　期：　　年　　月　　日

图 2-2　招标申请表封面格式

建设单位					
工程名称					
建设地点					
结构类型		建筑面积		层数	
报建号		计划投资			
计划开工日期		计划竣工日期			
招标方式		承包方式			
要求投标单位资质等级					
工程招标范围					
招标前期准备情况	施工现场条件	水		电	
		路		场地平整	
	建设资金来源及落实情况				
	工程用地规划情况				
	工程规划许可情况				

图 2-3 招标申请表内容（一）

	姓名	职务	职称	工作单位	负责招标 工作内容
招 标 机 构 人 员 名 单					
招标人申请意见	（公章）：　　　　年　月　日				
招标办备案意见	（公章）：　　　　年　月　日				
说明	1. 如建设单位委托代理单位代理招标，须附代理招标委托协议一份，应注明代理单位名称、法人代表、单位地址、联系人、联系人电话、代理权限等事项。 2. 本表由招标单位填写。 3. 本表一式三份，招标办、招标单位、招标代理机构各存一份。				

图 2-4　招标申请表内容（二）

（2）编制招标文件

招标文件是招标人向供应商或承包商提供的为编写投标文件所需的资料，并向其通报招投标依据的规则和程序等内容的书面文件。

招标文件的主要内容有：①招标公告（未进行资格预审）或投标邀请书（适用于邀请招标）、投标邀请书（代资格预审通过通知书）；②投标人须知；③评标办法；④合同条款及格式；⑤工程量清单；⑥图纸；⑦技术标准和要求；⑧投标文件格式。

依法必须进行招标的项目，在编制资格预审文件和招标文件时，应当使用国务院发展改革委会同有关行政监督部门制定的标准文本。

资格预审文件和招标文件需向当地建设行政主管机关报审及备案，审查同意后可刊登资格预审通告、招标通告。

4．编制招标控制价（或编制标底）

招标控制价是招标人根据国家或省级、行业建设主管部门颁发的有关计价依据和办法，及拟定的招标文件与招标工程量清单，结合工程具体情况编制的招标工程的最高投标限价。投标人的投标报价高于招标控制价的，其投标应被否决。

根据《建设工程工程量清单计价规范》GB 50500—2013 的规定，国有资金投资的建设工程招标，招标人必须编制招标控制价。

招标控制价（标底）由招标人自行编制或委托中介机构编制。一个工程只能编制一个招标控制价（标底）。

招标人可根据项目特点决定是否编制标底。编制标底的，标底编制过程和标底必须保密。任何单位和个人不得强制招标人编制或报审标底，或干预其确定标底。招标项目可以不设标底，进行无标底招标。

知识加油站 ···

建设工程项目标底和招标控制价的区别

1.编制规定

（1）招标人可以自行决定是否编制标底，一个招标项目只能有一个标底。标底必须保密。

接受委托编制标底的中介机构不得参加受托编制标底项目的投标，也不得为该项目的投标人编制投标文件或者提供咨询。

（2）招标人设有最高投标限价的，应当在招标文件中明确最高投标限价或者最高投标限价的计算方法。招标人不得规定最低投标限价。

2.优缺点

（1）标底

设标底招标的缺点：设标底时易发生泄露标底及暗箱操作的现象，失去招标的公平公正性；现在编制的标底价是预算价，科学合理性差；较难考虑施工方案、技术措施对造价的影响，容易与市场造价水平脱节。

无标底招标的缺点：容易出现围标串标现象，各投标人哄抬价格，给招标人带来投资失控的风险。

（2）招标控制价

优点：可有效控制投资，防止恶性哄抬报价带来的投资风险；提高了透明度，避免了暗箱操作、寻租等违法现象。

2.2.2 建设工程施工招标阶段

建设工程项目招标阶段，也是投标人的投标阶段，是指从发出招标公告之日起到投标截止之日止的时间段。

1．发布资格预审公告或招标公告

资格预审文件或招标文件经审查备案后招标人即可发布资格预审公告、招标公告，吸引潜在投标人前来投标（或参加资格预审）。依法必须进行施工公开招标的工程项目，应当在国家或者地方指定的报刊、网络或者其他媒介上发布招标公告，并同时在中国工程建设和建筑业信息网上发布招标公告，在不同媒介发布的同一招标项目的资格预审公告或者招标公告的内容应当一致。指定媒介发布依法必须进行招标的项目的境内资格预审公告、招标公告，不得收取费用。

招标公告应当载明招标人的名称和地址，招标工程的性质、规模、地点以及获取招标文件的办法等事项。

资格预审公告可参照以下格式编制：

（项目名称）标段施工招标资格预审公告

1.招标条件

本招标项目_____（项目名称）已由_____（项目审批、核准或备案机关名称）以____（批文名称及编号）批准建设，项目业主为____，建设资金来自（资金来源），项目出资比例为_____，招标人为____。项目已具备招标条件，现进行公开招标，特邀请有兴趣的潜在投标人_____（以下简称申请人）提出资格预审申请。

2. 项目概况与招标范围

（说明本次招标项目的建设地点、规模、计划工期、招标范围、标段划分等）

3. 申请人资格要求

3.1 本次资格预审要求申请人具备_____资质，_____业绩，并在人员、设备、资金等方面具备相应的施工能力。

3.2 本次资格预审_____（接受或不接受）联合体资格预审申请。联合体申请资格预审的，应满足下列要求：_____。

3.3 各申请人可就上述标段中的_____（具体数量）个标段提出资格预审申请。

4. 资格预审方法

本次资格预审采用_____（合格制／有限数量制）。

5. 资格预审文件的获取

5.1 请申请人于__年__月__日至__年__月__日（法定公休日、法定节假日除外），每日上午__时至__时，下午__时至__时（北京时间，下同），在____（详细地址）持单位介绍信购买资格预审文件。

5.2 资格预审文件每套售价__元，售后不退。

5.3 邮购资格预审文件的，需另加手续费_____元（含邮费）。招标人在收到单位介绍信和邮购款（含手续费）后_____日内寄送。

6. 资格预审申请文件的递交

6.1 递交资格预审申请文件截止时间（申请截止时间，下同）为__年__月__日__时__分，地点为____。

6.2 逾期送达或者未送达指定地点的资格预审申请文件，招标人不予受理。

7. 发布公告的媒介

本次资格预审公告同时在_____（发布公告的媒介名称）上发布。

8. 联系方式

招标人：	招标代理机构：
地址：	地址：
邮编：	邮编：
联系人：	联系人：
电话：	电话：
传真：	传真：
电子邮件：	电子邮件：
网址：	网址：
开户银行：	开户银行：

账号：   账号：

                                                    年   月   日

2.对投标申请人进行资格预审

进行资格预审，是指在招标开始之前或者开始初期，由招标人对申请参加投标的潜在投标人资质条件、业绩、信誉、技术、资金等多方面的情况进行资格审查，只有在资格预审中被认定为合格的潜在投标人，招标人向所有合格的申请单位发出资格预审合格通知书，资格预审合格的投标人才可以参加投标。

对招标人来说，资格预审的意义主要有三点：

1）可以了解投标人的财务能力、技术状况及类似本工程的施工经验。

2）可以淘汰不合格或资质不符的投标人，减少评标阶段的工作量。

3）减少了投标人数量，在一定程度上能减少恶意投标竞争，保证竞争秩序。

对施工单位来说，通过招标项目发布的信息，可以了解工程项目情况，资质不满足要求的企业不必浪费时间与精力，可以节约投标费用。

资格预审合格通知书可参照以下格式。

（项目名称）标段施工资格预审合格通知书

（被邀请单位名称）：

你单位已通过资格预审，现邀请你单位按招标文件规定的内容，参加_____（项目名称）标段施工投标。

请你单位于__年__月__日至__年__月__日（法定公休日、法定节假日除外），每日上午__时至__时，下午__时至__时（北京时间，下同），在_____（详细地址）持本投标邀请书购买招标文件。

招标文件每套售价为____元，售后不退。图纸押金____元，在退还图纸时退还（不计利息）。邮购招标文件的，需另加手续费（含邮费）____元。招标人在收到邮购款（含手续费）后__日内寄送。

递交投标文件的截止时间（投标截止时间，下同）为__年__月__日__时__分，地点为____。

逾期送达的或者未送达指定地点的投标文件，招标人不予受理。

你单位收到本投标邀请书后，请于（具体时间）前以传真或快递方式予以确认。

招标人：   招标代理机构：

地址：   地址：

邮编：   邮编：

联系人：   联系人：

电话：   电话：

传真：   传真：

电子邮件：   电子邮件：

网址：   网址：

开户银行：   开户银行：

账号：   账号：

年　　月　　日

3．发售招标文件和有关资料

（1）《招标投标法实施条例》第十六条规定，招标人应当按照资格预审公告、招标公告或者投标邀请书规定的时间、地点发售资格预审文件或者招标文件。资格预审文件或者招标文件的发售期不得少于5日。

（2）招标人发售资格预审文件、招标文件收取的费用应当限于补偿印刷、邮寄的成本支出，不得以营利为目的。招标人对招标文件所做的任何修改或补充，须在投标截止时间15日前做出，修改或补充文件作为招标文件的组成部分，对投标人起约束作用。

（3）《招标投标法》第二十四条规定，招标人应当确定投标人编制投标文件所需要的合理时间；但是，依法必须进行招标的项目，自招标文件开始发出之日起至投标人提交投标文件截止之日止，最短不得少于20日。

（4）投标人收到招标文件后，若有疑问或不清的问题需澄清解释，应在投标截止10日前以书面形式向招标人提出，招标人应以书面形式或投标预备会形式予以解答。

现阶段，对于全部或者部分使用国有资金投资或者国家融资的依法必须招标项目实行全流程电子化交易工作，符合条件的潜在投标人的专职投标员凭本人身份证号及密码或企业CA锁登录当地的公共资源电子交易系统免费下载招标文件。

4．组织投标人踏勘现场并答疑

（1）《招标投标法》第二十一条规定，招标人根据招标项目的具体情况，可以组织潜在投标人踏勘项目现场。

《招标投标法实施条例》第二十八条规定，招标人不得组织单个或者部分潜在投标人踏勘项目现场。

（2）踏勘现场的目的：使投标人了解工程现场和周围环境情况，获取对投标有帮助的信息，并据此做出关于投标策略和投标报价的决定；对于现场实际情况与招标文件不符之处向招标人书面提出。

（3）投标预备会的目的：澄清招标文件中的疑问，解答投标人对招标文件和踏勘现场提出的问题；对图纸进行交底和解释。

在踏勘或会议过程中，招标人不得向他人透露已获取招标文件的潜在投标人的名称、数量以及可能影响公平竞争的有关招标的其他情况。

5．招标文件的澄清

投标人可以在收到招标文件、图纸和有关技术资料后及勘察现场时提出相关的与投标有关的疑问问题，招标人对投标人提出疑问问题的澄清可通过书面答复或召开投标预备会进行解答。

无论招标人以书面形式向投标人发放的任何资料文件，还是投标人以书面形式提出的问题，均应以书面形式予以确认。确认通知格式参考如下：

确认通知

（招标人名称）：_____

我方已接到你方____年____月____日发出的_____（项目名称）关于标段施工招标的通知，我方已于____年____月____日收到。

特此确认。

投标人：（盖单位章）

《招标投标法实施条例》第二十一条规定，招标人可以对已发出的资格预审文件或者招标文件进行必要的澄清或者修改。澄清或者修改的内容可能影响资格预审文件或者投标文件编制的，招标人应当在提交资格预审申请文件截止时间至少 3 日前，或者投标截止时间至少 15 日前，以书面形式通知所有获取资格预审文件或者招标文件的潜在投标人；不足 3 日或者 15 日的，招标人应当顺延提交资格预审申请文件或者投标文件的截止时间。

注意：为落实关于深化公共资源交易平台整合共享以及持续优化营商环境相关部署要求，推进建设工程招投标全流程电子化交易工作，招标人对招标文件的澄清内容在招标公告发布的同一媒介上发布，澄清文件在规定的网站上发布之日起，视为投标人已收到该澄清。投标人未及时关注招标人在网站上发布的澄清文件造成的损失，由投标人自行负责。

6．接收投标文件

（1）投标文件的递交。投标文件需在投标截止时间（依法必须招标项目自招标文件开始发售之日起至投标人提交投标文件截止之日止，最短不得少于二十日）前到规定的地点递交至招标人。在投标截止时间之前，投标人可以对所递交的投标文件进行修改或撤回，但所递交的修改或撤回通知必须按招标文件的规定进行编制、密封和标志。

（2）提交投标文件的投标人少于3个的，招标人应当依法重新招标。重新招标后投标人仍少于3个的，属于必须审批的工程建设项目，报经原审批部门批准后可以不再进行招标；其他工程建设项目，招标人可自行决定是否不再进行招标。

（3）投标文件的接收。

《招标投标法实施条例》第三十六条规定，未通过资格预审的申请人提交的投标文件，以及逾期送达或者不按照招标文件要求密封的投标文件，招标人应当拒收。

2.2.3 建设工程施工招标决标成交阶段 ·····························●

决标成交阶段，是指从开标之日起到与中标人签订合同为止的时间段。

1．开标

开标是招标过程中的重要环节，是指招标人按照招标文件规定的时间和地点，在有投标人出席的情况下，当众拆开投标函件，宣布投标人的名称、投标人提出的报价等有关事项，这个过程称为开标。

开标应当在招标文件确定的提交投标文件截止时间的同一时间公开进行。

开标一般在当地公共资源交易中心进行，会议由招标人或招标代理机构组织并主持，管理机构到场监督。

投标人少于3个的，不得开标；招标人应当重新招标。

投标人对开标有异议的，应当在开标现场提出，招标人应当当场作出答复，并制作记录。

2．评标

评标由招标人依法组建的评标委员会负责，评标委员会由招标人的代表和有关经济、技术方面的专家组成，5 人以上单数，招标人代表不能超过总人数的三分之一，专家代表不能少于总人数的三分之二。完成评标后向招标人提出书面评标报告，推荐 1~3 个合格中标候选人，并标明排列顺序。

评标委员会的名单在中标结果确定之前应保密。

评标委员会成员应当依照《招标投标法》和《招标投标法实施条例》的规定及招标文件规定的评标标准和方法，客观、公正地对投标文件提出评审意见。招标文件没有规定的评标标准和方法不得作为评标的依据。

有下列情形之一的，评标委员会应当否决其投标：

（1）投标文件未经投标单位盖章和单位负责人签字；

（2）投标联合体没有提交共同投标协议；

（3）投标人不符合国家或者招标文件规定的资格条件；

（4）同一投标人提交两个以上不同的投标文件或者投标报价，但招标文件要求提交备选投标的除外；

（5）投标报价低于成本或者高于招标文件设定的最高投标限价；

（6）投标文件没有对招标文件的实质性要求和条件作出响应；

（7）投标人有串通投标、弄虚作假、行贿等违法行为。

3．定标、发中标通知书

（1）确定中标人

根据《招标投标法实施条例》第五十四条规定，依法必须进行招标的项目，招标人应当自收到评标报告之日起 3 日内公示中标候选人，公示期不得少于 3 日。

在确定中标人之前，招标人不得与投标人就投标价格、投标方案等实质性内容进行谈判。

（2）投标人提出异议

投标人或者其他利害关系人对依法必须进行招标的项目的评标结果有异议的，应当在中标候选人公示期间提出。招标人应当自收到异议之日起 3 日内作出答复；作出答复前，应当暂停招投标活动。

（3）发中标通知书

评标委员会提出书面报告后，招标人在 15 日内确定中标人，依法必须进行施工招标的工程，招标人应当自确定中标人之日起 15 日内，向工程所在地的县级以上地方人民政府建设行政主管部门提交施工招投标情况的书面报告，建设行政主管部门自收到书面报告之日起 5 日内未通知招标人在招投标活动中有违法行为的，招标人可以向中标人发出中标通知书，同时按规定的格式在发布媒介发出中标公告，将中标结果在当地电子招投标系统中通知未中标的投标人。依法必须招标项目的中标结果公示应在当地招投标公共服务平台上优先发布。

（4）中标单位收到中标通知书后，招标文件要求中标人提交履约担保的，中标人应当按照招标文件的要求提交，履约担保金额不得超过中标合同金额的 10%，并在规定日期、时间和地点与建设单位进行合同签订。

知识加油站 ......

施工招投标情况的书面报告内容

依法必须进行施工招标的工程，招标人应当自确定中标人之日起 15 日内，向工程所在地的县级以上地方人民政府建设行政主管部门提交施工招投标情况的书面报告。书面报告应当包括下列内容：

（1）施工招投标的基本情况，包括施工招标范围、施工招标方式、资格审查、开评标过程和确定中标人的方式及理由等。

（2）相关的文件资料，包括招标公告或者投标邀请书、投标报名表、资格预审文件、招标文件、评标委员会的评标报告（设有标底的，应当附标底）、中标人的投标文件。委托工程招标代理的，还应当附工程施工招标代理委托合同。

....

4．签订合同

心中有规矩，手中有法度

招标人和中标人应当自中标通知书发出之日起 30 日内，按照招标文件和中标人的投标文件订立书面合同，招标人和中标人不得再行订立背离合同实质性内容的其他协议。

根据《招标投标法实施条例》第五十七条规定，招标人和中标人应当依照《招标投标法》和本条例的规定签订书面合同，合同的标的、价款、质量、履行期限等主要条款应当与招标文件和中标人的投标文件的内容一致。

（1）中标人无正当理由拒签合同的，招标人可以取消其中标资格，其投标保证金不予退还；给招标人造成的损失超过投标保证金数额的，中标人还应当对超过部分予以赔偿。对依法必须招标的项目的中标人，由有关行政监督部门责令其改正。

（2）发出中标通知书后，招标人无正当理由拒签合同的，由有关行政监督部门给予警告，责令改正。同时招标人向中标人退还投标保证金；给中标人造成损失的，还应当赔偿损失。

（3）建设单位与中标单位签订合同后，招标人及时通知其他投标人其投标未被接受，按要求退回图纸和有关技术资料，招标人最迟应当在书面合同签订后5日内向中标人和未中标的投标人退还投标保证金及银行同期存款利息。因违反规定被没收的投标保证金不予退回。

2.2.4 招标投标过程的两个关键词 ·······················●

1．投标保证金

（1）投标保证金是指为了防止投标人在投标过程中擅自撤回投标或中标后不愿与招标人签订合同而设立的一种保证措施。

（2）额度规定：投标保证金不得超过招标项目估算价的2%，施工投标保证金最高不超过50万元。投标保证金有效期应当与投标有效期一致。

（3）投标人不按招标文件要求提交投标保证金的，该投标文件将被拒绝，作废标处理。

招标人与中标人签订合同后5日内，向未中标的投标人和中标人退还投标保证金。

（4）投标人有下列情形之一的，投标保证金将不予退还：

1）投标人在投标有效期内撤销或修改其投标文件；

2）中标人在收到中标通知书后，无正当理由拒签合同协议书或未按招标文件规定提交履约担保。

2．投标有效期

（1）投标有效期从投标人提交投标文件截止之日起计算，具体天数在投标须知前附表中明确，目的是保证招标人有足够的时间完成评标和与中标人签订合同。

（2）同时规定：1）在投标人须知前附表规定的投标有效期内，投标人不得要求撤销或修改其投标文件。2）出现特殊情况需要延长投标有效期的，招标人以书面形式通知所有投标人延长投标有效期。投标人同意延长的，应相应延长其投标保证金的有效期；投标人拒绝延长的，其投标失效，但投标人有权收回其投标保证金。

知识加油站 ···

国有资金占控股或者主导地位的依法必须进行招标的项目，中标候选人第一名不与招标人签合同，招标人是否应该重新招标？

国有资金占控股或者主导地位的依法必须进行招标的项目，招标人应当确定排名第一的中标候选人为中标人。排名第一的中标候选人（或者评标委员会依据招标人的授权直接确定的中标人）放弃中标，或因不可抗力提出不能履行合同，或者被查实存在影响中标结果的违法行为等情形，不符合中标条件的，招标人可以按照评标委员会提出的中标候选人名单排序（或者评标结果排序）依次确定其他中标候选人为中标人。依次确定其他中标候选人与招标人预期差距较大，或者对招标人明显不利的，招标人可以重新招标。

···

【例2-3】某建设项目实行公开招标，招标过程出现了下列事件，请指出其中不正确的处理方法：

（1）招标方于2020年5月8日起发出招标文件，文件中特别强调由于时间较紧，要求各投标人不迟于5月23日之前提交投标文件（即确定5月23日为投标截止时间），并于5月10日停止出售招标文件，6家单位领取了招标文件。

（2）招标文件中规定：如果投标人的报价高于标底15%以上一律确定为无效标。招标方请咨询机构代为编制标底，并考虑投标人是否存在为招标方垫资施工的情况编制了两个不同的标底，以适应投标人情况。

（3）5月15日招标方通知各投标人，原招标工程中的土方量增加20%，项目范围也进行了调整，各投标人据此对投标报价进行计算。

（4）招标文件中规定，投标人可以用抵押方式进行投标担保，并规定投标保证金额为投标价格的5%，不得少于100万元，投标保证金有效时期同投标有效期。

（5）按照5月23日的投标截止时间要求，外地的一个投标人D于5月21日从邮局寄出了投标文件，由于天气原因5月25日招标人收到D投标文件。本地A公司于5月22日将投标文件密封加盖了本企业公章并由准备承担此项目的项目经理本人签字按时送达招标方。

本地B公司于5月20日送达投标文件后，5月22日又递送了降低报价的补充文件，补充文件未对5月20日送达文件的有效期进行说明。本地C公司于5月19日送达投标文件后，考虑自身竞争实力于5月22日通知招标方退出竞标。

（6）开标会议由本市常务副市长主持。开标会议上对退出竞标的C公司未宣布其单位名称，本次参加投标单位仅有5家。由于外地某公司报价最低故确定其为中标人。

（7）7月16日发出中标通知书。通知书中规定，中标人自收到中标通知书之日起30天内按照招标文件和中标人的投标文件签订书面合同。与此同时招标方通知中标人与未中标人。投标保证金在开工前30天内退还。中标人提出投标保证金不需归还，当作履约担保使用。

（8）中标单位签订合同后，将中标工程项目中的三分之二工程量分包给某未中标人E，未中标人又将其转包给外地的施工单位。

【分析】

（1）事件1中：招标文件发出之日起至投标文件截止时间不得少于20天，招标文件发售之日至停售之日最短不得少于5日。

（2）事件2中：编制两个标底不符合规定；不能以高于或低于标底作为否决投标的条件。

（3）事件3中：改变招标工程范围应在投标截止之日15个工作日前通知投标人。

（4）事件4中：投标保证金数额一般为投标报价的2%左右，但最高不得超过50万元人民币。

（5）事件5中：5月25日招标人收到的投标文件为无效文件。A公司投标文件无法人代表签字，为无效文件。B公司报送的降价补充文件未对前后两个文件的有效性加以说明，为无效文件。

（6）事件6中：招标开标会应由招标方主持，开标会上应宣读退出竞标的C单位名称而不宣布其报价。

（7）事件7中：应从7月16日发出中标通知书之日起30天内签订合同，签订合同后5天内退还全部投标保证金。中标人提出将投标保证金当作履约保证金使用的提法错误。

（8）事件8中：中标人的分包做法，及后续的转包行为是错误的。

任务 2.3　建设工程施工招标文件的编制

知识目标

了解建设工程招标控制价的编制要求、编制方法；熟悉施工招标文件编制的注意事项；掌握建设工程招标文件的内容构成和编制。

能力目标

能够根据招标人的要求，编制招标公告；能够根据招标人的要求，运用《建设工程施工招标文件范本》编制实际项目的招标文件。

素质目标

培养一丝不苟、严谨细致、重视细节、精益求精的职业精神；培养严谨认真、诚实守信、遵守相关法律法规的职业道德。

情境导入

某高职院校因学生扩招计划兴建两栋总计 $60000m^2$ 的学生宿舍项目，可行性研究报告已经通过国家发改委批准，资金为财政拨款，已经完全落实，已有施工设计图纸，拟通过公开招标的方式确定施工单位，假设该项目的招标代理工作委托给你所在的招标代理公司，公司领导安排你负责这个项目的招标工作，你编制了招标方案，着手进行该项目的招标文件编制的工作，招标文件有什么作用？它应该包含哪些内容？编制应该注意哪些问题？

2.3.1 招标文件的作用

建设工程施工招标文件是建设工程施工招投标活动中最重要的法律文件，它不仅规定了完整的招标程序，而且还提出了各项技术标准和交易条件，拟列了合同的主要条款。招标文件是评标委员会对投标文件评审的依据，也是业主与中标人签订合同的基础，同时也是投标人编制投标文件的重要依据。

招标文件的编制是招标准备工作中最重要的环节，其重要性体现在以下三个方面：

1.招标文件是提供给投标人的投标依据

施工招标文件应准确无误地向投标人介绍实施工程项目的有关内容和要求，包括工程基本情况、预计工期、工程质量要求、支付规定等方面信息，以便投标人据此编制投标书。

2．招标文件的主要内容是签订合同的基础

招标文件中除"投标须知"以外的绝大多数内容都将构成今后合同文件的有效组成部分，合同文件是工程实施过程中双方应该严格遵守的准则，也是发生纠纷时进行判断和裁决的标准，编制一个好的招标文件可以减少合同履行过程中的变更和索赔，意味着工程管理和合同管理已经成功了一半。

3．招标文件是评标委员会对投标文件评审的依据

评标委员会按照招标文件规定的评标标准和方法，客观、公正地对投标文件提出评审意见。招标文件没有规定的评标标准和方法，不得作为评标的依据。

2.3.2 招标文件的编制依据和编制原则 ·························· ●

1．招标文件的编制依据

（1）严格遵守《招标投标法》《民法典》《建筑法》《建设工程质量管理条例》《建设工程安全生产管理条例》等与工程建设有关的现行法律法规，不得作任何突破或超越。

（2）各行业的行业标准。

（3）《标准施工招标文件》（共分招标公告或投标邀请书、投标人须知、评标办法、合同条款及格式、工程量清单、图纸、技术标准和要求、投标文件格式8章）。

2．招标文件的编制原则

（1）合法性

合法是招标文件编制过程中必须遵守的原则。我国关于招标工作的法律法规有《招标投标法》《政府采购法》《民法典》等。编写招标文件时，其内容必须符合法律法规的要求，否则，将有可能导致废标，给招投标双方都带来损失，影响项目的推进进度。

（2）公正性

1）招标文件中不得在无任何理由的情况下，含有对某一特定的潜在投标人有利的技术要求。

2）设备的采购方在编制招标文件技术要求时，只能提出性能、品质以及控制性的尺寸要求，不得提出具体的式样、外观上的要求，避免使用某一特定产品或生产企业的名称、商标、目录号、分类号、专利、设计等相关内容，不得要求或注明特定的生产供应者以及含有倾向或排斥潜在制造商、供应商的内容。

3）在编制技术要求时应慎重对待商标、制造商名称、产地等的出现，如果不引用这些名称或样式不足以说明买方的技术要求时，必须加上"与某某同等"的字样。

4）编制招标文件时，应注意恰当地处理招标人和各投标人的关系，平衡招标人与投标人的利益需求，不能将过多的风险转移到投标人一方。

（3）科学性

1）要科学合理地划分招标范围，以便节约成本和资源。

2）科学合理地设置投标人的资格。

3）科学合理地设置评标办法。同一项目，采用不同的评标办法，结果可能大不相同，在编制招标文件时，应根据项目的特点，科学、合理地制定评标办法，以便评选出最佳投标人。

（4）严谨性

招标文件各部分内容必须统一，避免各份文件之间存在矛盾。招标文件应涉及投标须知、合同条件、规范、工程量表等多项内容。如果文件各部分之间存在矛盾，就会给投标工作和履行合同的过程中带来许多争端，影响工程的施工。

2.3.3 招标文件的主要内容

招标人应根据招标项目的特点和需要编制招标文件。依法必须进行招标的项目，在编制资格预审文件和招标文件时，应当使用国务院发展改革部门会同有关行政监督部门制定的标准文本。招标文件应包括招标项目的技术要求、对投标人资格审查的标准、投标报价要求和评标标准等。

根据《标准施工招标文件（2007年）》的规定，工程施工招标文件分为四卷共八章，其内容见表2-2。

招标文件的组成

表2-2

序号	卷号	章节内容
1	第一卷	第一章　招标公告／投标邀请书 第二章　投标人须知 第三章　评标办法 第四章　合同条款及格式 第五章　工程量清单

续表

序号	卷号	章节内容
2	第二卷	第六章　图纸
3	第三卷	第七章　技术标准和要求
4	第四卷	第八章　投标文件格式

1.招标公告/投标邀请书

采用公开招标方式的，招标人要在报刊、杂志、广播、电视、信息网络等大众传媒或工程交易中心公告栏上发布招标公告。信息发布所采用的媒体，应与潜在投标人的分布范围相适应，否则是一种违背公平原则的违规行为。

招标公告内容（参考）如下：

_____（项目名称）_____施工招标公告

1. 招标条件

本招标项目_____（项目名称）已由_____（项目审批、核准或备案机关名称）以_____（批文名称、文号、项目代码）批准建设，招标人（项目业主）为_____，建设资金来自_____（资金来源），项目出资比例为_____。项目已具备招标条件，现对该项目的施工进行公开招标。

2. 项目概况与招标范围

项目招标编号：_____

报建号（如有）：_____

建设地点：_____

建设规模：_____

合同估算价：_____

要求工期：_____日历天，定额工期_____日历天

招标范围：_____

标段划分：_____

设计单位：_____

勘察单位：_____

3. 投标人资格要求

3.1 本次招标要求投标人具备_____资质，并在人员、设备、资金等方面具备相应的施工能力。其中，投标人拟派项目经理须具备_____专业____级

以上（含本级）注册建造师执业资格。

3.2 业绩要求：□无要求　□有要求，要求_____年（应填写年份）以来□完成过质量合格的类似工程业绩 □承接过类似工程业绩，类似工程指：_____。

3.3 本次招标_____（接受或不接受）联合体投标。联合体投标的，应满足下列要求：_____。

4. 招标文件的获取

_____年_____月_____日_____时_____分至_____年_____月_____日_____时_____分，由潜在投标人的专职投标员凭本人的身份证号及密码或企业 CA 锁登录_____免费下载招标文件。

5. 投标文件的递交

5.1 投标文件应通过电子招投标系统提交，截止时间（投标截止时间，下同）为_____年_____月_____日_____时_____分。未加密的电子投标文件光盘提交地点为_____（当地交易中心）。

6. 评标方式

□经评审的合理低价法　　　□综合评估法

7. 发布媒介

本次招标公告同时在_____（公告发布媒体包含但不限于上述媒体）发布。

8. 交易服务单位：

_____

9. 监督部门及电话：

_____

10. 联系方式

招标人：名称（及盖章）_____	招标代理机构：名称（及盖章）_____
地址：_____	地址：_____
邮编：_____	邮编：_____
联系人：_____	联系人：_____
电话：_____	电话：_____
传真：_____	传真：_____
电子邮箱：_____	电子邮箱：_____
网址：_____	网址：_____

_____年____月____日

2．投标人须知

投标人须知是招标文件的重要组成部分，是投标人的投标指南。投标人须知一般包括两部分：一部分为投标人须知前附表，另一部分为投标人须知正文。

招标人编制施工招标文件时，应不加修改地引用《标准施工招标文件》中的"投标人须知"（投标人须知前附表和其他附表除外）。"投标人须知前附表"用于进一步明确"投标人须知"正文中的未尽事宜，招标人应结合招标项目具体特点和实际需要编制和填写，但不得与"投标人须知"正文内容相抵触，否则抵触内容无效。

（1）投标人须知前附表

投标人须知前附表是指把投标活动中的重要内容以列表的方式表示出来，放在投标须知正文前面，有利于引起投标人的注意与便于查阅检索。其内容见表 2–3。

投标人须知前附表　　　　　　　　　表 2–3

条款号	条款名称	编列内容
1.1.2	招标人	名称： 地址： 联系人： 电话：
1.1.3	招标代理机构	名称： 地址： 联系人： 电话：
1.1.4	项目名称	
1.1.5	建设地点	
1.2.1	资金来源	
1.2.2	出资比例	
1.2.3	资金落实情况	
1.3.2	计划工期	计划工期：_____日历天 计划开工日期：____年___月___日 计划竣工日期：____年___月___日
1.3.3	质量要求	
1.4.1	投标人资质条件、能力和信誉	资质条件： 财务要求： 业绩要求： 信誉要求： 项目经理（建造师，下同）资格： 其他要求：
1.4.2	是否接受联合体投标	□不接受 □接受，应满足下列要求：
1.9.1	踏勘现场	□不组织 □组织，踏勘时间： 踏勘集中地点：

续表

条款号	条款名称	编列内容
1.10.1	投标预备会	□不召开 □召开，召开时间： 召开地点：
1.10.2	投标人提出问题的截止时间	
1.10.3	招标人书面澄清的时间	
1.11	分包	□不允许 □允许，分包内容要求： 分包金额要求： 接受分包的第三人资质要求：
1.12	偏离	□不允许 □允许
2.1	构成招标文件的其他材料	
2.2.1	投标人要求澄清招标文件的截止时间	
2.2.2	投标截止时间	_____年_____月_____日_____时_____分
2.2.3	投标人确认收到招标文件澄清的时间	
2.3.2	投标人确认收到招标文件修改的时间	
3.1.1	构成投标文件的其他材料	
3.3.1	投标有效期	
3.4.1	投标保证金	投标保证金的形式： 投标保证金的金额：
3.5.2	近年财务状况的年份要求	_____年
3.5.3	近年完成的类似项目的年份要求	_____年
3.5.5	近年发生的诉讼及仲裁情况的年份要求	_____年
3.6	是否允许递交备选投标方案	□不允许 □允许
3.7.3	签字或盖章要求	
3.7.4	投标文件副本份数	_____份
4.1.2	封套上写明	招标人的地址： 招标人名称： _____（项目名称）_____标段投标文件 在_____年_____月_____日_____时_____分前 不得开启
4.2.2	递交投标文件地点	
4.2.3	是否退还投标文件	□否 □是
5.1	开标时间和地点	开标时间：同投标截止时间 开标地点：
5.2	开标程序	（4）密封情况检查： （5）开标顺序：
6.1.1	评标委员会的组建	评标委员会构成：_____人，其中招标人代表 _____人，专家_____人； 评标专家确定方式：

续表

条款号	条款名称	编列内容
7.1	是否授权评标委员会确定中标人	□是 □否，推荐的中标候选人数：
7.3.1	履约担保	履约担保的形式： 履约担保的金额：
......		
10	需要补充的其他内容	

（2）投标人须知正文

投标人须知正文内容很多，主要内容包括工程概况，招标范围，资格审查条件，工程资金来源或者落实情况，标段划分，工期要求，质量标准，现场踏勘和答疑安排，投标文件编制、提交、修改、撤回的要求，投标报价要求，投标有效期，开标的时间和地点，评标的方法和标准等方面的说明和要求。

3．评标办法

《标准施工招标文件》规定了两种评标办法：即经评审的最低投标价法和综合评估法。具体采用哪一种评标方法由招标文件编制人根据招标人的要求和工程实际情况选用。

评标办法由评标办法前附表和评标办法正文两部分组成。

招标人在编制施工招标文件时，应不加修改地引用评标办法正文内容。评标办法前附表用于明确评标的方法、因素、标准和程序。招标人应根据招标项目具体特点和实际需要，详细列明全部评审因素、标准，没有列明的因素和标准不得作为评标的依据。评标标准和评标方法应当合理，不得含有倾向或者排斥潜在投标人的内容，不得妨碍或者限制投标人之间的竞争。

（1）经评审的最低投标价法

经评审的最低投标价法，即评标委员会对满足招标文件实质要求的投标文件，根据评标办法前附表规定的量化因素及标准进行价格折算，按照经评审的投标价由低到高的顺序推荐中标候选人，或根据招标人的授权直接确定中标人，但投标价低于其成本的除外。经评审的投标价相等时，投标价低的优先；投标报价也相等的，由招标人自行确定。

当潜在投标人普遍掌握本次招标项目的施工技术或者招标人对招标项目的施工技术如施工方法、施工工艺等没有特殊要求的，一般可以选用经评审的最低投标价法。

（2）综合评估法

综合评估法，即评标委员会对满足招标文件实质要求的投标文件，按照评标办法前附表规定的评分标准进行打分，并按照得分由高到低顺序推荐中标候选人，或根据招标人的授权直接确定中标人，但投标价低于其成本的除外。综合评分相等时，投标价低的优先；投标报价也相等的，由招标人自行确定。

当招标项目施工技术特别复杂，或者招标人对招标项目的施工技术，如施工方法、施工工艺等有特殊要求的，必须对投标人的施工组织设计进行综合评审，招标人可以选用综合评估法，以确定其技术实力。

4．合同条款及格式

合同条件是招标文件的重要组成部分，合同条件又称合同条款，招标文件中的合同条款，是招标人与中标人签订合同的基础，主要规定了合同履行过程中当事人基本的权利和义务以及合同履行中的工作程序。合同条款是否完善、公平，将影响合同内容的正常履行。

为了方便招标人和中标人签订合同，目前国际和国内都制定了有关的合同条款标准模式，如国际工程承发包中广泛使用的 FIDIC 合同条件、国内住房和城乡建设部和国家市场监督管理总局联合下发的适合国内工程承发包使用的《建设工程施工合同（示范文本）》GF—2017—0201 中的合同条款等。

我国现行的《建设工程施工合同（示范文本）》GF—2017—0201 是 2017 年的修订版，2017 版《建设工程施工合同（示范文本）》由合同协议书、通用条款、专用条款、附件四部分组成。

5．工程量清单

全部采用国有资金投资或以国有资金投资为主的依法必须招标项目要采用工程量清单招标，招标人应当提供工程量清单。工程量清单应包括由投标人完成工程施工的全部项目，它是各投标人投标报价的基础，也是签订合同、调整工程量、支付工程进度款和竣工结算的依据。工程量清单应由具有编制招标文件能力的招标人或受其委托具有相应资质的工程咨询机构进行编制。招标文件中的工程量清单应由工程量清单说明和工程量清单表两部分组成。

6．图纸

图纸是招标文件的重要组成部分，是投标人在拟定施工方案、确定施工方法、计算或校核工程量、计算投标报价不可缺少的资料。招标人应对其所提供的图纸资料的正确性负责。所附招标图纸的数量和深度，应达到投标人能正确地、准确地评价项目规模，估算工程数量，具备明确的报价条件，最低达到项目初步设计的深度。

7．技术标准和要求

技术标准和要求主要说明工程现场的自然条件、施工条件及本工程施工技术要求和采用的技术规范等内容。技术标准和要求是投标人编制施工规划和计算施工成本的依据。

8．投标文件格式

施工招标文件的
编制

投标文件的格式是招标文件的组成部分，为了便于投标文件的评比和比较，要求投标文件的内容按一定的顺序和格式进行编写。招标人在招标文件中，要对投标文件提出明确的要求，并拟定一套编制投标文件的参考格式，供投标人投标时填写。投标人应按招标人提供的投标格式编制投标文件，否则被视为不响应招标文件的实质性要求，其投标将被否决。

2.3.4 招标文件编制的注意事项 ••••••••••••••••••••••••••••••••• ●

（1）评标原则和评标办法细则，尤其是要明确计分方法。文字要力求严密、明确和细致，不能有模棱两可的语言。防止投标报价不清，引起合同执行时的争端和索赔。

（2）在招标文件中应明确投标价格计算依据。

（3）质量标准必须达到国家施工验收规范合格标准。

（4）如果建设单位要求工期提前竣工交付使用，应考虑计取提前工期奖，提前工期奖的计算方法应在招标文件中明确。

（5）招标文件中应明确投标准备时间、投标保证金的提交方式与金额 / 履约保证金的提交方式与金额。

（6）关于工程量清单。招标人按照国家颁布的统一工程项目划分，统一计量单位和工程量计算规则，根据施工图纸计算工程量，提供给投标人作为投标报价的基础。结算拨付工程款时，以实际工程量为依据。工程量清单中的各项目应尽量细分，各项目工程量要准确，以消除投标人不均衡报价的条件。

（7）合同专用条款的编写。招标人在编制招标文件时，应根据《民法典》《建筑工程施工合同管理办法》的规定和工程具体情况确定《招标文件合同专用条款》的内容。

（8）在招标文件中要合理分摊发包人和承包人的风险。明智的招标人分摊风险

招标文件编制的
注意事项

招标文件内容
编制涉及的时间
问题

的原则是：有经验的承包人无法预见和进行合理防范的风险，由发包人承担。这样做可使承包人不必为那些不一定发生的风险担心，可集中精力去完成工程建设。

（9）招标文件应具有可操作性。可操作性主要反映在有清楚的、准确的投标报价条件和合同支付条件。例如，工程量清单中主要项目对应的工作内容、范围、工序、材料（永久设备）和工艺标准、适用的项目规范和技术质量标准、计量和支付的规定等是否明确。如果这些都明确具体，则具有可操作性。

（10）招标文件中提供的参考资料，应是原始的观测和勘探资料，而不是推论或判断的成果。资料必须准确，因为这些参考资料也是作为投标人投标报价的依据。因此，决不能认为参考资料仅作为投标参考。

235 施工项目招标控制价的编制 ·······························●

招标控制价是招标人根据国家或省级、行业建设主管部门颁发的有关计价依据和办法，以及拟定的招标文件与招标工程量清单，结合工程具体情况编制的招标工程的最高投标限价。投标人的投标报价高于招标控制价的，其投标应被否决。

根据《建设工程工程量清单计价规范》GB 50500—2013 的规定，国有资金投资的建设工程招标，招标人必须编制招标控制价。

1．招标控制价的编制依据

（1）《建设工程工程量清单计价规范》GB 50500—2013。

（2）国家、行业和地方建设主管部门颁发的计价定额与计价办法。

（3）建设工程设计文件及相关资料。

（4）拟定的招标文件和招标工程量清单。

（5）与建设项目相关的标准、规范、技术资料。

（6）施工现场情况、工程特点及常规施工方案。

（7）工程造价管理机构发布的工程造价信息，当工程造价信息没有发布时，参照市场价。

（8）其他相关资料。

2．招标控制价的编制内容

（1）招标工程量清单的编制

1）招标工程量清单应由具有编制能力的招标人或受其委托，具有相应资质的工程造价咨询人或招标代理人编制。

2）招标工程量清单必须作为招标文件的组成部分，其准确性和完整性由招标人负责。

3）招标工程量清单是工程量清单计价的基础，应作为编制招标控制价、投标报价、计算工程量、工程索赔等的依据之一。

4）工程量清单应由分部分项工程量清单、措施项目清单、其他项目清单、规费项目清单、税金项目清单组成。

5）编制工程量清单应依据：

①《建设工程工程量清单计价规范》GB 50500—2013 和相关工程的国家计量规范；

② 国家或省级、行业建设主管部门颁发的计价依据和办法；

③ 建设工程设计文件；

④ 与建设工程有关的标准、规范、技术资料；

⑤ 拟定的招标文件；

⑥ 施工现场情况、工程特点及常规施工方案；

⑦ 其他相关资料。

（2）招标控制价的编制

招标控制价应由组成建设工程项目的各单项工程费用组成，各单项工程费用应由组成各单项工程的各单位工程费用组成，各单位工程费用应由分部分项工程费、措施项目费、其他项目费、规费和税金组成。招标控制价汇总流程简图如图 2-5 所示：

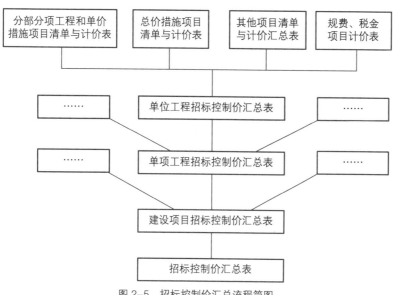

图 2-5　招标控制价汇总流程简图

投标人经复核认为招标人公布的招标控制价未按照《建设工程工程量清单计价规范》GB 50500—2013 的规定进行编制的，应在开标前 5 天向招投标监督机构或工程造价管理机构投诉，招投标监督机构会同工程造价管理机构对投诉进行处理，发现有错误的，应责成招标人修改。

3. 招标控制价编制注意事项

招标控制价编制人员应严格按照有关政策规定，科学公正地编制招标控制价，必须以严肃认真的态度和科学的方法编制，综合考虑和体现招标人和投标人的利益。

编制招标控制价应注意以下规定：

（1）根据国家公布的统一工程项目划分、统一计量单位、统一计算规则以及施工图纸、招标文件，并参照国家、行业或地方批准发布的定额和国家、行业规定的技术标准规范以及要素市场价，确定工程量清单和编制招标控制价。

（2）招标控制价应由招标人编制，但当招标人不具备编制招标控制价的能力时，应委托具有相应工程造价咨询资质的工程造价咨询机构编制。

（3）招标控制价超过批准的概算时，招标人应将其报原概算审批部门审核，投标人上报投标报价高于招标控制价的，其投标应予以拒绝。

（4）招标文件中的工程量清单标明的工程量是投标人投标报价的基础，竣工结算工程量按发、承包双方在合同中约定应予计量且实际完成的工程量确定。

（5）措施项目清单计价应根据拟建工程的施工组织设计，可以计算工程量的措施项目，应按分部分项工程量清单的方式采用综合单价计价；其余的措施项目可以"项"为单位的方式计价，应包括除规费、税金外的全部费用。

（6）措施项目清单中的安全文明施工费应按照国家或省级、行业建设主管部门的规定计价，不得作为竞争性费用。

（7）规费和税金应采用费率法编制，按国家或省级、行业建设主管部门的规定计算，不得作为竞争性费用。

（8）采用工程量清单计价的工程，应在招标文件或合同中明确风险内容及其范围，不得采用无限风险、所有风险或类似语句规定风险内容及其范围。

（9）其他项目费按下列规定计价：

1）暂列金额应按照招标人在其他项目清单中列出的金额填写。

2）暂估价包括材料暂估价、专业工程暂估价。材料单价按招标人列出的材料单价计入综合单价，专业工程暂估价按照招标人在其他项目清单中列出的金额填写。

3）计日工：按招标人列出的项目和数量，根据工程特点和有关计价依据确定综合单价并计算费用。

4）总承包方服务费应根据招标文件列出的内容和向总包人提出的要求计算，其中：招标人仅要求对分包的专业工程进行总承包管理和协调时，按分包的专业工程估算造价的 1.5% 计算；招标人要求对分包的专业工程进行总承包管理和协调并同时要求提供配合服务时，根据招标文件中列出的配合服务内容和提出的要求，按分包的专业工程估算造价的 3% ~ 5% 计算；招标人自行供应材料的，按招标人供应材料价值的 1% 计算。

（10）招标控制价应在开标前至少 7 天公布，不应上浮或下调，招标人应将招标控制价及其有关资料报送工程所在地工程造价管理机构备查。

任务 2.4 工程总承包项目招标文件的编制

知识目标

了解工程总承包招标策划内容；熟悉工程总承包招标文件的内容构成；掌握工程总承包招标文件编制。

能力目标

能够根据招标人的要求，运用《标准设计施工总承包招标文件》编制实际项目的招标文件。

素质目标

培养一丝不苟、严谨细致、重视细节、精益求精的职业精神；培养严谨认真、诚实守信、遵守相关法律法规的职业道德。

情境导入

有了新校区一期项目建设的经验，校领导深刻感受到了平行承发包模式对业主方项目管理的专业性带来的挑战。新校区二期项目建设即将启动，这次校领导希望采用总承包模式解决学校在工程建设上专业性不足的问题，但新的挑战随之而来，采用工程总承包模式招标前应当做些什么准备？工程总承包的招标文件与施工招标文件上又有哪些不同？编制过程中需要注意什么？

2.4.1 工程总承包项目招标策划 ·· ●

工程总承包项目招标基本流程与施工招标基本流程相同。但由于工程总承包模式发包范围有所拓展，因此在项目策划阶段就需要考虑如何发包，特别是采用招标发包的情形下需要遵守相关法律法规要求，在项目策划时就应当对总承包招标进行策划，策划具体内容除传统施工招标需要考虑招标方式、评标方法、合同条款等内容外，还需要额外增加招标范围策划、计价策划和项目管理模式策划，各部分内容应进行综合分析后做出合理决策。

1．招标范围策划

工程总承包模式下，承包单位按照与建设单位签订的合同，对工程设计、采购、施工等过程中的若干或全部阶段承包，并对工程的质量、安全、工期和造价等全面负责。相比传统的平行承发包，合同承包人责任风险增加，要求的合同收益也随之增加，最终表现为合同总价上升，但发包人的管理成本相应降低，因此发包人需要在上升的合同总价与降低的管理成本之间进行权衡，从而使得发包人通过总承包方式得到利益最大化，其中首要关注的则是招标范围策划。

工程总承包模式下，承包人总承包的内容可以包括项目建议书与可行性研究报告、勘察设计、材料与设备采购、项目施工与安装、生产设备试车与生产职工培训等。其中设计-施工总承包 D-B（Design-Build）与设计-采购-施工总承包 EPC（Engineering-Procurement-Construction）是我国大力推广的总承包模式，与传统施工招标相比，两种模式的招标范围进一步扩展到勘察——收集已有资料、现场踏勘、制定勘察纲要、测量、钻探、取样、原位测试、室内试验、资料整理及编制勘察文件；设计——总平面详细规划设计、建筑方案设计、初步设计、技术设计、施工图设计、概算编制。

发包人确定招标范围中需要注意以下原则：

（1）界面清晰原则

界面清晰是指总承包合同与其他合同之间责任划分清晰，出现责任事件时可以通过合同准确地确定责任方。总承包模式在我国的发展时间并不长，相较传统平行承发包模式经验总结有限，特别是业主方，绝大部分并不会长期重复投资类似项目，因此在确定总承包项目招标范围时需要慎重界定合同界面，必要时可以选择有经验的咨询公司针对项目特点拟订方案。

（2）项目可控原则

总承包模式下承包人责任增加，并且承包人对项目的控制力也相应增加，这意味着发包人对项目的微观控制难度增加，因此在设定项目招标范围时需要将对项目的控制力考虑其中，确保项目整体可控，具体包括功能要求、工期要求、质量要求和造价控制等。例如，招标范围越大市场上合格承包人数量越少，竞争不足容易导致项目造价控制的难度增加，因此要针对市场中承包人的情况合理确定招标范围。

（3）风险分担原则

使用总承包模式后，发包人的合同数量减少，承包人因承包范围扩大所需要承担的风险也随之增加，从项目整体风险角度出发，应遵循风险合理分担的原则，将发包人完成风险更低的工作留给发包人完成，将承包人完成风险更低的工作留给承包人完成，从而降低项目整体风险。

2．计价策划

造价是发包人最关心的内容之一，也是招标的核心议题。使用总承包模式有利于降低发包人风险，有利于发包人对项目的整体把控。但总承包模式特别是包含设计任务的总承包，通常不确定因素较多，因此常用做法是发包人提出明确的要求，包括项目范围、功能要求、工艺要求、工期要求、技术要求、项目管理要求等，并给出明确的价格清单要求，投标人按相应的清单报价或工程量清单以参与投标竞争。若业主方需求明确且对造价敏感，需要在招标策划时着重考虑计价策划内容，其中重点考虑工程量清单和合同计价形式。

（1）总承包合同价格形式

发包人需要根据项目特点选择合适价格形式的合同，常见的形式包括：单价合同（可调单价合同、固定单价合同）、总价合同（可调总价合同、固定总价合同）与成本加酬金合同。

单价合同是指合同当事人约定以工程量清单及综合单价进行合同价格计算、调整和确认的合同。其中固定单价合同的综合单价不予调整，可调单价合同的综合单价可以在约定的范围内进行调整。

总价合同是指合同当事人约定以图纸或技术指标、已标价工程量清单或预算书及有关条件进行合同价格计算、调整和确认的合同。其中固定总价合同的总价不予调整，可调总价合同的总价可以在约定的范围内进行调整。

成本加酬金合同是指发包人向承包人支付合同范围内全部成本费用，并支付约定酬金的合同。在这一类型的合同中发包人承担了项目的绝大部分风险，承包人不需要考虑成本控制，这一合同适用于规模较大、复杂以及新型工程项目，同时也适用于一些紧急工程。

考虑到采用总承包形式下，设计导致的造价变动风险较大，对于国有资金投资的一般建设项目，管理存在一定的困难，因此《建设项目工程总承包合同》GF—2020—0216采用总价合同，且除合同中允许增减金额的约定外，合同价格不做调整，从而确保了项目在满足招标时相关功能、技术指标的条件下，造价不会出现大幅波动。且2019年发布的《房屋建筑和市政基础设施项目工程总承包管理办法的通知》（建市规〔2019〕12号）中提及，企业投资项目的工程总承包宜采用总价合同，政府投资项目的工程总承包应当合理确定合同价格形式。采用总价合同的，除合同约定可以调整的情形外，合同总价一般不予调整。

（2）工程量清单

对于施工招标，工程量清单以施工图为基础进行编制，而对于工程总承包招标通常没有施工图，因此其清单编制通常具有以下三个特点：①编制难度大。工程总承包项目招标范围的起点一般是从可行性研究、初步设计或方案设计完成之后开始的，招标人需要通过立项报告、可行性研究或者初步设计成果编制工程量清单，此时由于相关技术指标较为模糊，情况较为复杂，大幅度增加了清单编制的难度。②不确定性多。不具备施工图的招标变化相对较多，招标人也可以在清单中列出认为会发生的项目并要求投标人报价，部分项目难以确定数量的也可以不列数量，由投标人自行报量。宽松的条件使得建设过程中的不确定性因素增多，工程量清单所列项目特征及数量，与承包人实际完成有较大的出入。③清单对造价的控制难度增加。由于总承包项目清单编制的难度与不确定性均增加，使得采用清单控制造价有比较大的难度，清单与实际工程量会有比较大的偏差。因此项目不仅需要一份高质量的清单协助发包人控制造价，还需要采用适当形式的合同协助管理造价。

根据承包人参与设计任务的介入点不同，总承包项目工程量清单编制方法有所不同。若招标范围不包括初步设计，即承包人在图2-6的介入点2开始参与项目，此时已经完成了初步设计，招标工程量清单可以按照传统的工程量清单方式完成。如果招标范围包括初步设计，即承包人在图2-6的介入点1开始参与项目则需要采用模拟工程量清单。

模拟工程量清单是在业主需求明确但没有初步设计图纸或初步设计不完备的情况下，利用类似工程的清单项目和技术指标形成的工程量清单。对于结构较为常见的项目，需要比对的类似项目数据较少且往往选择一个极为相似的项目即可，对于主体结构异形的建设项目可能需要对比大量的参照工程数据。但无论结构是否普遍或简单，模拟工程量清单招标本身就存在较多不确定性，因此应当选择具有丰富经验的人员编制。

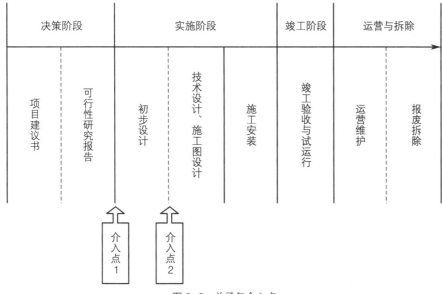

图 2-6 总承包介入点

3．管理模式策划

业主对承包人与各类项目合同的管理关乎着项目推进的速度与质量，特别是在工程总承包中，承包人通常是根据相应的指标完成任务，缺乏对项目的管理与控制很有可能导致项目无法达到业主的预期。因此，在招标前需要考虑好项目的管理模式，常见的管理模式有如下几种：

（1）PMT 管理模式。业主组成项目管理团队（Project Management Team，缩写为 PMT）代表业主方组织项目建设的管理，由于管理组的成员是业主方的人员，该模式下业主方对项目的控制能力较强。但由于许多业主方并不会反复从事该类工程项目的建设，因此从公司中抽调到 PMT 团队的人员可能缺乏建设管理的专业性，而若要临时招聘或者借聘专业人员也可能存在组织管理的各项问题。

（2）PMC 管理模式。业主选择专业的项目管理咨询服务（Project Management Consulting，缩写为 PMC）。将总承包项目的管理工作直接委托给 PMC 公司，由PMC，代表业主对 EPC 工程项目进行全过程、全方位的项目管理，包括项目定义、项目整体规划、选择 EPC 承包商、工程监理、投料试车、考核验收等，并对业主负责，与业主方的利益保持一致。采用 PMC 模式可以有效克服业主方没有工程建设方面专业人员的难题，但需要向 PMC 公司支付相应的费用，这对于经济实力相对薄弱的业主方有比较大的影响。

（3）IPMT 管理模式。业主聘请 PMC 公司的同时，同时派出公司的人员，与

PMC 公司组成一体化项目管理团队（Integrated Project Management Team，缩写为 IPMT），根据双方之间合同的权责划分，共同对项目实施的全过程进行管理，其中 IPMT 的总负责人一般是项目业主方人员，对项目的整体进行把控。采用 IPMT 管理模式有利于项目按照业主的预期，在专业的管理指导下顺利推进。但相对应的，其不仅要支付 PMC 公司的费用，还需要派出业主方公司职员参与项目。

2.4.2 工程总承包项目招标文件编制 ························· ●

工程总承包招标文件和施工招标文件结构上类似，招标人应根据招标项目的特点和需要编制招标文件，可以选择合适的招标文件示范文本。国家发展和改革委员会等 9 个国家部委联合制定了《标准设计施工总承包招标文件》（以下简称总承包招标文件），适用于依法必须进行招标的设计施工一体化的总承包项目招标，是重要的总承包项目招标文件示范文本。总承包招标文件的组成见表 2-4，第一卷为招标项目情况、条件与竞争方法等内容的概述，第二卷为发包人对项目成果的要求以及附带文件，第三部分为投标文件格式，与施工招标文件的整体结构相当。

总承包招标文件的组成　　　　　　　　　　　表 2-4

序号	卷号	章节内容
1	第一卷	第一章 招标公告／投标邀请书 第二章 投标人须知 第三章 评标办法 第四章 合同条款及格式
2	第二卷	第五章 发包人要求 第六章 发包人提供的材料
3	第三卷	第七章 投标文件格式

但由于总承包项目的范围拓展，因此总承包招标文件在编制中有许多内容与施工招标文件有较大差别，下面将针对主要差别点对总承包招标文件编制进行说明。

1．第一章 招标公告／投标邀请书

招标公告的主要内容包括（图 2-7）：招标条件、项目概况与招标范围、投标人资格要求、招标文件的获取、投标文件的递交、发布公告的媒介、联系方式。与投标邀请书内容类似，其中发布公告的媒介替换为确认。

其中，与施工招标相比，主要区别点与填写示例如下：

> _____（说明本次招标项目的建设地点、规模、计划工期、招标范围等）。

编制该部分时需要详细说明项目的建设地点、规模、计划工期，特别是需要详细描述招标范围。招标范围向潜在投标人传达了项目要求承包人完成的工作范围，对潜在投标人的投标决策有比较大的影响。

【招标公告部分内容示例】

建设地点：×× 市 ×× 区 ×× 路 ×× 号

建设规模：××× 仓储综合楼项目，初步设计总建筑面积约 ××××× 平方米，高度 ×× 米，× 层，其中地上 × 层，地上建筑面积为 ×××× 平方米；地下 × 层，地下面积为 ×××× 平方米，跨度 ×× 米，基坑深度为 × 米……

招标范围：根据初步设计和招标文件的要求，进行项目的施工图设计、施工（含精装修的设计及施工）的工程总承包内容招标，包括：（1）项目的施工图设计（总平、建筑、结构、给水排水、电气、智能、消防、暖通等专业施工图设计，设计内容和深度满足建筑设计规范的相关要求）、施工图预算（工程量清单计价法，施工图出图完成后承包人编制工程预算并由招标人审定为准）及施工期间的配合及竣工验收等工作；（2）施工（土石方工程、场地平整、建筑工程、结构工程、给水排水工程、电气工程、暖通工程、消防工程、智能化工程、景观工程、室外工程等设计范围内所涉及的所有工程的施工）；（3）对工程的质量、进度及安全文明施工进行控制，对工程的合同、信息进行管理，按相关备案及质监部门要求收集、整理、归档所有工程建设资料，并协调有关参建各方及相关单位的关系；（4）整理竣工验收备案资料，完成全部单项验收，协助招标人办理项目报建报批手续，完成竣工验收备案手续以及基建档案等需要通过的验收工作，直至项目验收合格及移交、工程保修期内的缺陷修复和保修的工程总承包。

投标人资格要求内容如下：

> 本次招标要求投标人具备_____资质，_____业绩，并在人员、设备、资金等方面具有承担本项目设计、施工的能力。
>
> 本次招标_____（接受或不接受）联合体投标。联合体投标的，应满足下列要求：_____。

施工招标文件仅需要根据项目规模按照相关文件确定施工单位资质即可，但项目总承包还需要确定总包单位勘察、设计等资质。且因同时具备相应设计、施工资质的潜在投标人数量有限，总承包项目通常允许联合体投标，因此还需要对联合体

第一章 招标公告（未进行资格预审）

_____（项目名称）设计施工总承包招标公告

1. 招标条件

本招标项目 _____（项目名称）已由 _____（项目审批、核准或备案机关名称）以 _____（批文名称及编号）批准建设，项目业主为 _____，建设资金来自 _____（资金来源），项目出资比例为 _____，招标人为 _____。项目已具备招标条件，现对该项目的设计施工总承包进行公开招标。

2. 项目概况与招标范围

_____（说明本次招标项目的建设地点、规模、计划工期、招标范围等）。

3. 投标人资格要求

3.1 本次招标要求投标人须具备 _____ 资质，_____ 业绩，并在人员、设备、资金等方面具有相应的设计、施工能力。

3.2 本次招标 _____（接受或不接受）联合体投标。联合体投标的，应满足下列要求：_____ 。

4. 招标文件的获取

4.1 凡有意参加投标者，请于 ___ 年 ____ 月 ____ 日至 ____ 年 ____ 月 ____ 日，每日上午 ____ 时至 ____ 时，下午 ____ 时至 ____ 时（北京时间，下同），在 _____（详细地址）持单位介绍信购买招标文件。

4.2 招标文件每套售价 ____ 元，售后不退。技术资料押金 ____ 元，在退还技术资料时退还（不计利息）。

4.3 邮购招标文件的，需另加手续费（含邮费）____ 元。招标人在收到单位介绍信和邮购款（含手续费）后 ____ 日内寄送。

5. 投标文件的递交

5.1 投标文件递交的截止时间（投标截止时间，下同）为 ____ 年 ____ 月 ____ 日 ____ 时 ____ 分，地点为 _____ 。

5.2 逾期送达的或者未送达指定地点的投标文件，招标人不予受理。

6. 发布公告的媒介

本次招标公告同时在 _____（发布公告的媒介名称）上发布。

7. 联系方式

……

图 2-7 总承包招标文件的招标公告

的要求进行明确说明。

【招标公告中"投标人资格要求"内容示例】

本次招标要求投标人须同时具备工程设计综合 × 级资质或具备 ×× 行业设计 × 级资质或具备 ×× 行业（××××）专业设计 × 级资质和 ×××× 施工总承包

×级及以上资质，无业绩要求，并在人员、设备、资金等方面具有相应的设计、施工能力。

本次招标接受联合体投标。联合体投标的，应满足下列要求：

1. 本项目接受联合体投标。联合体成员可由设计单位和施工单位组成，联合体各方均应符合"具有独立法人资格""具有独立承担民事责任的能力"的条件，其中施工单位须具备有效的安全生产许可证。

2. 联合体各方应当签订联合体协议书，其中联合体牵头人代表联合体各方成员负责投标和合同实施阶段的主办、协调工作，但联合体其他成员在投标、签约与履行合同过程中，负有连带和各自的法律责任。

3. 组成联合体进行投标的设计或施工单位不得再以自己的名义单独参与同一标段的投标，也不得组成新的联合体参与同一标段的投标。

4. 联合体各方应分别在人员、设备、资金等方面具有承担本项目联合体协议书分工职责范围内的履约能力。

5. 联合体中有同类资质的企业按照联合体协议书分工承担相同工作的，应当按照资质等级较低的企业确定联合体资质等级。

2．第二章 投标人须知

投标人须知是招标人向潜在投标人传递信息最重要的部分。总承包招标文件的投标人须知部分同样分为前附表和正文部分，前附表内容见表 2-5。

总承包招标文件投标人须知前附表　　　　　表 2-5

条款号	条款名称	编列内容
1.1.2	招标人	名称、地址、联系人、电话
1.1.3	招标代理机构	名称、地址、联系人、电话
1.1.4	项目名称	
1.1.5	建设地点	
1.2.1	资金来源及比例	
1.2.2	资金落实情况	
1.3.1	招标范围	
1.3.2	计划工期	计划工期、计划开始工作日期、计划竣工日期
1.3.3	质量标准	设计要求的质量标准、施工要求的质量标准
1.4.1	投标人资质条件、能力和信誉	资质条件、财务要求、设计业绩要求、施工业绩要求、信誉要求、项目经理的资格要求、设计负责人的资格要求、施工负责人的资格要求、施工机械设备、项目管理机构及人员、其他要求

续表

条款号	条款名称	编列内容
1.4.2	是否接受联合体投标	接受（及要求）或不接受
1.5	费用承担和设计成果补偿	补偿（及补偿标准）或不补偿
1.9.1	踏勘	组织（时间与地点）或不组织
1.10.1	投标预备会	召开（时间与地点）或不召开
1.10.2	投标人提出问题的截止时间	
1.10.3	招标人书面澄清的时间	
1.11.1	招标人规定由分包人承担的工作	
1.11.2	投标人拟分包的工作	允许（允许内容、金额、分包人资质要求）或不允许
1.12	偏离	允许（允许偏离的内容、偏离范围和幅度）或不允许
2.1	构成招标文件的其他资料	
2.2.1	投标人要求澄清招标文件的截止时间	
2.2.2	投标截止时间	
2.2.3	投标人确认收到招标文件澄清的时间	
2.3.2	投标人确认收到招标文件修改的时间	
3.1.1	构成投标文件的其他资料	
3.2.4	最高投标限价或其计算方法	
3.2.5	投标报价的其他要求	
3.3.1	投标有效期	
3.4.1	投标保证金	投标保证金的形式、金额
3.5.2	近年财务状况	年　　月　　日至　　年　　月　　日
3.5.3	近年完成的类似项目	年　　月　　日至　　年　　月　　日
3.5.5	近年发生的重大诉讼及仲裁情况	年　　月　　日至　　年　　月　　日
3.6	是否允许递交备选投标方案	允许或不允许
3.7.3	签字或盖章要求	
3.7.4	投标文件副本份数	份
3.7.5	装订要求	
4.1.2	封套上应载明的信息	
4.2.2	递交投标文件地点	
4.2.3	是否退还投标文件	是或否
5.1	开标时间和地点	开标时间、开标地点
5.2	开标程序	密封情况检查、开标顺序
6.1.1	评标委员会的组建	评标委员会构成、评标专家确定方式
7.1	是否授权评标委员会确定中标人	是或否（推荐的中标候选人数）
7.2	中标候选人公示媒介	
7.4.1	履约担保	履约担保的形式、履约担保的金额
9	需要补充的其他内容	

续表

条款号	条款名称	编列内容
10	电子招标投标	是（具体要求）或否
……		……

其中，与施工招标相比，主要区别点与填写示例如下：

> 设计要求的质量标准：
>
> 施工要求的质量标准：

（1）质量标准

总承包项目除了需要确定施工质量标准外，还需要确定设计的质量标准。

【"质量标准"内容示例】

设计要求的质量标准：符合规范、有关政策、有关法规和本项目设计要点，达到国家现行的合格标准。

施工要求的质量标准：满足设计及有关规范要求，工程质量标准为合格。

（2）投标人资质条件、能力和信誉

> 资质条件：
>
> 财务要求：
>
> 设计业绩要求：
>
> 施工业绩要求：
>
> 信誉要求：
>
> 项目经理的资格要求：
>
> 设计负责人的资格要求：
>
> 施工负责人的资格要求：
>
> 施工机械设备：
>
> 项目管理机构及人员：
>
> 其他要求：

对于投标人的资质、业绩要求与招标公告中的资质、业绩要求应当保持一致。在投标人的人员部分，与施工招标不同的是，总承包项目的负责人员可能还需要包括设计负责人、施工负责人、采购负责人等。其中，项目经理是代表投标人（中标后即为承包人）对招标全部范围内进行管理、控制的自然人，与施工招标中的项目经理的不同之处在于，工程总承包中的项目经理的注册执业资格证书范围可以不局限于建造师，也可以是建筑师、结构工程师、监理工程师等。设计负责人与施工负责人则需要具备与项目规模相匹配的注册建筑师与注册建造师证书。

【"投标人资质条件、能力和信誉"内容示例】

资质条件：本次招标要求投标人须同时具备工程设计综合×级资质或具备××行业设计×级资质或具备××行业（××××）专业设计×级资质和××××施工总承包×级及以上资质。

财务要求：××××年至××××年经会计师事务所审计的财务报表（含审计报告）（联合体投标时，联合体各方均需要提供）。

设计业绩要求：无要求。

施工业绩要求：无要求。

信誉要求：1.根据最高人民法院等9部门《关于在招标投标活动中对失信被执行人实施联合惩戒的通知》（法〔2016〕285号）规定，投标人（如为联合体时，联合体中任一个成员）、拟派工程总承包项目经理、施工项目经理、项目设计负责人不得为失信被执行人（以评标阶段"信用中国"网站查询信息为准）；2.在评标阶段通过全国建筑市场监管公共服务平台查询投标人（如为联合体时，联合体中任一个成员）或拟派工程总承包项目经理或施工项目经理或项目设计负责人被列为企业或个人诚信不良、黑名单、失信联合惩戒的，依法限制其投标。3.近三年内投标人（如为联合体时，联合体中任一个成员）或其法定代表人不得有行贿犯罪行为（以评标阶段"中国裁判文书"网站查询信息为准）。

项目经理的资格要求：具有一级及以上注册建筑师或一级及以上注册结构工程师或建筑工程专业一级及以上注册建造师或建筑工程专业注册监理工程师和工程类中级及以上职称（联合体投标的，需为牵头单位员工）。

设计负责人的资格要求：具有一级及以上注册建筑师证书和工程类专业中级及以上职称。

施工负责人的资格要求：具有建筑工程专业一级注册建造师证书和工程类中级及以上职称。

施工机械设备：/

项目管理机构及人员：本项目配备不少于1个专职安全员，具备有效的安全生产考核证C证。

其他要求：/

（3）费用承担和设计成果补偿

□不补偿
□补偿，补偿标准：

总承包范围通常包括设计，投标人在投标过程中需要消耗资源形成部分成果展

现在投标文件中，招标时需要明确这部分已经形成的成果是否应当补偿。

【"费用承担和设计成果补偿"内容示例】

□不补偿

☑补偿，补偿标准：本项目对中标候选人进行设计补偿，其中设计方案分第一名设计补偿 ××××元，设计方案分第二名补偿 ××××元，设计方案分第三名补偿 ××××元。

3．第三章　评标办法

总承包招标文件中同样规定了综合评估法和经评审的最低投标价法两种评标方法，供招标人根据招标项目具体特点和实际需要选择使用。评标办法分为评标办法前附表（表 2-6、表 2-7）与正文部分，招标人在使用范本编制招标文件时，应不加修改地引用评标办法正文内容，前附表应列明全部评审因素和评审标准，并在前附表中标明投标人不满足要求即否决其投标的全部条款。评标标准和评标方法应当合理，不得含有倾向或者排斥潜在投标人的内容，不得妨碍或者限制投标人之间的竞争。

其中招标人选择使用综合评估法的，各评审因素的评审标准、分值和权重等由招标人自主确定，国务院有关部门对各评审因素的评审标准、分值和权重等有规定的，遵照相关规定。

总承包招标文件综合评估法前附表　　　　　　表 2-6

条款号		评审因素	评审标准
2.1.1	形式评审标准	投标人名称	与营业执照、资质证书一致
		投标函签字盖章	有法定代表人或其委托代理人签字或加盖单位章
		投标文件格式	符合第七章"投标文件格式"的要求
		联合体投标人	提交联合体协议书，并明确联合体牵头人
		报价唯一	只能有一个有效报价
		……	……
2.1.2	资格评审标准	营业执照	具备有效的营业执照
		资质等级	符合第二章"投标人须知"第 1.4.1 项规定
		财务状况	符合第二章"投标人须知"第 1.4.1 项规定
		类似项目业绩	符合第二章"投标人须知"第 1.4.1 项规定

续表

条款号		评审因素	评审标准
2.1.2	资格评审标准	信誉	符合第二章"投标人须知"第 1.4.1 项规定
		项目经理	符合第二章"投标人须知"第 1.4.1 项规定
		设计负责人	符合第二章"投标人须知"第 1.4.1 项规定
		施工负责人	符合第二章"投标人须知"第 1.4.1 项规定
		施工机械设备	符合第二章"投标人须知"第 1.4.1 项规定
		项目管理机构及人员	符合第二章"投标人须知"第 1.4.1 项规定
		其他要求	符合第二章"投标人须知"第 1.4.1 项规定
		联合体投标人	符合第二章"投标人须知"第 1.4.2 项规定
		……	……
2.1.3	响应性评审标准	投标报价	符合第二章"投标人须知"第 3.2.4 项规定
		投标内容	符合第二章"投标人须知"第 1.3.1 项规定
		工期	符合第二章"投标人须知"第 1.3.2 项规定
		质量标准	符合第二章"投标人须知"第 1.3.3 项规定
		投标有效期	符合第二章"投标人须知"第 3.3.1 项规定
		投标保证金	符合第二章"投标人须知"第 3.4 款规定
		权利义务	符合第四章"合同条款及格式"规定的权利义务
		承包人建议	符合第五章"发包人要求"的规定
		……	……

条款号		条款内容	编列内容
2.2.1		分值构成 （总分 100 分）	承包人建议书：_____分 资信业绩部分：_____分 承包人实施方案：_____分 投标报价：_____分 其他评分因素：_____分
2.2.2		评标基准价计算方法	
2.2.3		投标报价的偏差率 计算公式	偏差率 =100% ×（投标人报价 – 评标基准价）/ 评标基准价

条款号		评分因素（偏差率）	评分标准
2.2.4 （1）	承包人建议书评分标准	图纸	……
		工程详细说明	……
		设备方案	……
		……	……
2.2.4 （2）	资信业绩评分标准	信誉	……
		类似项目业绩	……
		项目经理业绩	……
		设计负责人业绩	……

续表

条款号		评审因素	评审标准
2.2.4（2）	资信业绩评分标准	施工负责人业绩	……
		其他主要人员业绩	……
		……	……
2.2.4（3）	承包人实施方案评分标准	总体实施方案	……
		项目实施要点	……
		项目管理要点	……
		……	……
2.2.4（4）	投标报价评分标准	偏差率	……
2.2.4（5）	其他因素评分标准		
	……		……
3.2.1	设计部分评审	……	……

总承包招标文件经评审的最低投标价法前附表　　　表 2-7

条款号		评审因素	评审标准
2.1.1	形式评审标准	投标人名称	与营业执照、资质证书一致
		投标函签字盖章	有法定代表人或其委托代理人签字或加盖单位章
		投标文件格式	符合第七章"投标文件格式"的要求
		联合体投标人	提交联合体协议书，并明确联合体牵头人
		报价唯一	只能有一个有效报价
		……	……
2.1.2	资格评审标准	营业执照	具备有效的营业执照
		资质等级	符合第二章"投标人须知"第 1.4.1 项规定
		财务状况	符合第二章"投标人须知"第 1.4.1 项规定
		类似项目业绩	符合第二章"投标人须知"第 1.4.1 项规定
		信誉	符合第二章"投标人须知"第 1.4.1 项规定
		项目经理	符合第二章"投标人须知"第 1.4.1 项规定
		设计负责人	符合第二章"投标人须知"第 1.4.1 项规定
		施工负责人	符合第二章"投标人须知"第 1.4.1 项规定
		施工机械设备	符合第二章"投标人须知"第 1.4.1 项规定
		项目管理机构及人员	符合第二章"投标人须知"第 1.4.1 项规定
		其他要求	符合第二章"投标人须知"第 1.4.1 项规定
		联合体投标人	符合第二章"投标人须知"第 1.4.2 项规定
		……	……

续表

条款号	评审因素	评审标准
2.1.3	响应性评审标准	投标报价 符合第二章"投标人须知"第3.2.4项规定
		投标内容 符合第二章"投标人须知"第1.3.1项规定
		工期 符合第二章"投标人须知"第1.3.2项规定
		质量标准 符合第二章"投标人须知"第1.3.3项规定
		投标有效期 符合第二章"投标人须知"第3.3.1项规定
		投标保证金 符合第二章"投标人须知"第3.4款规定
		权利义务 符合第四章"合同条款及格式"规定的权利义务
		…… ……
2.1.4	承包人建议书评审标准	图纸 ……
		工程详细说明 ……
		设备方案 ……
		…… ……
2.1.5	承包人实施方案评审标准	总体实施方案 ……
		项目实施要点 ……
		项目管理要点 ……
		…… ……
条款号	量化因素	量化标准
2.2	详细评审标准	付款条件 ……
		…… ……

4．第四章 合同条款及格式

总承包招标文件提供了适合设计施工总承包的合同内容，表2-8为该部分的结构。

工程总承包招标文件第四章内容 表2-8

章节编号	章节名称	条款内容	
第一节	通用合同条款	1. 一般约定	9. 测量放线
		2. 发包人义务	10. 安全、治安保卫和环境保护
		3. 监理人	11. 开始工作和竣工
		4. 承包人	12. 暂停工作
		5. 设计	13. 工程质量
		6. 材料和工程设备	14. 试验和检验
		7. 施工设备和临时设施	15. 变更
		8. 交通运输	16. 价格调整

续表

章节编号	章节名称	条款内容	
第一节	通用合同条款	17. 合同价格与支付 18. 竣工试验和竣工验收 19. 缺陷责任与保修责任 20. 保险	21. 不可抗力 22. 违约 23. 索赔 24. 争议的解决
第二节	专用合同条款	条款内容与通用合同条款一致	
第三节	合同附件格式	附件一：合同协议书 附件二：履约担保格式 附件三：预付款担保格式	

第一节通用合同条款部分是一般项目具备的共性条款，具有规范性、可靠性、完备性和适用性等特点，是合同文本的基本部分及指导性部分，编制招标文件过程中应当使用原文，不作任何修改。

第二节专用合同条款是对通用合同条款规定内容的确认与具体化。考虑到项目的内容各不相同，需要有个性化的部分体现承发包双方意愿，专用合同条款为实现这一目的提供了条件。但在编制过程中需注意：①专用合同条款中的每一条应与通用条款一致；②专用条款对通用条款的细化、补充、说明内容不应和通用条款相抵触。

第三节合同格式附件，招标人可以根据需要增加相应内容确保投标人理解项目合同条件。其中"合同协议书"为合同效力最高的部分，除此之外，合同各部分的效力优先顺序为：中标通知书→投标函及投标函附录→专用合同条款→通用合同条款→发包人要求→承包人建议书→价格清单→其他合同文件。

5. 第五章 发包人要求

发包人要求是总承包项目招标文件的核心。在这一部分，招标人需要向承包人传达所需项目成果的要求，且要求应尽可能清晰准确，对于可以进行定量评估的工作，发包人要求不仅应明确规定其产能、功能、用途、质量、环境、安全，并且要规定偏离的范围和计算方法，以及检验、试验、试运行的具体要求。对于承包人负责提供的有关设备和服务，对发包人人员进行培训和提供一些消耗品等，在发包人要求中应一并明确规定，并应避免歧义导致纠纷。

发包人要求通常包括但不限于以下内容：

（1）功能要求

1）工程的目的。

2）工程规模。

3）性能保证指标（以性能保证表展现）。

4）产能保证指标。

（2）工程范围

1）概述

2）包括的工作

① 永久工程的设计、采购、施工范围。

② 临时工程的设计与施工范围。

③ 竣工验收工作范围。

④ 技术服务工作范围。

⑤ 培训工作范围。

⑥ 保修工作范围。

3）工作界区

4）发包人提供的现场条件

① 施工用电。

② 施工用水。

③ 施工排水。

5）发包人提供的技术文件（除另有批准外，承包人的工作需要遵照发包人的下列技术文件）

① 发包人需求任务书。

② 发包人已完成的设计文件。

（3）工艺安排或要求（可选）

（4）时间要求

1）开始工作时间。

2）设计完成时间。

3）进度计划。

4）竣工时间。

5）缺陷责任期。

6）其他时间要求。

（5）技术要求

1）设计阶段和设计任务。

2）设计标准和规范。

3）技术标准和要求。

4）质量标准。

5）设计、施工和设备监造、试验（可选）。

6）样品。

7）发包人提供的其他条件，如发包人或其委托的第三人提供的设计、工艺包、用于试验检验的工器具等，以及据此对承包人提出的予以配套的要求。

（6）竣工试验

1）第一阶段，如对单车试验等的要求，包括试验前准备。

2）第二阶段，如对联动试车、投料试车等的要求，包括人员、设备、材料、燃料、电力、消耗品、工具等必要条件。

3）第三阶段，如对性能测试及其他竣工试验的要求，包括产能指标、产品质量标准、运营指标、环保指标等。

（7）竣工验收

（8）竣工后试验（可选）

（9）文件要求

1）设计文件，及其相关审批、核准、备案要求。

2）沟通计划。

3）风险管理计划。

4）竣工文件和工程的其他记录。

5）操作和维修手册。

6）其他承包人文件。

（10）工程项目管理规定

1）质量。

2）进度，包括里程碑进度计划（可选）。

3）支付。

4）HSE（健康、安全与环境管理体系）。

5）沟通。

6）变更。

（11）其他要求

1）对承包人的主要人员资格要求。

2）相关审批、核准和备案手续的办理。

3）对项目业主人员的操作培训。

4）分包。

5）设备供应商。

6）缺陷责任期的服务要求。

6．第六章 发包人提供的资料

在本章，招标人应当写明发包人提供哪些资料。一般发包人需要提供：

（1）项目概况。

（2）施工场地及毗邻区域内的供水、排水、供电、供气、供热、通信、广播电视等地下管线资料、气象和水文观测资料，相邻建筑物和构筑物、地下工程的有关资料，以及其他与建设工程有关的原始资料。

（3）定位放线的基准点、基准线和基准标高。

（4）发包人取得的有关审批、核准和备案材料，如规划许可证。

7．第七章 投标文件格式

本部分给出了投标人使用的标准化投标文件格式，以下为投标文件格式的结构。

一、投标函及投标函附录

二、法定代表人身份证明或授权委托书

三、联合体协议书

四、投标保证金

五、价格清单

六、承包人建议书

七、承包人实施方案

八、资格审查资料

九、其他资料

其中"承包人建议书"和"承包人实施方案"格式招标人需要结合项目实际情况进行调整和补充。

单元小练

一、单选题

1. 招标的最终目的是（　　）。

A. 发包项目　　　　　　　　　　B. 签订合同

C. 找到最佳履行合同的承包人　　D. 承包项目

2. 根据《中华人民共和国招标投标法》，招标的方式可分为（　　）。

A. 公开招标和代理招标　　　　　B. 邀请招标和自行招标

C. 公开招标和邀请招标　　　　　　　D. 公开招标和自行招标

3. 《招标投标法》规定,(　　　)是提出招标项目、进行招标的法人和其他组织。

A. 招标人　　　　　　　　　　　　B. 投标人

C. 评标人　　　　　　　　　　　　D. 以上都不是

4. 招投标的(　　　)原则是指招投标活动的主体应当遵纪守法、诚实善意、恪守信用,严禁弄虚作假、言而无信。

A. 公开　　　　　B. 公平　　　　　C. 公正　　　　　D. 诚实信用

5. 工程招标代理是指受(　　　)的委托,对招标人提出的建设工程项目代理招标的行为。

A. 招标人　　　　B. 评标人　　　　C. 投标人　　　　D. 承包商

6. 按照国家有关规定,施工单项合同估价在(　　　)万元人民币以上,必须进行招标。

A. 400　　　　　　B. 200　　　　　　C. 50　　　　　　D. 100

7. 按照国家有关规定,建设工程服务单项合同估价在(　　　)万元人民币以上,必须进行招标。

A. 400　　　　　　B. 200　　　　　　C. 50　　　　　　D. 100

8. 按照国家有关规定,与建设工程有关的重要设备、材料等货物的采购,单项合同估价在(　　　)万元人民币以上,必须进行招标。

A. 400　　　　　　B. 200　　　　　　C. 50　　　　　　D. 100

9. 必须招标的工程项目中全部或者部分使用国有资金投资或者国家融资的项目包括:使用预算资金(　　　)万元人民币以上,并且该资金占投资额(　　　)以上的项目。

A. 200；10%　　　　　　　　　　　B. 100；10%

C. 200；20%　　　　　　　　　　　D. 300；15%

10. 以下不属于使用国际组织或者外国政府贷款、援助资金的项目的是(　　　)。

A. 使用世界银行贷款、援助资金的项目

B. 使用外国政府及其机构贷款、援助资金的项目

C. 使用亚洲开发银行贷款、援助资金的项目

D. 使用世界开发银行贷款、援助资金的项目

11. 根据《必须招标的基础设施和公用事业项目范围规定》(发改法规规〔2018〕843号)的规定,以下不属于必须招标的具体范围是(　　　)。

A. 煤炭、石油、天然气、电力、新能源等能源基础设施项目

B. 铁路、公路、管道、水运以及公共航空和 A1 级通用机场等交通运输基础设施项目

C. 电信枢纽、通信信息网络等通信基础设施项目

D. 卫生、旅游等城建项目

12. 以下哪一个时间段可以作为投标有效期（　　　）。

A. 自招标公告开始至投标截止时间　　　B. 自领取招标文件起至投标截止时间

C. 自递交投标文件起至投标截止时间　　D. 自投标截止时间起 40 天内

13. 下列是邀请招标的一些工作内容，请问哪一个次序是正确的？（　　　）

①申请招标　②评标　③发售招标文件　④递交投标文件

A. ①②③④　　　B. ①④②③　　　C. ①③④②　　　D. ③④②①

14. 建设工程招标文件主要由招标文件的正式文本、对正式文本的解释及（　　　）组成。

A. 投标须知前附表　　　　　　　　　B. 投标报价说明

C. 招标文件　　　　　　　　　　　　D. 对正式文本的修改

15. 投标人有以下哪种情形的，其投标保证金不予退回（　　　）。

A. 在投标截止时间之前撤回投标文件的

B. 在投标截止时间之后撤回投标文件的

C. 在投标有效期开始之前撤回投标文件的

D. 中标后及时提交履约保证金的

16. 在建设工程招标中，投标保证金数额不得超过招标项目估算价的（　　　）。

A. 3%　　　　　B. 2%　　　　　C. 2.5%　　　　　D. 5%

17. 下列不属于招标文件的有（　　　）。

A. 投标人须知　　　　　　　　　　B. 工程量清单

C. 具有标价的工程量清单与报价表　　D. 合同条款及合同文件格式

18. 《招标投标法》规定，自招标文件开始发出之日起至提交投标文件截止之日止，最短不得少于（　　　）。

A. 20 天　　　　B. 15 天　　　　C. 30 天　　　　D. 28 天

19. 我国有关法规规定，对于技术复杂的工程，允许采用（　　　）的方式招标。

A. 公开招标　　　B. 邀请招标　　　C. 议标　　　　D. 无限竞争性招标

20. 招标人对已发出的招标文件进行必要的修改或者澄清，应当在招标文件要求提交投标文件截止时间至少（　　　）日前，以书面形式通知所有招标文件收受人。

A. 5　　　　　　B. 15　　　　　C. 20　　　　　D. 30

21. 依法必须进行招标的项目的（　　　），必须通过国家指定的报刊、信息网络或者其他公共媒介发布。

A. 资格预审公告或招标公告　　　　　B. 投标邀请书

C. 评标标底　　　　　　　　　　　　D. 评标标准

22. 招标信息公开是相对的，对于一些需要保密的事项是不可以公开的。如（　　　）在确定中标结果之前就不可以公开。

A. 评标委员会成员名单　　　　　　B. 投标邀请书

C. 资格预审公告　　　　　　　　　D. 招标活动的时间安排

23. 招标人不得以任何方式限制或排斥本地区、本系统以外的法人或其他组织参加投标，体现（　　）原则。

A. 公平　　　　　B. 保密　　　　　C. 及时　　　　　D. 公开

24. 招标文件发售后，招标人要在招标文件规定的时间内组织投标人踏勘现场，了解工程现场和周围环境情况，并对潜在投标人针对（　　）及现场提出的问题进行答疑。

A. 设计图纸　　　B. 招标文件　　　C. 地质勘察报告　D. 合同条款

25. 投标人对招标文件或者在现场踏勘中有不清楚的问题，应当用（　　）的形式要求招标人予以解答。

A. 书面　　　　　B. 电话　　　　　C. 口头　　　　　D. 会议

26. 提交投标文件的投标人少于（　　）个的，招标人应当依法重新招标。

A. 3　　　　　　B. 4　　　　　　C. 2　　　　　　D. 5

27. 我国《招标投标法》规定，开标时间应为（　　）。

A. 提交投标文件截止时间　　　　　B. 提交投标文件截止时间的次日

C. 提交投标文件截止时间的 7 日后　D. 其他约定时间

28. 中标人不按照招标文件的规定提交履约担保的，将失去订立合同的资格，其提交的投标保证金（　　）。

A. 退还一部分　　　　　　　　　　B. 全部退还

C. 不退还　　　　　　　　　　　　D. 不退还并且追偿赔偿金

29. 招标文件应当载明投标有效期，投标有效期从（　　）起计算。

A. 发布招标公告　　　　　　　　　B. 发售招标文件

C. 提交投标文件截止日　　　　　　D. 投标报名

30. 国有资金占控股或者主导地位的依法必须招标的项目，招标人应当确定（　　）的中标候选人为中标人。

A. 排名第一　　　　　　　　　　　B. 报价最低

C. 排名第三　　　　　　　　　　　D. 排名第一或第二

31. 建设工程招标人自行办理招标必须具备的条件是（　　）。

A. 有符合招标文件要求的资质证书

B. 有编制招标文件的能力和组织评标的能力

C. 有相应的工作经验与业绩证明

D. 有与招标文件要求相适应的人力、物力、财力

二、多选题

1. 某项目招标中，招标文件要求投标人提交投标保证金。招标过程中，招标人

有权没收投标保证金的情形有（   ）。

A. 投标人在投标有效期内撤回投标文件

B. 投标人在开标前撤回投标文件

C. 中标人拒绝提交履约保证金

D. 投标人拒绝招标人延长投标有效期要求

E. 中标人拒绝签订合同

2. 邀请招标与公开招标比较，具有（   ）等优点。

A. 竞争更激烈　　　　　　　　　B. 不需设置资格预审程序

C. 节省招标费用　　　　　　　　D. 节省招标时间

E. 减少承包方违约的风险

3. 建设工程项目在进行施工招标前，必须具备以下哪些条件才能开始招标活动？（   ）

A. 有满足施工招标需要的设计文件及其他技术资料

B. 项目资金来源已落实

C. 已组建好项目招标班子

D. 项目审批手续已履行

E. 征地拆迁完毕

三、判断题

1. 某工程项目用了财政拨款 50 万元，但项目总投资额仅 200 万元，占比达到了 25%。该项目要公开招标采购。　　　　　　　　　　　　　　　（　　）

2. 某工程项目用了财政资金 500 万元，但是这个项目的总投资额是 5 亿元。该项目需要公开招标采购。　　　　　　　　　　　　　　　　　　（　　）

3. 在确定投标人之前，招标人应与投标人就投标价格、投标方案等实质性内容进行谈判。　　　　　　　　　　　　　　　　　　　　　　　　　（　　）

4. 施工企业自建自用的工程，且该施工企业资质等级符合工程要求的可不招标。
　　　　　　　　　　　　　　　　　　　　　　　　　　　　　　（　　）

单元 3   建设工程投标

单元知识结构

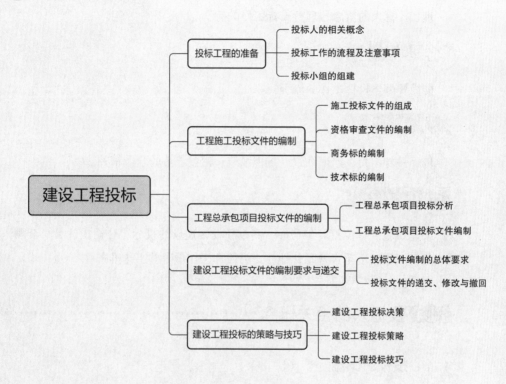

任务 3.1　投标工程的准备

 知识目标

理解投标人的概念；理解投标工作的流程。

 能力目标

能简要阐述投标工作的流程。

 素质目标

培养一丝不苟、严谨细致、重视细节、精益求精的职业精神。

 情境导入

某建筑施工单位打算参与一个高校新校区建设的投标，公司投标员小李刚入职，他对投标工作还不是很熟悉，他应该为投标工作做哪些工作准备呢？

3.1.1 投标人的相关概念 ●

1. 投标的概念

投标是与招标相对应的概念，它是指投标人应招标人的邀请或投标人满足招标人最低资质要求而主动申请，按照招标的要求和条件，在规定的时间内向招标人递交标书，争取中标的行为。工程施工投标的内容主要包括工期、质量、价格、施工方案等指标。

2. 投标人的概念

按照《招标投标法》的规定，投标人是指响应招标、参加投标竞争的法人或者其他组织。所谓响应招标，是指投标人对招标人在招标文件中提出的实质性要求和条件作出响应。《招标投标法》还规定，依法招标的科研项目允许个人参加投标，投标的个人适用本法有关投标人的规定。因此，投标人的范围除了包括法人、其他组织，还应当包括自然人。随着我国招标事业的不断发展，自然人作为投标人的情形

也会经常出现。

与招标人存在利害关系可能影响招标公正性的法人、其他组织或个人，不得参加投标。单位负责人为同一人或者存在控股、管理关系的不同单位，不得参加同一标段投标或者未划分标段的同一招标项目投标。投标人违反该规定的，相关投标均无效。

3．联合体投标的概念

不合理的条件限制或排斥潜在投标人的情形

联合体投标也叫共同投标，是指两个以上法人或者其他组织组成一个联合体，以一个投标人的身份共同投标的行为。联合体各方均应具备国家规定的资格条件和承担招标项目的相应能力。

联合体各方应当具备承担招标项目的相应能力，国家有关规定或者招标文件对投标人资格条件有规定的，联合体各方均应当具备规定的相应资格条件。由同一专业的单位组成的联合体，按照资质等级较低的单位确定资质等级。

联合体各方在同一招标项目中以自己名义单独投标或者参加其他联合体投标的，相关投标均无效。

联合体各方应当签订共同投标协议，明确约定各方拟承担的工作和责任，并将共同投标协议连同投标文件一并提交招标人。联合体中标的，联合体各方应当共同与招标人签订合同，就中标项目向招标人承担连带责任。

知识加油站 ·················

为规范投标联合体各方的权利和义务，联合体各方应当签订书面的共同投标协议，明确各方拟承担的工作。如果中标的联合体内部发生纠纷，可以依据共同签订的协议加以解决。

·····································

3.1.2 投标工作的流程及注意事项 ························ ●

1．投标工作的流程

（1）投标的前期工作

投标的前期工作包括获取工程招标信息与进行前期投标决策。

1）获取工程招标信息

投标人获取招标信息的渠道很多，最普遍的是通过大众媒体所发布的招标公告获取招标信息。目前，国内建设工程招标信息的真实性、公平性、透明度、招标人支付工程价款、合同的履行等方面存在不少问题，因此，投标人必须认真分析所获取信息的可靠性，对招标人进行必要的调查研究，证实其招标项目确实已立项批准、资金已经落实等情况。

2）进行前期投标决策

每个投标企业都有自身的特色和专长，并不是所有的招标项目都对其适合，如果参加中标概率太小或盈利能力差的项目投标，不但浪费经营成本，还可能会失去其他更好的机会。所以，投标工作机构负责人要在众多的招标信息中选择合适的项目投标。在选择项目时应注意以下几点：

① 确定招标信息的可靠性。

② 对招标人进行充分调研，特别是招标人单位的工程款支付能力情况。

③ 调查目前市场情况及竞争的形势，以便对招标项目的工程情况作初步分析。

④ 结合工程项目情况，对本企业的实力进行评估。

（2）参加资格预审

投标人确定投标项目后，应按照投标公告或投标邀请书中所提出的资格审查邀请，向招标人申报资格审查。参加资格审查时，投标人应注意以下几方面的问题：

1）应按照招标公告或投标邀请书中提出的资格审查要求，填写资格预审文件。填写时一定要认真细心，严格按照要求逐项填写，不能漏项，每项内容都要填写清楚。

2）根据所投标工程的特点，有针对性地报送在评审内容中可能占有较大比重的资料，并强调本公司的财务、人员、施工设备、施工经验等方面的优势。

3）资格预审申请呈交后，应注意信息跟踪工作，以便发现不足之处，及时补充材料。

若投标人没有经过资格预审，则投标活动到此结束；若通过预审，则可进行后续工作。

（3）建立投标工作机构

建立一个强有力的、专业的投标工作机构可提高投标效率和中标的可能性。

（4）购买招标文件

投标人收到招标单位的资格预审通过通知书或投标邀请书，就表明已具备并获得了参加该项目投标的资格。投标人如果决定参加投标，应按招标单位规定的日期和地点，凭通知书或邀请书及有关证件购买招标文件。

（5）分析招标文件

招标文件是招标人对投标人的要约邀请，几乎包含了全部的合同文件，是投标人制定实施方案和报价的依据，也是双方商谈的基础。所以在投标人购买了招标文件后，应仔细分析招标文件的内容。

投标人获得招标文件后，应先对照招标文件的目录，检查文件是否齐全，是否有缺损页；对照图纸目录，检查图纸是否齐全等，然后对以下几方面进行全面分析：

1）研究工程的综合说明，借以获得工程全貌的轮廓。

2）分析投标须知，掌握投标条件、招标过程、评标规则及其他各项要求，了解投标风险，确定投标策略。

3）分析工程技术文件，熟悉并详细研究设计图纸和技术说明书、特殊要求、质量标准等。在此基础上做好施工组织和计划，确定劳动力的安排，进行材料、设备分析，为编制合理的实施方案和确定投标报价奠定基础。

4）分析合同的主要条款，明确中标后应承担的义务和责任及应享有的权利，重点注意承包方式，开、竣工时间及工期奖罚，材料供应及价款结算办法，预付款的支付和工程款结算办法，工程变更及停工、窝工损失处理办法等。以上这些因素关系到施工方案的安排，资金的周转及工程管理的成本费用，都必须认真研究，并反映在报价上，以减少承包风险。

（6）投标准备

投标准备主要包括踏勘现场、参加投标预备会、核校工程量及编制施工规划等。

1）踏勘现场

投标人在去现场踏勘之前，应先仔细研究招标文件的有关概念和各项要求，确定出需要重点澄清和解答的问题。

投标人进行现场踏勘的内容，主要包括以下几方面：

① 工程的范围、性质及与其他工程之间的关系。

② 投标人参与投标的那一部分工程与其他承包商或分包商之间的关系。

③ 现场地貌、地质、水文、气候、交通、电力、水源等情况。

④ 进出现场的方式，现场附近有无食宿条件、料场开采条件、其他加工条件、设备维修条件等。

⑤ 现场附近治安情况。

2）参加投标预备会

投标预备会也称为标前会议或答疑会，一般在现场踏勘之后的 1 至 2 天内举行。投标预备会的目的是解答投标人对招标文件和在现场踏勘中所遇到的各种问题，并对图纸进行交底和解释。

投标人要充分利用这次会议，提出自己关心的问题，为下一步投标工作的顺利进行打下基础。

3）校核工程量、编制施工规划

投标人要校核招标文件中的工程量清单，同时要编制施工规划。

现阶段我国进行工程施工投标时，招标文件中给出的工程数量比较准确，但投标人也必须进行校核。否则，一旦招标人计算漏项或存在其他错误，就会造成不应有的经济损失。

因为投标报价的需要，投标人必须编制施工规划，包括施工方案，施工方法，施工进度计划，施工机械、材料、设备、劳动力计划等。制定施工规划的主要依据为施工图纸。编制施工规划的原则是在保证工程质量和工期的前提下，使成本最低，利润最大化。

（7）确定施工方案

施工方案是投标人按照自己的实际情况（施工技术、管理水平、机械装备等）确定的，在具体条件下全面、安全、高效地完成合同所规定的工程任务技术、组织措施和手段。编制施工方案是投标报价的重要依据，也是评标的重要内容。编制施工方案的主要内容如下：

① 施工组织计划。

② 现场的平面布置方案。

③ 工程进度计划。

④ 施工中所采用的质量保证体系及安全、健康和环境保护等措施。

⑤ 其他方案，如设计和采购方案（对总承包合同）、运输方案、设备的租赁、分包方案等。

（8）确定投标报价

投标报价是指承包商采取投标方式承揽工程项目时，计算和确定承包该工程的投标总价格。

过低可能中标，但会给工程带来亏本的风险。报价计算是投标竞争的核心，报价过高会失去承包机会，报价计算方法必须严格按照招标文件的要求和格式，不得改动。

确定投标报价的一般规定如下：

① 投标报价应由投标人或受其委托具有相应资质的工程造价咨询人员编制。

② 投标报价不得低于成本。

③ 投标人应依据计价规范的规定自主确定投标报价。

④ 投标人必须按照招标文件的工程量清单填报价格。

⑤ 投标报价不能超过招标控制价，否则该投标为废标。

（9）进行投标决策

建设工程项目的工程量通常较为复杂，可能会分包给不同性质的承包商，所以，承包商一般应在确定投标报价后，根据具体情况，选择投标及投标策略。

投标决策的正确与否，关系到能否中标和中标后的效益问题，关系到施工企业的信誉、发展前景、切身经济利益，甚至关系到国家的信誉和经济发展问题。因此，投标工作机构的决策人一定要谨慎决定、慎重考虑。

（10）编制及投递投标文件

1）编制投标文件

投标单位应按招标文件的内容、格式和顺序要求，认真编制投标文件。投标文件需要对招标文件提出的实质性要求和条件作出响应，一般不能带有任何附加条件，否则可能导致投标无效。

2）投递投标文件

投标文件编制完成，经核对无误，由投标人的法定代表人签字盖章后，应分类装订成册封于密封袋中，然后派专人在规定时间内将其送至招标文件指定的地点，并领取回执作为凭证。投标人在递交投标书的同时，应提交开户银行出具的投标保证函或交付投标保证金，否则按无效标处理。

投标人在招标文件要求的投标截止时间前，可以补充、修改或撤回已提交的投标文件，并书面通知招标人，否则以原标书为准。补充、修改的内容为投标文件的组成部分。如果投标人在投标截止日期之后撤回投标文件，其投标保证金将被没收。

（11）参加开标会

1）开标会议

投标人必须在规定的日期出席开标会议。参加开标会议对投标人来说，既是权利也是义务。投标人的法定代表人参加开标会议，一般应持有法定代表人资格证明书；投标人的授权代理人参加招标会议，一般应持有授权委托书。

2）接受投标书澄清询问

在评标期间，评标组织若要求澄清投标文件中的不清楚问题，投标人应积极予以说明、解释、澄清。评标组织可以向投标人发出书面询问，投标人则可书面作出说明或在澄清会上说明。

在澄清会上，评标组织有权对投标文件中不清楚的问题，向投标人提出询问。有关澄清的要求和答复，最后均应以书面形式进行。所说明、澄清和确认的问题，经招标人和投标人双方签字后，作为投标书的组成部分。

在澄清会上，投标人不得更改标价、工期等实质性内容，开标后和定标前提出的任何修改声明或附加优惠条件，一律不得作为评标的依据。如果投标人不愿意根据要求加以修正或评标委员会对所澄清的内容感到不能接受时，可视为不符合要求而否定投标。

（12）中标与签约

1）接受中标通知书

投标人经评标被确定为中标人后，应接受招标人发出的中标通知书。未中标的投标人有权要求招标人退还其投标保证金。中标人收到中标通知书后，应在规定的时间和地点与招标人签订合同。

2）签订合同

在合同正式签订之前，应先将合同草案报送到招投标管理机构审查。经审查后，中标人与招标人在中标通知书发出之日起 30 日内签订合同。同时，按照招标文件的要求，提交履约担保，招标人同时退还中标人的投标保证金。

3.1.3 投标小组的组建

1．投标小组工作机构

通常，投标竞争十分激烈，投标人应成立专门的机构对投标全过程加以组织与管理，企业的投标工作机构通常由决策人、技术负责人、投标报价负责人等成员组成。

2．决策人

决策人是负责全面筹划投标工作和具有决策权力的经营管理类人才，一般由企业的经理、总经济师、部门经理担任。

3．技术负责人

技术负责人是负责带领团队制定施工方案和技术措施的专业技术类人才（如建筑师、土木工程师、电气工程师等），一般由总工程师、技术部长担任。

4．投标报价负责人

投标报价负责人是负责根据确定的项目报价策略、施工方案和各种技术措施，按照招标文件的要求，合理地计算项目投标报价的商务金融类人才，一般由造价工程师或预算员担任。

除了以上主要组成人员之外，一个工作效率高的投标工作机构还需要组织内各方人员的共同协作，充分发挥团队的力量，以便增加中标的概率。

思考 ••

如果你可以成为投标工作机构的成员，你最想成为哪种人员？谈一谈你的理由。

••

投标人员的职业
素养

任务 3.2 工程施工投标文件的编制

 **知识目标**

了解施工投标文件的组成；掌握资格审查文件的编制；掌握商务标的编制；掌握技术标的编制。

 **能力目标**

具备编制工程施工投标文件的能力。

 **素质目标**

培养一丝不苟、严谨细致、重视细节、精益求精的职业精神。

 **情境导入**

投标员小王要开始参与某工程项目施工招标的投标文件的编制了，那么，投标文件应该如何编制呢？

3.2.1 施工投标文件的组成 ••••••••••••••••••••••••••••••• •

投标文件由一系列有关投标的书面资料组成，一般来说包括以下内容：

（1）投标函及投标附录。

（2）联合体协议书。

（3）法定代表人身份证明或其授权委托书。

（4）投标保证金。

（5）具有标价的工程量清单与报价表。

（6）施工组织设计。

（7）资格审查资料。

（8）项目管理机构。

（9）拟分包项目情况。

（10）按招标文件规定提交的其他资料。

下面对其中几项重要内容做简要介绍：

1．投标函及投标函附录

投标函：指由投标的企业负责人签署的正式报价文件，又称为投标书。投标函主要是向招标人表明投标人完全愿意按招标文件中的规定承担任务，并写明自己的总报价金额和投标报价的有效期，及投标人接受的开工日期和整个工作期限。

投标函附录：一般附于投标函之后，共同构成合同文件的重要组成部分，主要是对投标文件中涉及的关键性和实质性内容条款进行说明或强调。

投标函及投标函附录范例：

投标函

广西 ×× 建筑工程有限公司：

1. 根据已收到的招标编号为 ××× 的某小高层工程的招标文件，按照《工程建设施工招标投标管理办法》的规定，经考察现场和研究上述工程招标文件的投标须知、合同条件、技术规范、图纸、工程量清单和其他有关文件后，我方愿以人民币（大写）××× 元（￥×××）的投标总报价，工期 ××× 日历天，按上述合同约定实施和完成承包工程，修补工程中的任何缺陷，工程质量达到 ×××。

2. 我方承诺在投标有效期内不修改、撤销投标文件。

3. 随同本投标函提交保证金一份，金额为人民币（大写）××× 元（￥×××）。

4. 如我方中标，则：

（1）我方承诺在收到中标通知书后，在中标通知书规定的期限内与你方签订合同。

（2）随同本投标函递交的投标函附录属于合同文件的组成部分。

（3）我方承诺按照招标文件规定向你方递交履约担保。

（4）我方承诺在合同约定的期限内完成并移交全部合同工程。

5. 我方在此声明，所递交的投标文件及有关资料内容完整、真实和准确，且不存在违规现象。

6. 除非另外达成协议并生效，你方的中标通知书和本投标文件将构成约束我们双方的合同。

7. _____（其他补充说明）。

投标单位：广西×××建筑工程有限公司（盖章）

法定代表人：×××（签字、盖章）

地址：南宁市××××区××街××路××号

网址：×××

电话：×××

传真：×××

××××年××月××日

投标函附录

工程名称：××××某小高层工程（项目名称）

序号	条款内容	合同条款号	约定内容	备注
1	项目经理	1.1	姓名：××	
2	总工期	19.6	362 日历天	
3	履约保证金	16.1	贰万元	
4	施工准备时间	1.4	签合同后 30 天	
5	误期违约金额	20.1	4000 元／天	
……	……	……	……	

法人代表或委托代理人：（签字或盖章）

××年××月××日

2．联合体协议书

（1）联合体协议书的内容

① 联合体成员的数量。联合体协议书中首先必须明确联合体成员的数量，且数量必须符合招标文件的规定，否则将作为废标。

② 牵头人和成员单位名称。联合体协议书中应明确联合体牵头人，并规定牵头人的职责、权利及义务。

③ 联合体内部分工。联合体协议书应明确联合体各成员的职责分工和专业工程范围，以便招标人对联合体各成员专业资质进行审查，并防止中标后联合体成员产生纠纷。

④ 签署。联合体协议书应按招标文件规定进行签署和盖章。

（2）联合体共同投标协议及其连带责任

《招标投标法》第三十一条规定，联合体各方应当签订共同投标协议，明确约定各方拟承担的工作和责任，并将共同投标协议连同投标文件一并提交招标人。联合体中标的，联合体各方应当共同与招标人签订合同，就中标项目向招标人承担连带责任。

一般来说，联合体共同投标协议及其连带责任主要包含以下几方面：

1）履行共同投标协议中约定的责任

共同投标协议中约定了联合体各方应该承担的责任，各成员单位必须要按照该协议的约定认真履行义务，否则将承担违约责任。

2）就中标项目承担连带责任

如果联合体中的一个成员单位没能按照合同约定履行义务，招标人可以要求联合体中任何一个成员单位承担不超过总债务任何比例的债务，该单位不得拒绝。成员单位承担了被要求的责任后，有权向其他成员单位追偿其按照共同投标协议不应当承担的债务。

3）不得重复投标

联合体各方签订共同投标协议后，不得再以个人名义单独投标，也不得组成新的联合体或参加其他联合体在同一项目中投标。

4）不得随意改变联合体的构成

联合体参加资格预审并获通过的，其组成的任何变化都必须在提交投标文件截止之日前征得招标人同意。

5）必须有代表联合体的牵头人

联合体各方须指定牵头人，授权其代表所有联合体成员负责投标和合同实施阶段的主办、协调工作，并应当向招标人提交由所有联合体成员法定代表人签署的授权书。

3．法定代表人身份证明或其授权委托书

（1）法定代表人身份证明

在招投标活动中，法定代表人代表法人的利益行使职权，全权处理一切民事活动。其身份证明用以证明投标文件签字的有效性和真实性，因此十分重要。

在投标文件中，法定代表人的身份证明一般包括投标人名称、单位地址、成立时间、经营期限等投标人的一般情况，除此之外，还应有法定代表人的姓名、性别、年龄、职务等相关信息和资料。

（2）法人授权委托书

若投标人的法定代表人不能亲自签署投标文件进行投标，则法定代表人需授权代理人全权代表其在投标过程和签订合同中执行一切与此有关的事务。

授权委托书中应写明投标人名称、法定代表人姓名、代理人姓名、授权权限和期限等。授权委托书一般规定代理人不能再次委托，即代理人无转委托权。法定代表人应在授权委托书上亲笔签名。根据招标项目的特点和需要，也可以要求投标人对授权委托书进行公证。

法定代表人身份证明及其授权委托书范例：

法定代表人身份证明

投标人：<u>广西××建筑工程有限公司</u>
单位性质：<u>××××××</u>
地址：<u>广西壮族自治区南宁市××区××街××路××号</u>
成立时间：<u>2000 年 3 月 8 日</u>
姓名：<u>×××</u>性别：<u>×××</u>
年龄：<u>×××</u>职务：<u>×××</u>
系<u>广西××建筑工程有限公司</u>的法定代表人。
特此证明。

投标人：<u>广西××建筑工程有限公司</u>（盖单位公章）
<u>××</u>年<u>×</u>月<u>×</u>日

授权委托书

本人<u>×××</u>（姓名）系<u>广西××建筑工程有限公司</u>（投标人名称）的法定代表人，现委托<u>×××</u>（姓名）为我方代理人。代理人根据授权，以我方名义签署、澄清、说明、补正、递交、撤回、修改某小高层工程（项目名称）第一标段施工投标文件、签订合同和处理有关事宜，其法律后果由我方承担。委托期限：<u>××</u>年<u>×</u>月<u>×</u>日至<u>××</u>年<u>×</u>月<u>×</u>日止。

代理人无转委托权。
附：法定代表人身份证明

投标人：<u>广西××建筑工程有限公司</u>（盖单位公章）
法定代表人：<u>××</u>（签字）
身份证号码：<u>×××</u>
委托代理人：<u>××</u>（签字）
身份证号码：<u>×××</u>

4．投标保证金

根据《工程建设项目施工招标投标办法》第三十七条规定，招标人可以在招标文件中要求投标人提交投标保证金。投标保证金除现金外，可以是银行出具的银行保函、保兑支票、银行汇票或现金支票。投标保证金不得超过项目估算价的 2%，但最高不得超过 80 万元人民币。投标保证金有效期应当与投标有效期一致。投标人应当按照招标文件要求的方式和金额，将投标保证金随投标文件提交给招标人或其委托的招标代理机构。依法必须进行施工招标的项目的境内投标单位，以现金或支票形式提交的投标保证金应当从其基本账户转出。

投标保函范例：

投标保函

×××（招标人名称）：

鉴于广西××建筑工程有限公司（投标人名称）参加你方某小高层工程（项目名称）第一标段的施工投标，×××（担保人名称）受该投标人委托，在此无条件地、不可撤销地保证投标人在规定的投标文件有效期内撤销或修改其投标文件，或投标人在收到中标通知书后无正当理由拒绝签合同，或拒交规定履约担保，我方承担保证责任。收到你方书面通知后，在 7 日内无条件地向你方支付人民币（大写）×××元（￥×××）。

本保函在投标有效期内保持有效，除非你方提前终止或解除本保函。要求我方承担保证责任的通知应在投标有效期内送达我方。

本保函项下所有权利和义务均受中华人民共和国法律管辖和制约。

担保人名称：×××（盖单位公章）

法定代表人或其委托代理人：×××（签字）

地址：×××

邮政编码：×××

电话：×××

传真：×××

××年×月×日

5．施工组织设计

施工组织设计是编制投标报价的基础，是反映投标企业施工技术水平和施工能力的重要标志。

施工组织设计是指导拟建工程施工全过程中各项活动的技术、经济和组织的综合性文件，分为招投标阶段编制的施工组织设计和接到施工任务后编制的施工组织设计。

施工组织设计范例：

施工组织设计

1. 工程概况

（1）工程概述：某小高层工程，位于某市×××区。结构类型：砖混结构。层数：12 层。建筑面积：3507.67m^2。

（2）合同工期

本工程总工期为 362 日历天（节假日、高温、雨天等均包括在内）。

（3）质量要求：按与该工程有关的施工及验收规范，工程质量达到合格标准。

（4）工程招标范围。根据设计图纸及招标文件说明，本工程的施工范围为土建、装饰、水、电、暖等安装工程。

2. 各分部分项工程的主要施工方法（略）

3. 确保工程质量的技术组织措施（略）

4. 确保安全生产的技术组织措施（略）

5. 确保工程工期的技术组织措施（略）

6. 确保文明施工的技术组织措施（略）

7. 施工总进度计划表或施工网络图（略）

8. 施工总平面布置图（略）

9. 工程拟投入的主要施工机械或设备计划表（略）

3.2.2 资格审查文件的编制 ·················●

投标人在获悉招标公告或投标邀请书后，应当按照招标公告或投标邀请书中所提出的资格审查要求，向招标人申报资格审查。资格审查是投标人投标过程中的第一关。

投标人申报资格审查，应当按招标公告或投标邀请书的要求，向招标人提供有关资料。经招标人审查后，招标人应将符合条件的投标人的资格审查资料，报送到建设工程招投标管理机构复查。经复查合格的，就具备了参加投标的资格。

在审查的过程中，审查委员会可以以书面形式，要求申请人对所提交的资格预审申请文件中不明确的内容进行必要的澄清或说明。申请人的澄清或说明应采用书面形式，并不得改变资格预审申请文件的实质性内容。申请人的澄清或说明内容属于资格预审申请文件的组成部分。招标人和审查委员会不接受申请人主动提出的澄清或说明。

资格预审申请文件包括以下内容：

① 资格预审申请函。

② 法定代表人身份证明及授权委托书。

③ 联合体协议书（如果有）。

④ 申请人基本情况表。

⑤ 近年财务状况表。

⑥ 近年完成的类似项目情况表。

⑦ 正在施工的和新承接的项目情况表。

⑧ 近年发生的诉讼及仲裁情况。

⑨ 其他材料。

资格预审申请文件格式：

一、资格预审申请函

_____（招标人名称）：

1. 按照资格预审文件的要求，我方（申请人）递交的资格预审申请文件及有关资料，用于你方（招标人）审查我方参加_____（项目名称）_____标段施工招标的投标资格。

2. 我方的资格预审申请文件包含第二章"申请人须知"第3.1.1项规定的全部内容。

3. 我方接受你方的授权代表进行调查，以审核我方提交的文件和资料，并通过我方的客户，澄清资格预审申请文件中有关财务和技术方面的情况。

4. 你方授权代表可通过_____（联系人及联系方式）得到进一步的资料。

5. 我方在此声明，所递交的资格预审申请文件及有关资料内容完整、真实和准确，且不存在第二章"申请人须知"第1.4.3项规定的任何一种情形。

申请人：_____（盖单位章）

法定代表人或其委托代理人：_____（签字）

电话：_____

传真：_____

申请人地址：_____

邮政编码：_____

_____年____月____日

二、法定代表人身份证明

申请人名称：_____

单位性质：_____

成立时间：_____

经营期限：_____

姓名：____性别：____年龄：____职务：____

系_____（申请人名称）的法定代表人。

特此证明。

申请人：_____（盖单位章）

_____年____月____日

三、授权委托书

本人_____（姓名）系_____（投标人名称）的法定代表人，现委托_____（姓名）为我方代理人。代理人根据授权，以我方名义签署、澄清、说明、补正、递交、撤回、修改_____（项目名称）_____标段施工招标资格预审申请文件，其法律后果由我方承担。委托期限：_____

代理人无转委托权。

附：法定代表人身份证明

申请人：_____（盖单位公章）

法定代表人：××（签字）

身份证号码：×××

委托代理人：×××（签字）

身份证号码：×××

_____年____月____日

四、联合体协议书

_____（所有成员单位名称）自愿组成_____（联合体名称）联合体，共同参加_____（项目名称）_____标段施工招标资格预审和投标。现就联合体投标事宜订立如下协议：

1._____（某成员单位名称）为_____（联合体名称）牵头人。

2. 联合体牵头人合法代表联合体各成员负责本标段施工招标项目资格预审申请文件、投标文件编制和合同谈判活动，代表联合体提交和接收相关的资料、信息及指示，处理与之有关的一切事务，并负责合同实施阶段的主办、组织和协调工作。

3.联合体将严格按照资格预审文件和招标文件的各项要求，递交资格预审申请文件和投标文件，履行合同，并对外承担连带责任。

4.联合体各成员单位内部的职责分工如下：＿＿＿＿＿＿＿＿＿＿＿

5.本协议书自签署之日起生效，合同履行完毕后自动失效。

6.本协议书一式＿＿＿＿＿＿＿＿＿＿份，联合体成员和招标人各执一份。

注：本协议书由委托代理人签字的，应附法定代表人签字的授权委托书。

牵头人名称：＿＿＿＿＿＿＿＿＿＿（盖单位章）

法定代表人或其委托代理人：＿＿＿＿＿＿（签字）

成员一名称：＿＿＿＿＿＿＿＿＿＿（盖单位章）

法定代表人或其委托代理人：＿＿＿＿＿＿（签字）

成员二名称：＿＿＿＿＿＿＿＿＿＿（盖单位章）

法定代表人或其委托代理人：＿＿＿＿＿＿（签字）

＿＿＿＿＿＿＿年＿＿＿月＿＿＿日

五、申请人基本情况表

申请人名称			
注册地址		邮政编码	
联系方式		联系人	
组织结构		网址	
法定代表人		技术职称	
技术负责人		技术职称	
成立时间		员工总人数	
企业资质等级		项目经理	
营业执照号		高级职称人员（人数）	
注册资金		中级职称人员（人数）	
开户银行		初级职称人员（人数）	
账号		技工（人数）	
经营范围			
备注			

附：项目经理简历表

项目经理应附项目经理证、身份证、职称证、学历证、养老保险复印件，管理过的项目业绩须附合同协议书复印件。

姓名		年龄		学历	
职称		职务		拟在本合同任职	
毕业学校					
主要工作经历					
时间	参加过的类似项目		担任职务	发包人及联系电话	

六、近年财务状况表（略）

七、近年完成的类似项目情况表

项目名称	
项目所在地	
发包人名称	
发包人地址	
发包人电话	
合同价格	
开工日期	
竣工日期	
承担工作	
工程质量	
项目经理	
技术负责人	
总监理工程师	
项目描述	
备注	

八、正在施工的和新承接的项目情况表

项目名称	
发包人电话	
签约合同价	
开工日期	
计划竣工日期	
承担的工作	
工程质量	
项目经理	
技术负责人	
总监理工程师	
项目描述	
备注	

九、近年发生的诉讼及仲裁情况（略）

十、其他材料（略）

3.2.3 商务标的编制 ·························· ●

1．商务标的内容

投标文件由商务部分和技术部分两部分组成。商务标是投标文件的重要组成部分，也是工程合同价款的确定、合同价款的调整方式、结算方式等重要依据，决定了招投标效果。

商务标书代表着投标企业的综合实力，每个投标企业都会根据自身实力，精心编制一部具有针对性和实际指导意义且具有一定特色的商务标书，以展示企业的实力，赢得业主和评审专家的信赖，达到中标的目的。

投标文件商务标部分具体内容如下：

（1）投标函

招标文件中通常有规定的投标函格式，投标人只需要按规定的格式填写必要的数据和签字即可，以表明投标人对各项基本保证的确认。确认的内容包括工期和开工日期、工程质量标准、总报价金额、接受投标后提供履约保证等。

投标函样式参见本教材 3.2.1 节。

（2）投标函附表

投标函后面可能还附有附表，说明履约保证金额、第三方责任保险的最低金额、开工与竣工日期、误期损害赔偿费等。

投标函附表样式参见本教材 3.2.1 节。

（3）法定代表人身份证明。

（4）法人授权委托书。

（5）投标保证金。投标保证金须按照招标文件中所附的格式由业主同意的银行开出。

（6）对招标文件及合同条款的承诺及补充意见。样式如下：

招标文件的合同协议条款的确定和响应

（招标单位名称）：＿＿＿＿＿＿＿＿

我公司对本招标文件的内容积极响应，对合同协议条款予以接受，并作为我公司投标文件的组成部分。若我公司有幸中标，招标文件将作为合同条款的组成部分，按与合同具有同等法律效力，严格执行。若有违招标文件，贵公司可给予相应处罚。

若我公司有幸中标承建本工程，我方愿与贵公司精诚合作，履行承诺，以优良的质量、合理的造价、真诚的服务圆满地完成该项施工任务，为贵公司建设发展做出贡献。

投标单位（盖章）：＿＿＿＿＿＿＿＿

法定代表人或其委托的代理人（签字或盖章）：＿＿＿＿＿＿

＿＿＿＿＿年＿＿月＿＿日

（7）工程量清单计价表。（略）

（8）投标报价说明。（略）

（9）报价表（又称投标一览表）。（略）

（10）投标文件电子版（U盘或光盘）（略）

（11）企业营业执照、资质证书、安全生产许可证等。（略）

2. 商务标的编制程序

（1）编制报价书

1）工程量计算：应如实按清单进行计价，虽然工程量错计、漏计的风险由甲方承担，投标人员可不对其进行计算，但熟悉施工图纸、复核工程量对投标单位来说也是有必要的，这样不仅能更好地了解设计单位的意图，也能提高造价文件编制的质量，如发现工程量存在出入的，可在报价时考虑对自己有利的报价技巧的利用。对工程量进行复核时，主要针对影响较大的关键部位或量大价高的工程量。

2）定额子目的套用：要明确用哪一年的消耗量定额，如果招标文件中对软件类型有要求，则还要用与其一致的组价软件；最好不要用补充子目，而是选用定额子目；不同施工工艺应寻找与其相接近的子目，然后把主材换成和设计相一致的材料；定额不能高套也不能低套，更不能多套和少套，否则在清单计价时都会造成综合单价的失真。

3）调整材料单价：要区分主要材料和次要材料，因为主次材料对造价的影响差别很大。主要材料一般是指那些价格低但是数量大或者数量少但是价格高的材料。因此，这种数量或价格变动对造价影响大的材料，要多分析、多研究，力求合理。

4）取费：招标文件中有要求优惠的按照招标文件规定进行优惠，不取费的对其扣除。

5）编制说明的编写：一份完整的编制说明应贯穿工程量计算组价、取费等投标报价编制的全过程。编制说明既要对图纸设计不明的地方进行补充明确，以及其他造价的影响因素的假设（如图纸尺寸不明、材料不明、做法不明和不同施工方法的影响等），还必须对全过程中使用的编制依据进行详细的说明等。编制说明是投标报价的重要组成部分，必须结合工程实际反映其报价的个体性。

6）如果报价书由多个分项组成，则要对分项进行归类汇总，形成一个造价汇总表，以使投标预算一目了然。

（2）报价书的检查和总价的调整

1）报价书的检查：在投标文件编制完成后，要对错漏项、算术性错误、不平衡报价、明显差异单价的合理性、措施费用、不可竞争费用、单方造价等进行分析，以保证投标报价的准确、合理。

① 错漏项分析。

投标要审查投标报价是否按照招标人提供的工程量清单填报价格，认真检查填写的项目编码、项目名称、项目特征、计量单位、工程量是否与招标人提供的一致。

② 算术性错误分析。

算术性错误分析要核对总计与合计、合计与小计、小计与单项之间等数据关系是否正确。审查大写金额与小写金额是否一致，总价金额与依据单价计算出的结果是否一致。

③ 不平衡报价分析。

审查分部分项工程量清单项目中所套用的定额子目是否得当，定额子目的消耗量是否进行了调整；审查清单项目中的人工单价是否严重偏离当地劳务市场价格及工程造价管理机构发布的工程造价信息，有无不符合当地关于人工工资单价的相关规定；审查材料设备价格是否严重偏离市场公允价格及工程造价管理机构发布的工程造价信息。

④ 明显差异单价的合理性。

投标报价不得低于工程成本。明显差异单价的合理性分析要检查投标报价中的综合单价是否有低于个别成本或有工程超额利润的情况。审查综合单价中管理费费率和利润率是否严重偏离投标人承受能力及当地工程造价管理机构颁布的费用定额标准；审查综合单价中的风险费用计取是否合理。

⑤ 措施费用分析。

审查措施项目的措施项目费的计取方法是否与投标时的施工组织计划和施工方案一致；根据招标文件、合同条件的相关规定，审查措施项目列项是否齐全、是否有必需的措施项目而没有进行列项报价的情况；审查措施项目计取的比例、综合单价的价格是否合理，有无偏离市场价格；审查措施项目费占总价的比例，并对比类似项目的措施项目费，看措施项目费是否偏低或偏高。

⑥ 不可竞争费用的审查。

安全文明措施费用、规费、税金等不可竞争费用分析是检查投标报价中该类费用的合理性和是否符合有关强制规定的重要依据。

⑦ 单方造价的审查。

结合实际经验，检查单方造价是否超出一般此类工程的造价范围，若不合理，则查找原因，分析是工程量有误还是套定额不准，找到原因后马上进行纠正。

2）总价的调整：业主如有要求的则考虑调整到业主要求的价格；由于定额水平反映的是社会平均水平，而中标是合理低价中标，所以投标预算需是社会平均先进水平或先进水平才具有竞争性。

（3）投标函的填写

1）投标函的格式和顺序应与招标文件相一致；

2）工程名称在图纸和招标文件中出现不一致的情况时应以招标文件为准，投标价格应与投标报价相一致；

3）如有二次优化设计方案部分，应在使用功能、技术性能、造价上与自己编制的预算进行对比，并提出新方案的单价组成和总价，方便评标人员和业主比较。

（4）打印

1）打印封面要和招标文件中的商务标封面相一致；

2）正副本份数和招标文件要求相一致，电子版和书面文件相一致，且份数和招标文件相一致；

3）投标文件内容一般应逐页标注连续页码并编制目录。

（5）投标文件的签署

投标文件应当严格按照招标文件规定签署，并应注意以下原则：

1）投标函及投标函附录、已标价工程量清单（或投标报价表、投标报价文件）、调价函及调价后报价明细目录等内容均应签署。招标文件要求投标文件逐页签字的，投标人应在除封面以外的所有页签字。

2）投标文件应由投标人的法定代表人或其授权代表签署，并按招标文件的规定加盖投标人单位印章。投标文件由授权代表签字的，应附单位法定代表人或负责人签署的授权委托书。

3）投标文件应尽量避免涂改、行间插字或删除。如果出现上述情况，改动之处应加盖单位章或单位负责人（或其授权的代理人）签字确认。

4）以联合体形式参与投标的，投标文件应按联合体投标协议，由联合体牵头人的法定代表人或其委托代理人按规定签署并加盖牵头人单位印章。

5）招标文件要求盖投标单位法人公章的，不能以投标人下属部门、分支机构印章或合同章、投标专用章等代替。

3．商务标的编制要点

商务标的编制要点，即如何编制商务标文件，按照怎样的思路确定投标报价。下面就从工程项目属性、评标办法、工程量清单项目、报价思路、编制报价过程和定价策略等方面进行简单分析。

（1）工程项目属性

进行商务标的编制，首先必须确定工程项目的属性。通过认真阅读招标文件、设计图纸，并对现场进行充分调查，认真考虑施工方案的合理性。

（2）评标办法

1）经评审的最低投标价法，是指在评标委员会对所有投标人的质量和进度目标、技术标以及资信情况等进行评审以后，然后对其中评审合格者的投标报价进行比较，将报价最低者确定为中标者的评标办法。通过大量实践，人们发现报价过低往往会导致中标人忽视质量和进度，因此，招标人开始渐渐认同合理低价中标的做法，这种评标办法也就被修正为"经评审的合理低价法"。针对这种评标办法，投标单位首先必须满足资格审查的要求，再在充分分析业主可能标底的基础上进行报价。

2）综合评估法。综合评估法也称打分法，是指评标委员会按招标文件中规定的评分标准，对各个评审要素进行量化、评审记分，以标书综合分的高低确定中标单位的方法。应对这种评标方法时，投标单位应从各个评审要素入手，对于权重系数大的因素要谨慎报价，并充分发挥自身的优势。

（3）工程量清单项目

首先要核对工程量清单，如发现建设单位提供的工程量清单的项目和数量存在错误或漏项，投标单位不宜自己更改或补充项目，以防止招标单位在评标时不便统一掌握而失去可比性。工程量清单上的错误或漏项问题，应留待中标后签订施工承包合同时提出来加以纠正，或留待工程竣工结算时作为调整承包价格处理，但必须是非固定总价合同形式。

（4）报价思路

商务标的投标报价应当基于项目特性和企业的市场战略考虑，遵循一定的思路进行编制，故应抓住影响中标的决定性因素。对于不同的评标办法，影响中标的因素不同。经评审的最低投标价法评标的决定性因素就在于报价的竞争性，如企业投标的主要目标在于开拓市场而不是盈利时，可以考虑按成本来确定报价的思路。而综合评估法就在于最大限度地满足招标文件中规定的各项综合评价标准。

（5）编制报价过程

在招标人给定的工程量清单的基础上，首先应确定报价是按照企业定额还是以统一定额结合企业实际编制。考虑到对经评审的最低投标价法的适应性，可采用一种简单易行的报价方法,即先确定成本再加上利润和不可预见费的报价法。

运用这种方法,投标人在投标时,首先通过企业拟投入的劳动力、机械设备、材料进行分析,结合地方定额和企业定额,以及已完成类似工程的有关资料和投标工程的特点,预测投标工程成本,然后再选取适当的其他费用的水平以确定投标报价。此方法的核心内容是工程成本的编制和其他费用水平的确定。企业注重建立自己的工程资料库对于工程成本的预测是有利的,而其他费用的确定可采用决策模型进行分析确定,如基于概率统计的模型、基于决策分析技术的模型、基于知识专家系统的决策模型及模糊综合评价模型。

3.2.4 技术标的编制 ···●

1．技术标的内容

技术标包括全部施工组织设计内容,用以评价投标人的技术实力和经验。技术复杂的项目对技术文件的编写内容及格式均有详细要求,投标人应当按照规定认真填写标书文件中的技术部分。

技术标的主要内容如下:

(1)施工部署;

(2)施工现场平面布置图;

(3)施工方案;

(4)施工技术措施;

(5)施工组织及施工进度计划(包括施工段的划分、主要工序及劳动力安排以及施工管理机构或项目经理部组成);

(6)施工机械设备配备情况;

(7)质量保证措施;

(8)工期保证措施;

(9)安全施工措施;

(10)文明施工措施。

2．施工组织设计的编制

施工组织设计是以施工项目为对象编制的,用以指导施工的技术、经济和管理的综合性文件。

投标人应根据招标文件和对现场的勘察情况，采用文字并结合图表形式，参考以下要点编制本工程的施工组织设计：

（1）施工方案及技术措施；

（2）质量保证措施和创优计划；

（3）施工总进度计划及保证措施（包括以横道图或标明关键线路的网络进度计划、保障进度计划需要的主要施工机械设备、劳动力需求计划及保证措施、材料设备进场计划及其他保证措施等）；

（4）施工安全措施计划；

（5）文明施工措施计划；

（6）施工场地治安保卫管理计划；

（7）施工环保措施计划；

（8）冬季和雨季施工方案；

（9）施工现场总平面布置（投标人应递交一份施工总平面图，绘出现场临时设施布置图表并附文字说明，说明临时设施加工车间现场办公、设备及仓储、供电、供水、卫生、生活、道路、消防等设施的情况和布置）；

（10）项目组织管理机构（若施工组织设计采用"暗标"方式评审，则在任何情况下，"项目管理机构"不得涉及人员姓名、简历、公司名称等暴露投标人身份的内容）；

（11）承包人自行施工范围内拟分包的非主体和非关键性工作（按第二章"投标人须知"第1.11款的规定）、材料计划和劳动力计划；

（12）成品保护和工程保修工作的管理措施和承诺；

（13）任何可能的紧急情况的处理措施、预案以及抵抗风险（包括工程施工过程中可能遇到的各种风险）的措施；

（14）对总包管理的认识以及对专业分包工程的配合、协调、管理、服务方案；

（15）与发包人、监理及设计人的配合；

（16）招标文件规定的其他内容。

施工组织设计除采用文字表述外可附下列图表，图表及格式可参考：

附表一 拟投入本工程的主要施工设备表

附表二 拟配备本工程的试验和检测仪器设备表

附表三 劳动力计划表

附表四 计划开、竣工日期和施工进度网络图

附表五 施工总平面图

附表六 临时用地表

附表七 施工组织设计编制及装订要求

部分附表格式如下：

附表一　拟投入本工程的主要施工设备表

序号	设备名称	型号规格	数量	国别产地	制造年份	额定功率	生产能力	用于施工部位	备注

附表二　拟配备本工程的试验和检测仪器设备表

序号	仪器设备名称	型号规格	数量	国别产地	制造年份	已使用台时数	用途	备注

附表三　劳动力计划表

工种	按工程施工阶段投入劳动力情况

附表六　临时用地表

用途	面积	位置	需用时间

3. 技术标的编制要点

（1）响应招标文件。认真确定招标文件、设计图纸有关资料，结合本企业的条件，向业主作出正式承诺，明确工程承包后在施工技术、经济、质量、工期、安全、组织等方面的目标、相应的投入及措施，与标书条款要一一对应，积极响应，稳妥承诺。

（2）反映企业实力。要充分展示本企业在技术能力、人员素质、施工设备、管理水平等方面的实力以及独到的施工手段和能力，反映施工企业对承接该项目工程的诚心、信心和决心，使业主产生安全感和信任感。

（3）粗中求细。所谓"粗"是指方案侧重于施工规划和部署，对设备投入、工期、计划、技术等描述都是控制性的，一般的操作细节、控制要点都可省略。所谓"细"，一是指方案要涉及施工中的方方面面，如安全、消防、资金控制、各方配合等，不可遗漏，否则有考虑不周之嫌；二是指对工程的投入、组织以及关键技术部位的处理，要求详细、可靠、操作性强。

（4）精心制定技术标目录。目录实际上是技术标的结构和顺序，反映了编制者的思路，能让人一目了然。一份好的目录要求大小标题明确、错落有致、上下关联，小标题尽可能详细些，以示方案中考虑了哪些因素。为便于查阅，标题后均需附上页码。评标期间评审人员一般不可能逐个细读标书，往往是先整体"粗"看一下，再重点"细"看。目录便是粗看和细看的第一个对象，以此来判断方案考虑了哪些内容，是否齐全、重点在哪里、逻辑如何等，进而建立对技术标的初步印象，而这种印象往往具有先入为主的效果，作用不可小视。

（5）内容要涵盖施工中的方方面面。评标时往往由评审人员对技术标发表个人意见，再根据各分项的要求，对安全性、技术性、组织性、先进性、可行性进行打分，汇总后供最后决策。因此，如何不让"挑剔"的评委们找到技术标中明显的缺点或漏洞，要注意两个方面：一是具体的措施计划要合理、实用；二是要考虑到施工各方面的因素。由于编制时间紧迫，不可能也不需要都详细说明，因此，非重点部分可以略写，甚至可只列标题，内容以"略"字代替。这样既突出了重点，主次分明，又能有效地引导评审人员的注意力，增加投标制胜的砝码。

（6）重视组织机构的安排。项目经理作为法定代表人的代理人，具体组织施工生产和管理各项业务。项目经理的素质及管理水平对工程的成败起着至关重要的作用，业主往往对此人选比较重视，故应优先选用具有良好业绩的项目经理，并且将其主要业绩列入标书文字中，使业主对将来的项目领导班子有初步的了解，并从中感觉到施工单位承接该工程中的决心和对该工程的重视程度。

（7）注意网络计划编排的严密性和科学性。网络计划不仅反映施工生产计划安排情况，还反映出各工种的分解及相互关系，以及操作的时空关系、施工资源分布的合理程度等。评审人员要看计划总工期能否达到要求，工程各分部、分项工作的施工节拍是否合理，各工种衔接配合是否顺畅，施工资源的流向是否合理均匀，关键线路是否明确，机动时间是否充分，有无考虑季节施工的不利影响等，对工程计划安排的可行性、合理性作出判断。

（8）重视施工场地平面布置图。施工场地平面布置图可集中反映现场生产方式、主要施工设备的投入及布置的合理性。从栈桥、塔吊、混凝土泵等大型机械设备的选择和布置，可以看出现场施工材料的组织运动形式；从材料堆场及临时设施的规模等可反映出工程的规模以及施工资源的集结程度；从水电管线的布置可以看出施工的消耗量；现场设备的数量、性能等则反映了施工生产的主要方式和难易程度等。因此，一份好的施工场地平面布置图就如同一份简易的施工方案，是施工生产的技术、安全、文明、进度、现场管理等形象的简明表述，也是重点评审的部分。

（9）力争图文并茂。好的图表代替许多文字说明，如施工场地平面布置图、网格图、施工示意图、组织机构表、劳动力和机具计划需用表等。要尽可能提高图面的清晰度和绘制质量，尽量避免漏洞或矛盾。

（10）注意编排和打印的质量。由于编排时间紧，不能过分将精力集中到报价方面，造成技术标编制准备不足，因方案粗糙会给评审者造成一定的困惑，从而降低投标竞争力。技术标在很大程度上也是企业综合实力的体现，是反映企业精神面貌的窗口，所以应在文字润色、打印、校对等方面多做些工作，将方案"包装"一新，增加技术标的"印象分"。

（11）留有适当变更的余地。技术标不同于实施性施工组织设计，具有宏观控制作用，不可避免地会随各种因素的变化，在局部出现一些变更。因此，在制订方案时，应留有一定程度的调整余地，但这种调整也是有限度的，不能随意超越。为了把握好分寸，应在技术标书中进行适当的文字处理工作，为今后的施工措施调整埋下伏笔，如编制说明至少可以写明以下几条：

工程施工项目
投标文件的编制
（一）

1）将收到的设计图、招标书等作为编制依据。这说明若日后还有什么要求，则本标书并未加以考虑。

2）对于工程不详的地方，也应说明因资料不全所定施工措施或方法仅是一种假设或建议，待以后再做详细考虑等内容。

工程施工项目
投标文件的编制
（二）

总之，施工企业在投标阶段对今后施工中存在的诸多问题不应放弃自己合理的权利，尽可能将承诺缩小到一定的时间、范围内。

任务 3.3　工程总承包项目投标文件的编制

知识目标

了解工程总承包投标分析重点；熟悉工程总承包投标文件的内容构成；掌握工程总承包投标文件编制。

能够根据招标文件，编制投标文件。

　　培养一丝不苟、严谨细致、重视细节、精益求精的职业精神；培养严谨认真、诚实守信、遵守相关法律法规的职业道德。

　　小李所在的公司计划参与一个总承包项目的投标，投标员小李从来没有接触过这种类型的项目，总承包项目的投标工作如何开展呢？和传统的施工总承包项目的投标文件制作有什么不一样呢？

3.3.1 工程总承包项目投标分析 ·············· ●

　　潜在投标单位在取得总承包项目招标文件后，需要做出投标分析回答两个问题——是否要参与该项目投标，如何争取中标？因为总承包项目投标需要消耗的资源相较传统施工招标大幅度增加，具体表现在施工招标有明确的图纸，只需要复核工程量清单后，使用合适的报价策略参与竞争；而总承包项目投标，不论项目是否已经完成了初步设计，设计带来的不确定性都极大地增加了投标人的工作量与风险。因此投标分析在总承包项目投标中尤为重要，特别是与传统施工招标中有明显差异的部分。

1．投标人资质条件分析

　　我国工程总承包尚无专门资质，市场发展过程中的总承包资质管理在不同时期也有不同的特点。《住房城乡建设部关于进一步推进工程总承包发展的若干意见》（建市〔2016〕93号）文件对总承包企业的资质条件规定为："工程总承包企业应当具有与工程规模相适应的工程设计资质或者施工资质，相应的财务、风险承担能力，同时具有相应的组织机构、项目管理体系、项目管理专业人员和工程业绩。"而在《住房和城乡建设部　国家发展改革委关于印发房屋建筑和市政基础设施项目工程总承包管理办法的通知》（建市规〔2019〕12号）中规定："工程总承包单位应当同时具有与工程规模相适应的工程设计资质和施工资质，或者由具有相应资质的设计单位和施工单位组成联合体。"并且"鼓励设计单位申请取得施工资质，已取得工程设计综合资质、行业甲级资质、建筑工程专业甲级资质的单位，可以直接申请相应类别施工总承包一级资质。鼓励施工单位申请取得工程设计资质，具有一级及以上施工总承包资质的单位可以直接申请相应类别的工程设计甲级资质。完成的相应规模工程总承包业绩可以作为设计、施工业绩申报。"

因此，市场中发展出三类常见的总承包项目承包人：

1）以设计业务为主导的设计单位，在取得施工相关资质后，承揽工程总承包项目。在符合法律法规的情况下，经建设单位同意，将施工任务分包给符合条件的施工单位。实施过程中发挥主导地位并完成设计任务，并组织协调施工分包单位根据设计成果完成施工，并向发包人交付符合要求的可交付物。

2）以施工业务为主导的施工单位，在取得设计相关资质后，承揽工程总承包项目。在符合法律法规的情况下，经建设单位同意，将设计任务分包给符合条件的设计单位。实施过程中发挥主导地位并组织协调分包设计单位完成设计任务后，自行实施施工任务，并向发包人交付符合要求的可交付物。

3）设计单位、施工单位组成联合体，通过向发包人提交的联合体投标协议书，明确各方在总承包中的分工并承诺为项目承担连带责任，以联合体的身份参与项目。取得项目后由设计单位完成设计任务，施工单位完成施工任务，最终共同向发包人交付符合要求的可交付物。

对于第1）、2）类承包人，投标前需要确定自身所具有的各类型资质是否都满足招标文件的要求。而对于第3）类承包人，投标前需注意《招标投标法》第三十一条规定，由同一专业的单位组成的联合体，按照资质等级较低的单位确定资质等级。

2．项目负责人条件分析

与施工投标不同的是，总承包项目的负责人员包括项目经理、设计负责人、施工负责人等，在进行投标时需要考虑是否有符合条件的人选能够胜任相关的工作，且计划安排的人员是否能够稳定胜任该项目的工作。

其中在进行负责人分析时首要分析的对象是项目经理。项目经理是代表投标人实施项目管理，对实现合同约定目标负责的首要责任人，工程总承包的项目经理应具备下列条件同时满足招标文件的要求：

1）取得工程建设类注册执业资格或高级专业技术职称，其中注册执业资格包括注册建筑师、勘察设计注册工程师、注册建造师或者注册监理工程师等。

2）具备决策、组织、领导和沟通能力，能正确处理和协调与项目发包人、项目相关方之间及企业内部各专业、各部门之间的关系。

3）具有工程总承包项目管理及相关的经济、法律法规和标准化知识。

4）担任过与拟建项目相类似的工程总承包项目经理、设计项目负责人、施工项目负责人或者项目总监理工程师。

5）具有较强的组织协调能力，良好的职业道德及良好的信誉。

6）工程总承包项目经理不得同时在两个或者两个以上工程项目担任工程总承包项目经理、施工项目负责人。

项目设计负责人、施工负责人是对总承包项目中的设计、施工任务起主导作用的负责人，相当于传统设计招标中的项目负责人和传统施工招标中的项目经理。设计负责人需要取得符合招标文件要求的注册执业资格或高级专业技术职称，施工负责人则需要取得符合招标文件要求的注册建造师资格并具备有效的安全生产考核合格证书。

3．发包人要求分析

发包人要求决定了投标与报价策略，由于总承包项目的不确定性增多，该部分的准确分析对承包人的项目管理成败有决定性影响。这部分分析主要包括：范围与规模分析，功能、性能与产能要求分析，质量与技术要求分析，项目管理规定分析，同时也应将合同条件与要求一并分析。

（1）范围与规模分析

发包范围不同，承包人需要完成的工作就会有所差异，对于项目的成本与承包人的收益都会有较大的影响，因此投标人在投标前应首先对项目的范围与规模进行分析，判断项目的工作是否会做、是否有条件做，规模是否足够产生满意的利润。

对于可行性研究完成后发包招标的项目其投标范围通常包括：方案设计、勘察任务、初步设计、技术设计、施工图设计、材料与设备的采购、建筑施工与设备安装、试运行或投料试车、运行培训等。对于方案设计完成后的招标，其投标范围通常包括：勘察任务、初步设计、技术设计、施工图设计、材料与设备的采购、建筑施工与设备安装、试运行或投料试车、运行培训等。对于初步设计完成后的招标，其投标范围通常包括：技术设计、施工图设计、材料设备采购、施工安装、联合投料试运行、运行培训等。即使同一介入点招标，由于业主的要求不同，其招标文件规定的范围也会有所不同，例如，有的工程总承包项目要求投标人承包范围是施工图设计、采购、施工、试运行后再最终验收，而有些工程业主则要求投标人的承包范围是施工图设计、采购、施工、试运行、开车服务、性能考核。投标人所承包的范围不同，对投标人的要求也会有比较大的出入，其报价组成内容就有所不同，并且投标人也需要考虑在一系列工作中是否应当将不熟悉的工作分包给更为专业的分包商，以及是否有相应的分包商可供投标人选择，成本是否在可控范围之内。

（2）功能、性能与产能要求分析

功能、性能与产能要求通常会对承包人的专业熟悉度与质量管理水平有所要求。功能要求通常是描述性陈述，如"地面混凝土硬化处理需考虑检修通道路面荷载""满足新建工程用气量的压缩空气系统"。性能与产能要求通常是各量化指标，如："额定容量 15MW（最大出力 18MW）""除盐水系统产水率达到 86% 以上"。对于功能性要求，通常有较大的弹性空间，而对于性能与产能要求几乎没有容错空间，这对于投标人制作建议书、方案与报价的过程中，都需要将保证达标的措施考虑进去。

（3）质量与技术要求分析

质量标准技术要求首先要符合国家、地区、行业等强制性规范，在此基础上招标人可能会提出更高的要求，因此投标人需要严格对照相关规范、要求进行分析，提出合理的方案，从而确保投标文件中的建议书、方案与报价能实现相关要求并能满足自身收益的需要。

（4）项目管理规定分析

项目管理规定中确定了招标人在项目管理上的需求，特别是变更、支付、HSE（健康、安全与环境管理体系）、进度、质量与沟通条件。对于变更，是总承包项目投标人在本部分应当重点考虑的部分。总承包项目的不确定性意味着发包人可能在承包人形成相关方案后变动相应的范围、规模、功能、性能与产能要求，使得承包人需要就新的要求重新制作相应成果，因此在投标前应当分析文件中提出的可以变更的范围、幅度、已经变更如何进行价格调整。

3.3.2 工程总承包项目投标文件编制

投标人的投标文件必须按照招标文件给定的投标文件格式编制。《标准设计施工总承包招标文件》（以下简称总承包招标文件）中给定的投标文件格式构成如下：

> 一、投标函及投标函附录
>
> 二、法定代表人身份证明或授权委托书
>
> 三、联合体协议书
>
> 四、投标保证金
>
> 五、价格清单
>
> 六、承包人建议书
>
> 七、承包人实施方案
>
> 八、资格审查资料
>
> 九、其他资料

（1）投标函及投标函附录、法定代表人身份证明或授权委托书、联合体协议书、投标保证金为响应性部分，投标人在编制过程中仅需要按照投标文件给定的格式，在应当填写的空缺处填入相应内容即可。图3-1为总承包招标文件中投标文件格式中的投标函及其附录。

一、投标函及投标函附录

（一）投标函

_____（招标人名称）：

1. 我方已仔细研究了 _____（项目名称）设计施工总承包招标文件的全部内容，愿意以人民币（大写）_____（￥_____）的投标总报价，工期_____日历天，按合同约定进行设计、实施和竣工承包工程，修补工程中的任何缺陷，实现工程目的。

2. 我方承诺在招标文件规定的投标有效期内不修改、撤销投标文件。

3. 随同本投标函提交投标保证金壹份，金额为人民币（大写）_____（￥_____）。

4. 如我方中标：

  （1）我方承诺在收到中标通知书后，在中标通知书规定的期限内与你方签订合同。

  （2）随同本投标函递交的投标函附录属于合同文件的组成部分。

  （3）我方承诺按照招标文件规定向你方递交履约担保。

  （4）我方承诺在合同约定的期限内完成并移交全部合同工程。

5. 我方在此声明，所递交的投标文件及有关资料内容完整、真实和准确，且不存在第二章"投标人须知"第1.4.3项和第1.4.4项规定的任何一种情形。

6. _____（其他补充说明）。

投 标 人：_____（盖单位章）

法定代表人或其委托代理人：_____（签字）

地址：_____

网址：_____

电话：_____

传真：_____

邮政编码：_____

_____年_____月_____日

图3-1　投标函及其附录

（2）价格清单由勘察设计费清单、工程设备费清单、必备的备品备件费清单、建筑安装工程费清单、技术服务费清单、暂估价清单、其他费用清单以及投标报价汇总表构成。图3-2所示为勘察设计费清单；图3-3所示为投标报价汇总表。价格清单通常由投标单位造价人员负责编制，以确保其符合相关计价规范要求，并符合招标文件要求。

（3）承包人建议书与承包人实施计划属于投标文件技术性部分，在编制过程中需要遵循技术标文件编制原则。编制时按照"承包人建议书"格式与大纲展开进行编制，并参照评标办法中的评分标准，做到逐项对应，确保技术部分与商务部分协调统一，该部分通常由投标单位技术、工程部门负责编制，以确保其符合相关技术、管理规范要求，并符合招标文件要求。图 3-4 所示为承包人实施计划。

2.1 勘察设计费清单

单位：人民币元

序号	项目名称	工作内容	金额（元）	备注
合计报价				

图 3-2　勘察设计费清单

2.8 投标报价汇总表

序号	项目名称	金额（人民币元）	备注
	投标报价		

图 3-3　投标报价汇总表

七、承包人实施计划

（一）概述

　1. 项目简要介绍。

　2. 项目范围。

　3. 项目特点。

（二）总体实施方案

　1. 项目目标（质量、工期、造价）。

　2. 项目实施组织形式。

　3. 项目阶段划分。

　4. 项目工作分解结构。

　5. 对项目各阶段工作及文件的要求。

　6. 项目分包和采购计划。

　7. 项目沟通与协调程序。

（三）项目实施要点

　1. 勘察设计实施要点。

　2. 采购实施要点。

　3. 施工实施要点。

　4. 试运行实施要点。

（四）项目管理要点

　1. 合同管理要点。

　2. 资源管理要点。

　3. 质量控制要点。

　4. 进度控制要点。

　5. 费用估算及控制要点。

　6. 安全管理要点。

　7. 职业健康管理要点。

　8. 环境管理要点。

　9. 沟通和协调管理要点。

　10. 财务管理要点。

　11. 风险管理要点。

　12. 文件及信息管理要点。

　13. 报告制度。

图 3-4　承包人实施计划

（4）资格审查资料为形式性评审部分，内容是投标人的基本信息，该部分按投标文件给定格式，在空缺处填入相应内容。图 3-5 所示为资格审查资料。同时需要注意：部分资格审查资料需要附上相应的证明文件，投标人应遵照相应的说明，在相应表格后附上相应材料。图 3-6 所示为主要人员简历表及其要求的附件说明。

八、资格审查资料

（一）投标人基本情况表

投标人名称					
注册地址			邮政编码		
联系方式	联系人		电 话		
	传 真		网 址		
组织结构					
法定代表人	姓名		技术职称		电话
技术负责人	姓名		技术职称		电话
成立时间		员工总人数：			
企业资质等级			项目经理		
营业执照号			高级职称人员		
注册资金		其中	中级职称人员		
开户银行			初级职称人员		
账号			技工		
经营范围					
备注					

图 3-5 资格审查资料

（九）主要人员简历表

　　"主要人员简历表"中的项目经理应附项目经理证、身份证、职称证、学历证、养老保险复印件，管理过的项目业绩须附合同协议书复印件；设计、施工、采购负责人应附身份证、职称证、学历证、养老保险复印件，以及设计、施工负责人的执业资格证书复印件，管理过的项目业绩须附证明其所任技术职务的企业文件或用户证明；其他主要人员应附职称证（执业证或上岗证书）、养老保险复印件。

姓　名		年　龄		学历	
职　称		职　务		拟在本合同任职	
毕业学校		年毕业于		学校　　专业	
主要工作经历					
时　间	参加过的类似项目		担任职务	发包人及联系电话	

图 3-6　主要人员简历表

任务 3.4　建设工程投标文件的编制要求与递交

 知识目标

掌握投标文件编制的总体要求，掌握投标文件的递交、修改与撤回的要求。

 能力目标

按照投标文件的编制要求，能编制一份合格的投标文件。

 素质目标

培养一丝不苟、严谨细致、重视细节、精益求精的职业精神；培养严谨认真、诚实守信、遵守相关法律法规的职业道德；培养良好的团队协作、协调人际关系的能力。

 情境导入

某高职院校因学生扩招，计划兴建两栋总计 60000m² 的学生宿舍，可行性研究报告已经通过地方发改委批准，资金为财政拨款，资金已经完全落实，已有施工设计图纸，招标人通过公共资源交易中心发布了施工招标公告。某单位符合投标人资质要求，领导安排小李负责这个项目的投标工作，小李需要了解投标文件编制的总体要求，投标文件的递交、修改与撤回的注意事项。

3.4.1 投标文件编制的总体要求 ·······························●

（1）必须使用招标文件提供的投标文件表格格式。填写表格时，凡要求填写的空格都必须填写，否则，被视为放弃该项要求。重要的项目或数字（如投标范围、工期、质量、价格等）未填写的、将被作为无效或作废的投标文件处理；投标方应仔细阅读招标文件的所有内容，按招标文件的要求提供投标文件，并保证所提供的全部资料的真实性，以使其投标文件对应招标文件的要求，若投标文件与招标文件内容有出入，投标方应在投标文件中以书面醒目方式明确，由评标小组进行评定。否则，其投标将被拒绝。

（2）对招标文件有疑问或在施工现场踏勘中发现问题，应在招标文件规定的时间前以书面形式要求招标人进行澄清；注意查收招标人是否有修改招标文件的通知或招

标答疑，此文件是招标文件的重要组成部分，应与招标文件集中存放，一起保管。

（3）投标文件的内容要真实可靠，并按招标文件的要求，相应附上证明材料的复印件。

（4）投标人在投标截止时间前修改投标函中的投标总报价，应注意同时修改"工程量清单"中的相应报价，因为总金额与依据单价计算出的结果不一致的，以单价金额为准修正总价。

（5）注意投标文件的大写金额与小写金额的一致性，大写与小写不一致的，以大写金额为准。

（6）投标文件要用不褪色的材料书写或打印，并由投标人的法定代表人或其委托代理人签字并盖单位公章；委托代理人签字的，投标文件应附法定代表人签署的授权委托书。投标文件应尽量避免涂改、行间插字或删除。

（7）投标文件中的任何改动之处，应加盖单位公章或由投标人的法定代表人或其授权代理人签字确认。

（8）投标文件正本一份，副本份数按招标文件规定，正本与副本分开装订，封面上应清楚地标记"正本""副本"字样，当正本与副本不一致时，以正本为准，正本与副本应分开包装，加贴封条，并在封套的封口处加盖投标人单位公章；未按要求密封和加写标记的投标文件，招标人不予受理。

（9）注意查实投标截止的时间及投标文件递交的地点，确保按时、按点递交，逾期送达或送错地点，招标人不予受理。

（10）投标文件的送达：投标人必须按照招标文件规定的地点，在规定的时间内送达投标文件。投递投标书的方式最好是直接送达或委托代理人送达，以便获得招标机构已收到投标书的回执。

如果以邮寄方式送达的，投标人必须留出邮寄时间，保证投标文件能够在截止日期之前送达招标人指定的地点。而不是以"邮戳为准"。在截止时间后送达的投标文件，即已经过了招标有效期的，招标人应当原封退回，不得进入开标阶段。

（11）注意复制保存好已递交的投标文件，招标人对投标人所递交的投标文件不予退还；同时注意做好投标文件的保密工作。

（12）严格按照招标文件的包封要求进行投标文件的包封，并注意查看招标文件有关废标的条件，避免造成废标。

3.4.2　投标文件的递交、修改与撤回

1. 投标文件的递交

（1）投标人应在招标文件规定的投标截止日期内将投标文件提交给招标人。当

招标人延长了递交投标文件的截止日期，招标人与投标人以前在投标截止期方面的全部权利、责任和义务，将适用于延长后新的投标截止期。在投标截止期以后送达的投标文件，招标人将拒收。

（2）投标人递交投标文件的地点：见招标文件投标人须知前附表所示的地点。

（3）除招标文件另有规定外，投标人所递交的投标文件不予退还。

（4）招标人收到投标文件后，向投标人出具签收凭证。

（5）逾期送达的或者未送达指定地点的投标文件，招标人不予受理。

2. 投标文件的修改与撤回

建设工程投标文件编制的注意事项

（1）在规定的投标截止时间前，投标人可以修改或撤回已递交的投标文件，但应以书面形式通知招标人。

（2）投标人修改或撤回已递交投标文件的书面通知应按投标文件编制的要求签字或盖章。招标人收到书面通知后，向投标人出具签收凭证。

（3）修改的内容为投标文件的组成部分。修改的投标文件应按照规定进行编制、密封、标记和递交，并标明"修改"字样。

（4）根据招标文件的规定，在投标截止时间与招标文件中规定的投标有效期终止日之间的这段时间内，投标人不能撤回投标文件，否则其投标保证金将不予退还。

任务 3.5 建设工程投标的策略与技巧

知识目标

了解建设工程投标策略的适用范围；熟悉建设工程投标决策，熟悉开标前建设工程投标技巧；掌握不平衡报价法的使用方法。

能力目标

能根据项目的不同情况使用不同的投标技巧，提高投标项目的中标率。

素质目标

培养一丝不苟、严谨细致、重视细节、精益求精的职业精神；培养严谨认真、诚实守信、遵守相关法律法规的职业道德；培养良好的团队协作、协调人际关系的能力。

 情境导入

某高职院校因学生扩招，计划兴建两栋总计 60000m² 的学生宿舍，可行性研究报告已经通过地方发改委批准，资金为财政拨款，资金已经完全落实，已有施工设计图纸，招标人通过公共资源交易中心发布了施工招标公告。某单位符合投标人资质要求，领导安排项目经理小张负责这个项目的投标工作，他在思考是否应该参加投标？如果参加投标可以采用哪些投标策略？

3.5.1 建设工程投标决策

建设工程投标决策是指一方面为是否参加投标而进行决策，另一方面是为如何进行投标进行决策。它是投标活动中的重要环节，它关系到投标人能否中标及中标后的经济效益，所以应该引起高度重视。

禁止投标过程中的弄虚作假行为

1. 在获取招标信息后，承包商决定是否参加投标，应综合考虑以下几方面的情况：

（1）承包招标项目的可能性与可行性。即是否有能力承包该项目，能否抽调出管理力量、技术力量参加项目实施，自身经济条件情况，监理工程师能力、态度等情况。

（2）招标项目的可靠性。如项目审批是否已经完成、资金是否已经落实等。

（3）招标项目的承包条件。如施工项目所在地政治形势、经济形势、法律法规、风俗习惯、自然条件、生产和生活条件等。

（4）影响中标机会的因素。如业主对本企业的印象、自身信誉方面的实力情况、竞争对手实力和竞争形势情况等。

2. 遇到下列情况，承包商应该放弃投标：

（1）工程规模、技术要求超过本企业技术等级的项目。

（2）本企业业务范围和经营能力之外的项目。

（3）本企业现有承包任务比较饱满，而招标工程风险较大的项目。

（4）本企业技术等级、经营、施工水平明显不如竞争对手的项目。

3.5.2 建设工程投标策略

投标策略是指承包商在投标竞争中的系统工作部署及其参与投标竞争的方式和手段，企业在参加工程投标前，应根据招标工程情况和企业自身的实力，组织有关

投标人员进行投标策略分析,其中包括企业目前经营状况和自身实力分析、对手分析和机会利益分析等。

招投标过程中,如何运用以长制短、以优制劣的策略和技巧,关系到能否中标和中标后的效益。在通常情况下,投标策略有以下几种:

1．高价赢利策略

这是在报价过程中以较大利润为投标目标的策略。这种策略的使用通常基于以下情况:

(1)施工条件差的工程。

(2)专业要求高的技术密集型工程,而本公司在这方面又有专长,声望也较高。

(3)总价低的小工程,以及自己不愿做、又不方便不投标的工程。

(4)特殊工程,如港口码头、地下开挖工程等。

(5)工期要求急的工程。

(6)投标对手少的工程。

(7)支付条件不理想的工程。

2．低价薄利策略

指在报价过程中以薄利投标的策略。这种策略的使用通常基于以下情况:

(1)施工条件好的工程,工作简单,工程量大且一般公司都能胜任的工程。

(2)本公司目前急于打入某一市场、某一地区,或在该地区面临工程结束,机械设备等无工地转移时。

(3)本公司在附近有工程,而本项目又可利用该工程的设备、劳务,或有条件短期内突击完成的工程。

(4)投标对手多、竞争激烈的工程。

(5)非急需工程。

(6)支付条件好的工程。

3．无利润算标的策略

缺乏竞争优势的承包商,在不得已的情况下,只好在算标中根本不考虑利润去夺标。这种策略一般在以下情况下采用:

(1)可能在得标后,将大部分工程分包给索价较低的一些分包商;

（2）对于分期建设的项目，先以低价获得首期工程，而后赢得机会创造第二期工程中的竞争优势，并在以后的实施中赚得利润；

（3）长时期内，承包商没有在建的工程项目，如果再不得标，就难以维持生存。因此，虽然本工程无利可图，只要能有一定的管理费维持公司的日常运转，就可设法度过暂时的困难，以图将来东山再起。

建设工程投标的
策略

3.5.3 建设工程投标技巧 ●

投标报价方法是依据投标策略选择的，一个成功的投标策略必须运用与之相适应的报价方法才能取得理想的效果。能否科学、合理地运用投标技巧，使其在投标报价工作中发挥应有的作用，关系到最终能否中标，是整个投标报价工作的关键所在。如果以投标程序中的开标为界，可将投标的技巧研究分为两阶段，即开标前的技巧研究和开标至签订合同时的技巧研究。

开标前，投标者通常能够熟悉使用的具体投标技巧包括：

1．根据招标项目的不同特点采用不同报价

（1）遇到下列情况可报价高些：施工条件差的工程；本公司有专长的；专业要求高的技术密集型工程；特殊工程；工期要求紧的工程。

（2）遇到下列情况可报价低些：施工条件好、工作简单的工程；本公司急于打入市场；投标对手多，竞争激烈的工程。

2．不平衡报价法

指在总报价基本确定的前提下，调整内部各个子项的报价，以期既不影响总报价，又在中标后解决资金周转问题、工程变更不受损失或通过工程变更获得较理想的经济效益。不平衡报价法的通常做法是：

（1）对能早日结账收回工程款的土方、基础等前期工程项目，投标单价适当报高；对机电设备安装、装饰等后期工程项目，投标单价适当报低。

（2）预计工程量可能变更增加的项目，投标单价适当报高；而对工程量可能变更减少的项目，投标单价适当报低。

（3）对设计图纸内容不明确或有错误，估计修改后工程量要增加的项目，投标单价适当报高；而对工程内容不明确的项目，投标单价适当报低。

（4）对没有确定工程量，只要求填报投标单价的项目，或招标人要求采用包干报价的项目，投标单价报高些。

（5）在暂定项目中，对实施可能性大的项目，投标单价报高些；预计不一定实施的项目，投标单价适当报低些。

不平衡报价法的优点是：有助于对工程量表进行认真、仔细地校核和统筹分析，总价相对稳定，不会过高；缺点是：投标单价报高、报低的合理幅度难以把握。单价报得过低，如果在执行中工程量增多，会造成承包人损失；报得过高，如果招标人要求压价，会使承包人得不偿失。因此，在运用不平衡报价法时，要特别注意工程量有无错误，具体问题具体分析，避免报价盲目报高或报低。

还应注意的是，不平衡报价应控制在合理的幅度内（±10%内），如单价调高幅度过大，可能会引起评委注意，要求投标人进行说明。

【案例 3-1】

某企业参与某高层商用办公楼土建工程的投标，为了不影响中标，又能在中标后取得较好的收益，该企业觉得采用不平衡报价法对原预算价做适当调整，具体数据见表 3-1。

报价调整前后对比表（单位：万元）　　　　　　表 3-1

项目	桩基围护工程	主体结构工程	装饰工程	总价
调整前	1480	6600	7200	15280
调整后	1600	7200	6480	15280

施工方案中围护工程、主体结构工程、装饰工程的工期分别为 4 个月、12 个月、8 个月，贷款月利率为 1%，假设各分部工程每月完成的工作量相同且都能按月度及时收到工程款（不考虑结算所需要的时间），现值系数参见表 3-2。

现值系数表　　　　　　表 3-2

n	4	8	12	16
$(P/A, 1\%, n)$	3.9020	7.6517	11.2551	14.7179
$(P/F, 1\%, n)$	0.9610	0.9235	0.8874	0.8528

【问题】

（1）该企业所运用的不平衡报价法是否恰当？

（2）采用不平衡报价法后，当工程实施完后，该承包人所得工程款的价值比调整前增加多少?

【分析】

（1）恰当。该企业将属于前期工程的桩基围护工程和主体结构工程的单价调高，而属于后期工程的装饰工程的单价调低，可以在施工的早期阶段收到较多的工程款，从而提高承包所得工程款的现值；而且这三类工程单价的调整幅度均在 10% 以内，调整范围合理。

（2）报价调整前：

桩基围护工程每月工程款 A_1=1480÷4=370（万元）

主体结构工程每月工程款 A_2=6600÷12=550（万元）

装饰工程每月工程款 =7200÷8=900（万元）

调整前工程款现值：

$PV=A_1$（P/A，1%，4）+A_2（P/A，1%，12）（P/F，1%，4）+A_3（P/A，1%，8）（P/F，1%，16）=370×3.9020+550×11.2551×0.9610+900×7.6517×0.8528=13265.45（万元）

报价调整后：

桩基围护工程每月工程款 A_1' =1600÷4=400（万元）

主体结构工程每月工程款 A_2' =7200÷12=600（万元）

装饰工程每月工程款 A_3' =6480÷8=810（万元）

调整后工程款现值：

PV' =A_1'（P/A，1%，4）+A_2'（P/A，1%，12）（P/F，1%，4）+A_3'（P/A，1%，8）（P/F，1%，16）=400×3.9020+600×11.2551×0.9610+810×7.6517×0.8528=13336.04（万元）

调整前后差额 =13336.04−13265.45=70.59（万元）

采用不平衡报价法后，承包工程所得工程款的现值比原预算价增加了 70.59 万元。

3．多方案报价法

根据《标准招标文件》规定，除投标人须知附表另有规定外，投标人不得递交备选投标方案。允许投标人递交备选投标方案的，只有中标人所递交的备选方案方可予以考虑。如果另有规定允许多方案报价，投标人在同一个招标项目，除了按招标文件的要求编制投标报价以外，还可编制一个或几个建议方案。

如果发现招标文件中的工程范围很不具体、很不明确，或条款内容很不清楚、很不公正，或对技术规范的要求过于苛刻，可先按招标文件中的要求报一个价，然后再说明假如招标人对工程要求作某些修改，报价可降低多少。由此可报出一个较低的价。这样可以降低总价，吸引业主。

4. 增加建议方案报价法

有时招标文件中规定，可以提一个建议方案，即可以修改原设计方案，提出投标者的方案。投标者这时应抓住机会，组织一批有经验的设计和施工工程师，对原招标文件的设计和施工方案仔细研究，提出更为合理的方案以吸引业主，促成自己的方案中标。这种新建议方案可以降低总造价或是缩短工期，或使工程运用更为合理。但要注意对原招标方案一定也要报价。建议方案不要写得太具体，要保留方案的技术关键，防止业主将此方案交给其他承包商。同时要强调的是，建议方案一定要比较成熟，有很好的可操作性。

5. 联合体法

联合体法比较常用，即两、三家公司，其主营业务类似或相近，单独投标会出现经验、业绩不足或工作负荷过大而造成高报价，失去竞争优势。而以捆绑形式联合投标，可以做到优势互补、规避劣势、利益共享、风险共担，相对提高了竞争力和中标概率。这种方式目前在国内许多大项目中使用。

6. 突然降价法

这是为了迷惑竞争对手而采用的一种竞争方法。通常的做法是，在准备投标报价的过程中预先考虑好降价的幅度，然后有意散布一些假情报，如打算弃标，按一般情况报价或准备报高价等，等临近投标截止日期前，突然前往投标，并降低报价，以期战胜竞争对手。

7. 先亏后盈法

在实际工作中，有的承包人为了打入某一地区或某一领域，依靠自身实力，采取一种不惜代价、只求中标的低报价投标方案。一旦中标之后，可以承揽这一地区或这一领域更多的工程任务，达到总体盈利的目的。

8．计日工单价的报价

如果是单纯报计日工单价，而且不计入总价中，可以报高些，以便在业主额外用工或使用施工机械时可多盈利。但如果计日工单价要计入总报价时，则需具体分析是否报高价，以免抬高总报价。总之，要分析业主在开工后可能使用的计日工数量，再来确定报价方针。

9．可供选择的项目的报价

有些工程项目的分项工程，业主可能要求按某一方案报价，而后再提供几种可供选择方案的比较报价。例如，某住房工程的地面水磨石砖，工程量表中要求按 25cm×25cmx2cm 的规格报价；另外，还要求投标人用更小规格砖 20cm×20cm×2cm 和更大规格砖 30cm×30cm×3cm 作为可供选择项目报价。投标时，除对几种水磨石地面砖调查询价外，还应对当地习惯用砖情况进行调查。对于将来有可能被选择使用的地面砖铺砌应适当提高其报价；对于当地难以供货的某些规格地面砖，可将价格有意抬高得更多一些，以阻挠业主选用。但是，所谓"可供选择项目"并非由承包商任意选择，而是业主才有权进行选择。因此，我们虽然适当提高了可供选择项目的报价，并不意味着肯定可以取得较好的利润，只是提供了一种可能性，一旦业主今后选用，承包商即可得到额外加价的利益。

10．暂定工程量的报价

（1）暂定工程量的情况

1）业主规定了暂定工程量的分项内容和暂定总价款，并规定所有投标人都必须在总报价中加入这笔固定金额，但由于分项工程量不很准确，允许将来按投标人所报单价和实际完成的工程量付款。

2）业主列出了暂定工程量的项目的数量，但并没有限制这些工程量的估价总价款，要求投标人既列出单价，也应按暂定项目的数量计算总价，当将来结算付款时可按实际完成的工程量和所报单价支付。

3）只有暂定工程的一笔固定总金额，将来这笔金额做什么用，由业主确定。

（2）暂定工程量的报价做法

1）第一种情况，由于暂定总价款是固定的，对各投标人的总报价水平竞争力没有任何影响，因此，投标时应当对暂定工程量的单价适当提高。这样做，既不会因今后工程量变更而吃亏，也不会削弱投标报价的竞争力。

2）第二种情况，投标人必须慎重考虑。如果单价定得高了，同其他工程量计价一样，将会增大总报价，影响投标报价的竞争力；如果单价定得低了，将来这类工程量增大，将会影响收益。一般来说，这类工程量可以采用正常价格。如果承包商估计今后实际工程量肯定会增大，则可适当提高单价，使将来可增加额外收益。

3）第三种情况对投标竞争没有实际意义，按招标文件要求将规定的暂定款列入总报价即可。

11. 分包商报价的采用

由于现代工程的综合性和复杂性，总承包商不可能将全部工程内容完全独家包揽，特别是有些专业性较强的工程内容，需分包给其他专业工程公司施工，还有些招标项目，业主规定某些工程内容必须由他指定的几家分包商承担。因此，总承包商通常应在投标前先取得分包商的报价，并增加总承包商摊入的一定的管理费，而后作为自己报标总价的一个组成部分一并列入报价单中。应当注意，分包商在投标前可能同意接受总承包商压低其报价的要求，但等到总承包商中标后，他们常以种种理由要求提高分包价格，这将使总承包商处于十分被动的地位。解决的办法是，总承包商在投标前联系 2 ~ 3 家分包商分别报价，而后选择其中一家信誉较好、实力较强和报价合理的分包商签订协议，同意该分包商作为本分包工程的唯一合作者，并将分包商的姓名列到投标文件中，但要求该分包商相应地提交投标保函。如果该分包商认为这家总承包商确实有可能中标，也许愿意接受这一条件。这种把分包商的利益同投标人捆在一起的做法，不但可以防止分包商事后反悔和涨价，还可能迫使分包商报出较合理的价格，以便共同争取中标。

12. 其他方面的技巧

（1）聘请投标代理人。投标人在招标工程所在地聘请代理人为自己出谋划策，以利争取中标。

（2）许诺优惠条件。我国不允许投标人在开标后提出优惠条件。投标人若有降低价格或支付条件要求、提高工程质量、缩短工期、提出新技术和新设计方案，以及免费提供补充物资和设备、免费代为培训人员等方面优惠条件的，应当在投标文件中提出。招标人组织评标时，一般考虑报价、技术方案、工期、支付条件等方面的因素。因此，投标人在投标文件中附带优惠条件，是有利于争取中标的。

（3）开展公关活动。公关活动是投标人宣传和推销自我，沟通和联络感情，树立良好形象的重要活动。积极开展公关活动，是投标人争取中标的重要手段。

建设工程投标报
价技巧

【例 3-1】某承包商通过资格预审后，对招标文件进行了仔细分析，发现业主所提出的工期要求过于苛刻，且合同条款中规定每拖延一天工期罚合同价的 1‰。若要保证实现该工期要求，必须采取特殊措施，从而大大增加成本；还发现原设计结构方案采用框架 - 剪力墙体系过于保守。因此，该承包商在投标文件中说明业主的工期要求难以实现，因而按自己认为的合理工期（比要求的工期增加 6 个月）编制施工进度计划并据此报价；还建议将框架 - 剪力墙体系改为框架体系，并对这两种结构体系进行了技术经济分析和比较，证明框架体系不仅能保证工程结构的可靠性和安全性、增加使用面积、提高空间利用的灵活性，而且可降低造价约 3%。该承包商将技术标和商务标分别封装，在封口处加盖本单位公章和法人代表签字后，在投标截止日期前一天上午将投标文件报送业主。次日（即投标截止日当天）下午，在规定的开标时间前一小时，该承包商又递交了一份补充材料，其中声明将原报价降低 4%。但是，招标单位的有关工作人员认为，根据国际上"一标一投"的惯例，一个承包商不得递交两份投标文件，因而拒收承包商的补充材料。

开标会由市招投标办的工作人员主持，市公证处有关人员到会，各投标单位代表均到场。开标前，市公证处人员对各投标单位的资质进行审查，并对所有投标文件进行审查，确认所有投标文件均有效后，正式开标。主持人宣读投标单位名称、投标价格、投标工期和有关投标文件的重要说明。

问题：

（1）该承包商运用了哪几种报价技巧？其运用是否得当？请逐一加以说明。

（2）从所介绍的背景资料来看，在该项目招标程序中存在哪些问题？请分别作简单说明。

【解】（1）该承包商运用了三种报价技巧，即多方案报价法、增加建议方案法和突然降价法。其中，多方案报价法运用不当，因为运用该报价技巧时，必须对原方案（本案例指业主的工期要求）报价，而该承包商在投标时仅说明了该工期要求难以实现，却并未报出相应的投标价。

增加建议方案法运用得当，通过对两个结构体系方案的技术经济分析和比较（这意味着对两个方案均报了价），论证了建议方案（框架体系）的技术可行性和经济合理性，对业主有很强的说服力。

突然降价法也运用得当，原投标文件的递交时间比规定的投标截止时间仅提前一天多，这既是符合常理的，又为竞争对手调整、确定最终报价留有一定的时间，起到了迷惑竞争对手的作用。

（2）该项目招标程序中存在以下问题：

1）招标单位的有关工作人员不应拒收承包商的补充文件。

2）根据《中华人民共和国招标投标法》，应由招标人（招标单位）主持开标会，并宣读投标单位名称、投标价格等内容，而不应由市招投标办工作人员主持和宣读。

3）资格审查应在投标之前进行（背景资料说明了承包商已通过资格预审），公证处人员无权对承包商资格进行审查，其到场的作用在于确认开标的公正性和合法性（包括投标文件的合法性）。

单元小练

一、单选题

1. 投标人有以下哪种情形的，其投标保证金不予退回（　　　）。

A. 在投标截止时间之前撤回投标文件的

B. 在投标截止时间之后撤回投标文件的

C. 在投标有效期开始之前撤回投标文件的

D. 中标后及时提交履约保证金的

2. 投标单位在投标报价时，应按招标单位提供的工程量清单的每一单项计算填写单价和合价，在开标后发现投标单位有没有填写单价和合价的项目，则（　　　）。

A. 允许投标单位补填

B. 视为废标

C. 认为此项费用已包括在工程量清单的其他单价和合价中

D. 由招标人退回投标书

3. 某投标人在递交投标文件后，同时随同投标文件一起递交了投标保证金，在投标截止时间之前半个小时，该企业再次向招标人递交了一份报价让利投标文件。请问该企业采用是什么投标策略？（　　　）

A. 多方案报价法　　　　　　B. 不平衡报价法

C. 先亏后盈法　　　　　　　D. 突然降价法

4. 下列属于正确的建设工程投标工作程序是（　　　）。

A. 投标报价决策→确定施工方案→参加开标会议→编制提交投标书

B. 接受招标人的询问→参加开标会议→签订合同→接收中标通知书

C. 确定施工方案→投标报价决策→编制提交投标书→参加开标会议

D. 参加开标会议→编制提交投标书→接收中标通知书→签订合同

5. 下列不属于投标文件的有（　　　）。

A. 投标人须知　　　　　　　B. 投标书及投标函附录

C. 投标保证金　　　　　　　D. 施工组织方案

6. 密封的投标文件应加盖投标单位公章和（　　　）印鉴。

A. 法人代表　　　　　　　　B. 总经理

C. 项目经理　　　　　　　　D. 合同签字代理人

7. 在投标的过程中，如果投标人假借别的企业的资质，弄虚作假来投标即违反了（　　）这一原则。

A. 公开　　　　　　　　　　B. 公平

C. 诚实信用　　　　　　　　D. 公正

8. 投标人对招标文件或者在现场踏勘中有不清楚的问题，应当用（　　）的形式要求招标人予以解答。

A. 书面　　　　　　　　　　B. 电话

C. 口头　　　　　　　　　　D. 会议

9. 关于共同投标协议，下列说法错误的是（　　）。

A. 共同投标协议属于合同关系

B. 共同投标协议必须详细、明确，以免日后发生争议

C. 共同协议不应同投标文件一并提交招标人

D. 联合体内部各方通过共同投标协议，明确约定各方在中标后要承担的工作和责任

10. 下列选项中，（　　）不是关于投标的禁止性规定。

A. 投标人以低于成本的报价竞标

B. 招标者预先内定中标者，在确定中标者时以此决定取舍

C. 投标人以高于成本的报价竞标

D. 投标者之间进行内部竞价，内定中标人，然后再参加投标

11. 下列选项中，属于投标人之间串通投标行为的是（　　）。

A. 甲、乙、丙、丁四家单位参加竞标，在竞标过程中均高价投标

B. 甲、乙、丙、丁四家单位参加竞标，在竞标前四家单位先进行内部竞价，选定丙为中标人后，再参加投标

C. 甲、乙、丙、丁四家单位参加竞标，招标人向甲单位泄漏了标底

D. 甲、乙、丙、丁四家单位参加竞标，乙单位为中标向招标人的企业领导行贿

12. 以下（　　）不是投标小组成员。

A. 经营管理类人员　　　　　B. 专业技术类人员

C. 单位总经理　　　　　　　D. 商务金融类人员

13. 甲、乙两个工程承包单位组成施工联合体投标，参与竞标某房地产开发商的住宅工程，则下列说法错误的有（　　）。

A. 甲、乙两个单位以一个投标人的身份参与投标

B. 如果中标，甲、乙两个单位应就各自承担的部分与房地产开发商签订合同

C. 如果中标，甲、乙两个单位应就中标项目向该房地产开发商承担连带责任

D. 如果在履行合同中乙单位破产，则甲单位应当承担原由乙单位承担的工程任务

14. 下面不属于投标决策的是（　　　）。

A. 针对项目投标，根据项目的专业性等确定是否投标

B. 倘若投标，投什么性质的标

C. 投标中如何采用以长制短、以优胜劣的策略和技巧

D. 倘若投标，与哪家同行业的单位一起围标

15. 关于投标报价策略论述正确的有（　　　）。

A. 工期要求紧但支付条件理想的工程应较大幅度提高报价

B. 施工条件好且工程量大的工程可适当提高报价

C. 一个建设项目总报价确定后，内部调整时，地基基础部分可适当提高报价

D. 当招标文件部分条款不公正时，可采用增加建议方案法报价

16. 某工程项目在估算时算得成本是 900 万元人民币，概算时算得成本是 850 万元人民币，预算时算得成本是 800 万元人民币，投标时某承包商根据自己企业定额算得成本是 700 万元人民币，则根据《招标投标法》中规定"投标人不得以低于成本的报价竞标"。该承包商投标时报价不得低于（　　　）。

A. 900 万元　　　　　　　　B. 850 万元

C. 800 万元　　　　　　　　D. 700 万元

17. 两个相同专业的施工企业组成联合体进行投标，A 为施工总承包特级资质，B 为施工总承包一级资质，则该联合体应按（　　　）资质确定等级。

A. 一级　　　　　　　　　　B. 二级

C. 三级　　　　　　　　　　D. 特级

18. 投标人是（　　　）。

A. 响应招标、进行报名的法人或其他组织

B. 响应招标、参加招标竞争的法人或其他组织

C. 响应招标、制定了投标文件的法人或其他组织

D. 响应招标、参加投标竞争的法人或其他组织

19. 某公司急于打入某一市场、某一地区，或在该地区面临工程结束、机械设备等无工地转移时，应该报（　　　）。

A. 低价　　　　　　　　　　B. 低于成本的价格

C. 高价　　　　　　　　　　D. 高于招标控制价的价格

20. 不平衡报价一定要控制在合理幅度内，一般可在（　　　）左右，以免引起发包人反对。

A. 10%　　　　　　　　　　B. 20%

C. 30%　　　　　　　　　　D. 40%

二、多选题

1. 建设工程投标有很多种投标技巧，以下（　　　）是属于不平衡报价法的通常做法。

A. 对能早日结账收回工程款的土方、基础等前期工程项目，单价可适当报高些

B. 对预计今后工程量可能会增加的项目，单价可适当报高些

C. 设计图纸内容不明确或有错误，估计修改后工程量要增加的项目，单价可适当报高些

D. 对暂定项目，其实施可能性大的项目，单价可报高些

E. 对工程中变化较大或没有把握的工作项目，采用增加不可预见费的方法，扩大标价，减少风险

2. 关于建设工程投标文件的提交，说法正确的是（　　）。

A. 投标人的补充、修改或撤回其投标文件的通知不能成为投标文件的组成部分

B. 投标人应在招标文件规定的投标截止日期内将投标文件提交给招标人

C. 投标人可以在提交投标文件以后，在规定的投标截止时间之前，采用书面形式向招标人递交补充、修改或撤回其投标文件的通知

D. 在投标截止时间与招标文件中规定的投标有效期终止日之间的这段时间内，投标人不能撤回投标文件，否则其投标保证金将不予退还

E. 投标人对投标文件的补充、修改不能成为投标文件的组成部分

3. 投标中的违法行为有（　　）。

A. 投标人之间串通投标　　　　　　　B. 做虚假宣传

C. 投标人以行贿的手段谋取中标　　　D. 投标人以低于成本的报价竞标

E. 开标前，投标人补充、修改其投标文件

4. 下列属于投标人之间串通投标的行为是（　　）。

A. 招标人在开标前开启投标文件，并将投标情况告知其他投标人

B. 投标人之间相互约定，在招标项目中分别以高、中、低价位报价

C. 投标人在投标时递交虚假业绩证明

D. 投标人与招标人商定，在投标时压低标价，中标后再给投标人额外补偿

E. 投标人进行内部竞价，内定中标人后再参加投标

三、判断题

1. 两个以上法人或者其他组织可以组成一个联合体，以一个投标人的身份共同投标。　　　　　　　　　　　　　　　　　　　　　　　　　　　（　　）

2. 联合体各方签订共同投标协议后，可以再以自己名义单独投标，也可以组成新的联合体或参加其他联合体在同一项目中投标。　　　　　　　　　　（　　）

3. 投标预备会的主要作用是招标人解答投标人提出的疑问问题。　　（　　）

4. 投标人在投标有效期内撤回其投标文件，投标保证金将被没收。　（　　）

5. 建设工程施工项目投标的主体必须是法人或组织机构。　　　　　（　　）

6. 投标人可以低于企业成本报价。　　　　　　　　　　　　　　　（　　）

7. 投标人可以在投标截止时间之前，修改、补充或撤回其投标文件。（　　）

单元4 建设工程开标、评标、定标

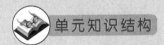 单元知识结构

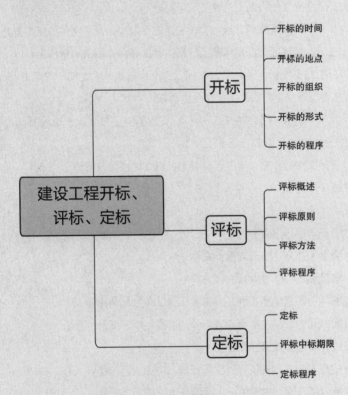

任务 4.1　建设工程开标

 **知识目标**

了解开标的过程和组织工作，掌握各个阶段主要工作内容与工作步骤。

 **能力目标**

能参与组织工程项目开标会。

 **素质目标**

培养熟悉开标流程、程序规范严谨的职业精神。

 **情境导入**

部门经理通知，两天后开标的 ×× 工程项目由小丁去开标。小丁没有接触过招投标的相关工作，在开标的时候他应该做什么呢？

4.1.1 开标的时间

根据《招标投标法》第三十四条规定，开标应当在招标文件确定的提交投标文件截止时间的同一时间公开进行。目的是防止招标人或者投标人利用提交投标文件的截止时间以后与开标时间之前的这段时间，进行暗箱操作。

4.1.2 开标的地点

招标文件中应载明开标地点，需要变动的，应提前书面通知。为了使所有投标人都能知道开标地点，并能够按时到达，开标地点应当在招标文件中事先确定，以便投标人做好开标准备。招标人如果确有特殊原因，需要变动开标地点，则应当按照规定对招标文件作出修改补充，书面通知提交投标文件的投标人。

4.1.3 开标的组织

一般情况下，开标由招标人（业主）主持，邀请所有投标人参加，在招标人委托招标代理机构代理招标时也可由该代理机构主持。

4.1.4 开标的形式 ·····························●

开标的形式主要有以下三种：

1．公开开标

邀请所有的投标人参加开标仪式，其他愿意参加者也不受限制，当众公开开标。

2．有限开标

只邀请投标人和有关人员参加开标仪式，其他无关人员不得参加，当众公开开标。

3．秘密开标

只有负责招标的组织成员参加开标，不允许投标人参加开标，然后将开标的名次结果通知投标人，不公开报价，其目的是不暴露投标人的准确报价数字。

4.1.5 开标的程序 ·····························●

1．介绍到场人员并公布招标人证件

由招标单位工作人员介绍参加开标的各方到场人员和开标主持人，公布招标单位法定代表人证件或代理人委托书及证件。

2．主持人核验投标人证件

开标主持人检验各投标单位法定代表人或其指定代理人的证件、委托书，确认无误。一般需核验法定代表人的法定代表人身份证明书和身份证或委托代理人的法人授权委托书原件和身份证。

3．重申要点及评标办法

开标主持人重申招标文件要点，宣布评标办法。

4．投标人确认招标文件

投标单位法定代表人或其指定代理人申明对招标文件是否确认。

5．检查投标文件密封性

由投标人或者其推选的代表或者招标人委托的公证单位检查投标文件的密封情况。密封性检查的要求：要求文件袋无明显缝隙露出袋内文件。

6．按顺序拆封并唱标

投标文件的密封情况经确认无误后，按标书送达时间或以抽签方式排列拆封次序，由工作人员当众拆封并唱标，宣读投标人名称、投标价格和其他有关内容。

7．开标过程记录在案

招标人指定专人将开标的整个过程记录在案，再存档备查。开标记录一般应记载下列事项，并由主持人和其他有关人员签字确认：①项目编号；②项目名称；③投标人名称；④投标报价；⑤开标日期；⑥其他必要的事项（如工期、质量等）。

建设工程开标

任务 4.2　建设工程评标

知识目标

了解和熟悉建设工程项目评标各个阶段的内容与工作步骤。

能力目标

能参与组织建设工程项目评标过程。

培养专业素质过硬、严格遵守法律法规的职业精神。

A 公司参加了某政府采购项目投标，在开标会结束后第三天收到代理该项目的招标公司的通知：评标过程中，评标委员会认为该项目的招标文件存在不合理的排他性条款，该项目做废标处理，并将修改招标文件后重新招标。

A 公司认为自己报价最低，按照招标文件的评标标准，自己肯定中标，怀疑招标公司与评标专家暗箱操作，故意排斥自己，而且根据相关法律规定，评标专家无权废标。A 公司于是向招标公司提出质疑，招标公司答复称评标过程严格依法进行，评标委员会评标时，发现招标文件的技术参数设置具有排他性条款，只有某个投标人的产品才完全实质性满足，对其他投标人不公平，要求废标。A 公司对质疑答复不满意，以相同的理由向当地财政局投诉。

财政局受理投诉后调查发现，先是有评标专家在评标时发现了招标文件的技术参数设置具有排他性条款，后经评标委员会讨论，一致决定该项目按废标处理。评标委员会向招标公司出具了评标说明函，招标公司据此发布废标公告并通知所有投标人。评标委员会决定该项目按废标处理是否合法？监管部门该如何处理 A 公司的投诉？

4.2.1 评标概述 ●●●●●●●●●●●●●●●●●●●●●●●●●●●●●●●●●● ●

1．评标的概念

评标，是指评标委员会按照招标文件确定的评标标准和方法，对各投标人的投标文件进行评价、比较和分析，从中选择最佳投标人的过程。

《招标投标法》第五条明确规定，招标投标活动应当遵循公开、公平、公正和诚实信用的原则。评标是招投标活动中最重要的环节，应遵守相关法律法规。

2．评标的依据

评标委员会成员评标的依据主要有：招标文件；标前会议纪要；评标定标办法及细则；招标控制价；工程标底（若有）；投标文件；其他有关资料。

3．评标的特征

《招标投标法》第三十八条规定，招标人应当采取必要的措施。保证评标在严格保密的情况下进行。任何单位和个人不得非法干预、影响评标的过程和结果。根据本条规定可知：（1）评标具有保密性；（2）评标具有不受外界干预性。

4．评标组织机构的含义及其职责

（1）评标组织机构的含义

评标不能由招标人或其代理机构独自承担，而应依法组成一个由有关专家和人员参加的组织机构。

（2）评标组织机构的职责

根据招标文件中规定的评标标准和评标方法，对所有有效的投标文件进行综合评价。写出评标报告，向招标人推荐中标候选人或者直接确定中标人。

5．评标委员会的组成及其组成方式

（1）评标委员会的组成

1）招标人的代表或其代理机构的必要代表；

2）专家：有关技术、经济等方面的专家，不得少于成员总数的三分之二；

3）评标委员会主任：先由评标委员会推选一名专家作为评标委员会主任，也可以由招标人直接指定。

评标专家的职业
素养

（2）评标委员会的组成方式

前款专家应当从事相关领域工作满八年并具有高级职称或者具有同等专业水平，由招标人从国务院或者省、自治区、直辖市人民政府有关部门提供的专家名册或者招标代理机构的专家库内的相关专业的专家名单中确定；一般招标项目可以采取随机抽取方式，特殊招标项目可以由招标人直接确定。

（3）评标委员会成员的回避更换制度

1）与投标人有利害关系；

2）投标人或其代理人的近亲属；

3）与投标人有其他社会关系或经济利益关系；

4）可能影响对投标的公正评审的。

（4）评标委员会委员的资格条件和应承担义务与责任

1）条件：从事相关领域工作满8年；有高级职称或同等专业水平。

评标概述

2）义务：评标委员会成员的一般职业道德；评标委员会成员的禁止性义务；评标委员会成员的保密义务。

3）评标委员会成员对其违法行为应承担的法律责任：警告；没收收受的财物；罚款，罚款数额在三千元以上五万元以下；取消担任评标委员会的资格；构成犯罪的，依法追究刑事责任。

4.2.2 评标的原则

招标人应当采取必要的措施，保证评标在严格保密的情况下进行。评标委员会按照招标文件规定的评标标准和方法，客观、公正地对投标文件提出评审意见，不得带有任何主观意愿和偏见，高质量、高效率地完成评标工作，同时还应遵循以下原则：

（1）认真阅读招标文件，严格按照招标文件规定的要求和条件对投标文件进行评审；

（2）评标过程应公正、公平、科学合理；

（3）评标时应选择质量好、信誉高、价格合理、工期适当、施工方案先进可行的投标方案；

（4）评标时应将规范性与灵活性相结合。

针对任务4.2的"情境导入"的案例，可以这样进行分析：

一、评标委员会有权提出项目按废标处理的意见。

1.评标过程中，评标委员会审查招标文件是否合法合规是评标委员会的职责之一。

《中华人民共和国政府采购法实施条例》第四十一条规定，评标委员会、竞争性谈判小组或者询价小组成员应当按照客观、公正、审慎的原则，根据采购文件规定的评审程序、评审方法和评审标准进行独立评审。采购文件内容违反国家有关强制性规定的，评标委员会、竞争性谈判小组或者询价小组应当停止评审并向采购人或者采购代理机构说明情况。根据此规定，在评标过程中，评标委员会的职责之一就是要审查招标文件是否违反国家有关强制性的规定（即法律法规的禁止性规定），即是否符合法律法规的强制性要求。

2.招标文件中的排他性技术参数是法律强制禁止的。

《中华人民共和国政府采购法》第二十二条规定，采购人可以根据采购项目的特殊要求，规定供应商的特定条件，但不得以不合理的条件对供应商实行差别待遇或者歧视待遇。《中华人民共和国政府采购法实施条例》第二十条规定，采购人或者采购代理机构有下列情形之一的，属于以不合理的条件对供应商实行差别待遇或者歧视待遇：……（三）采购需求中的技术、服务等要求指向特定供应商、特定产品。根据前述法律法规的规定，招标文件的排他性技术参数是法律法规所明确禁止的。

3. 评标委员会有权提出该项目按废标处理的意见。

根据"采购文件内容违反国家有关强制性规定的，评标委员会、竞争性谈判小组或者询价小组应当停止评审并向采购人或者采购代理机构说明情况"，评标委员会在评标时发现招标文件设置了具有排他性技术参数条款，应停止评标，向招标人（采购人）或者招标公司出具说明。在实务操作中，招标人（采购人）或者招标公司一般都要求评标委员会对该项目如何处理提出建议，而评标委员会也会在其书面说明中提出项目如何处理的意见。

此时，评标委员会应根据《财政部关于进一步规范政府采购评审工作有关问题的通知》（财库〔2012〕69 号）规定的"评审委员会发现采购文件存在歧义、重大缺陷导致评审工作无法进行，或者采购文件内容违反国家有关规定的，要停止评审工作并向采购人或采购代理机构书面说明情况，采购人或采购代理机构应当修改采购文件后重新组织采购活动"，提出该项目按废标处理、重新招标的意见。

二、废标决定由招标人（采购人）或者招标公司作出，不是由评标委员会作出。

必须指出的是，评标委员会"提出该项目按废标处理，重新招标的意见"不是评标委员会决定废标。评标委员会只是在评标时对该项目如何处理出具专家评审意见，即便该意见表述为"评标委员会决定废标"，此"评标委员会决定废标"仅仅属于其在评标中的意见，而不属于其可以直接向投标人宣布决定废标。根据《中华人民共和国政府采购法》第三十六条规定，废标后，采购人应当将废标理由通知所有投标人。对采购项目决定废标的只能是招标人（采购人）或者其委托的招标代理机构。因此，A 公司投诉的项目，废标决定是由招标公司作出公告并通知投标人的，不是由评标委员会决定废标。

三、财政局遇到此类投诉时，建议另外组织评标专家复核。

财政局首先应查明评标委员会说明中的"招标文件的技术参数设置具有排他性条款"是否属实。由于涉及技术性条款，最好的办法是从政府采购评审专家库中另外抽取技术专家进行复核并出具书面咨询或者复核意见。《中华人民共和国政府采购法实施条例》第五十八条规定，财政部门处理投诉事项，需要检验、检测、鉴定、专家评审以及需要投诉人补正材料的，所需时间不计算在投诉处理期限内。这说明财政部门在处理投诉时可以组织专家评审。在本案例中，为查明"招标文件的技术参数设置具有排他性条款"是否属实的需要，建议财政局另外组织评标专家复核。当另外组织评标专家复核后，结果属实的，废标决定没有错误的，财政局应驳回投标人的投诉，维持招标公司的废标决定。

评标的原则

4.2.3 评标方法 ·· ●

1．经评审的最低投标价法

经评审的最低投标价法是指评标委员会对满足招标文件实质性要求的投标文件，根据对所有投标人的质量和进度目标、技术目标以及资信情况等量化因素及量化标准进行价格折算，按照经评审的投标价由低到高的顺序推荐中标候选人，或根据招标人授权直接确定中标人，但投标报价低于其成本的除外。经评审的投标价相等时，投标报价低的优先；投标报价也相等的，由招标人或其授权的评标委员会自行确定。

经评审的最低投标价法一般适用于具有通用技术、性能标准或者招标人对其技术、性能没有特殊要求的招标项目。

一般评标办法见表 4-1，具体以招标文件、标前会议纪要、评标定标办法及细则、工程标底、其他有关资料要求为准。

评标办法表   表 4-1

要点	评审元素	评审标准
形式评审标准	投标人名称	与营业执照、资质证书、安全生产许可证一致
	投标函签字盖章	有法定代表人或其委托代理人签字或加盖单位章
	投标文件格式	符合招标文件"投标文件格式"的要求
	联合体投标人	联合体投标人提交联合体协议书，并明确联合体牵头人（如果有）
	报价唯一	只能有一个有效报价
	……	……
资格评审标准	营业执照	具备有效的营业执照
	安全生产许可证	具备有效的安全生产许可证
	资质等级	符合招标文件规定
	财务状况	符合招标文件规定
	类似项目业绩	符合招标文件规定
	信誉	符合招标文件规定
	项目经理	符合招标文件规定
	其他要求	符合招标文件规定
	联合体投标人	符合招标文件规定
	……	……

续表

要点	评审元素	评审标准
响应性评审标准	投标内容	符合招标文件规定
	工期	符合招标文件规定
	工程质量	符合招标文件规定
	投标有效期	符合招标文件规定
	投标保证金	符合招标文件规定
	符合第二章"投标人须知"第 1.3.3 项规定	符合招标文件规定
	权利义务	符合招标文件规定
	已标价工程量清单	符合招标文件规定
	技术标准和要求	符合招标文件规定
	……	……
施工组织设计和项目管理机构评审标准	施工方案与技术措施	……
	质量管理体系与措施	……
	安全管理体系与措施	……
	环境保护管理体系与措施	……
	工程进度计划与措施	……
	资源配备计划	……
	技术负责人	……
	其他主要人员	……
	施工设备	……
	试验检测仪器设备	……
详细评审标准	招标文件评标办法	招标文件评标办法

2．综合评估法

不宜采用经评审的最低投标价法的招标项目，一般应当采取综合评估法进行评审。评标委员会对满足招标文件实质性要求的投标文件，按照规定的评分标准进行打分，并按得分由高到低的顺序推荐中标候选人，或根据招标人授权直接确定中标人，但投标报价低于其成本的除外。综合评分相等时，以投标报价低的优先；投标报价也相等的，由招标人或其授权的评标委员会自行确定。

衡量投标文件是否最大限度地满足招标文件中规定的各项评价标准，可以采取折算为货币的方法、打分的方法或者其他方法。需量化的因素及其权重应当在招标文件中明确规定。综合评估法的详细条款可参考表 4-2。

综合评估办法表 表 4-2

要点	评审因素	评审标准
形式评审标准	投标人名称	与营业执照、资质证书、安全生产许可证一致
	投标函签字盖章	有法定代表人或其委托代理人签字或加盖单位章
	投标文件格式	符合招标文件中"投标文件格式"的要求
	报价唯一	只能有一个有效报价
	……	……
资格评审标准	营业执照	具备有效的营业执照
	安全生产许可证	具备有效的安全生产许可证
	资质等级	符合招标文件中"投标人须知"规定
	项目经理	符合招标文件中"投标人须知"规定
	财务要求	符合招标文件中"投标人须知"规定
	业绩要求	符合招标文件中"投标人须知"规定
	其他要求	符合招标文件中"投标人须知"规定
	……	……
响应性评审标准	投标报价	符合招标文件中"投标人须知"规定
	投标内容	符合招标文件中"投标人须知"规定
	工期	符合招标文件中"投标人须知"规定
	工程质量	符合招标文件中"投标人须知"规定
	投标有效期	符合招标文件中"投标人须知"规定
	投标保证金	符合招标文件中"投标人须知"规定
	权利义务	符合招标文件中"合同条款及格式"规定
	已标价工程量清单	符合招标文件中"工程量清单"给出的范围及数量
	技术标准和要求	符合招标文件中"技术标准和要求"规定
	……	……
综合得分分值构成（总分 100 分）		施工组织设计： 分 项目管理机构： 分 投标报价： 分 其他评审因素： 分
评标基准价计算方法		
投标报价的偏差率计算公式		
施工组织设计评分标准	施工方案与技术措施	……
	质量管理措施	……
	安全管理措施	……
	环境保护管理与措施	……
	工程进度计划与措施	……
	资源配置计划	……
	……	……

续表

要点	评审因素	评审标准
项目管理机构评分标准	项目经理任职资格与业绩	……
	技术负责人任职资格与业绩	……
	其他主要人员	……
投标报价评分标准	投标总价偏差	……
	分部分项偏差	……
其他因素评分标准	……	……

评标的方法

4.2.4 评标程序 ●

评标，就是由招标人依法组建的评标委员会，根据招标文件中规定的评标办法、评标标准对所有的投标文件进行评审和比较，并向招标人书面报告评标结果，推荐中标人。评标工作是招标工作的关键所在，一般分为初步评审和详细评审。

1．初步评审

初步评审是指从所有能进入评标的投标文件中筛选出符合最低要求的合格投标文件，剔除所有无效的投标文件，从而减少详细评审阶段的工作量，以保证评审工作的顺利进行。

初步评审工作内容包括：

（1）形式评审

形式评审是指根据评标办法前附表中规定的评审因素和评审标准，对投标人名称、投标函签字盖章、投标文件格式、联合体投标（如有）以及报价的唯一性（如果规定）等进行的评审。

（2）资格评审

如果事先未对投标人进行资格预审，则资格评审的内容包括：营业执照、安全生产许可证、资质等级、财务状况、类似项目业绩、项目经理及其他要求，如果投标人已经经过资格预审筛选，则主要评审投标人通过预审后，在资质、财务、信誉及联合体成员组成等方面是否发生重大变化。

（3）响应性评审

响应性评审是指对投标人是否在实质上响应招标文件的要求进行的评审。虽然不同的招标文件对响应性指标有不同的要求，但其主要内容通常包括：投标内容、工期、质量、投标保证金的金额及有效期、双方的权利及义务、已标价的工程量清单、技术标准和要求、投标价格（是否超出招标控制价）和分包计划等。

未能在实质上响应的投标文件，评标委员会专家应否定其投标文件。而所谓的"投标文件实质上响应招标文件的要求"的本质就是投标文件中不能出现"重大偏差"。

我国七部委颁布的《评标委员会和评标方法暂行规定》（2013年修改版）第二十四至二十六条有如下规定：

评标委员会应当根据招标文件，审查并逐项列出投标文件的全部投标偏差。

投标偏差分为重大偏差和细微偏差。

下列情况属于重大偏差：

1）没有按照招标文件要求提供投标担保或者所提供的投标担保有瑕疵。

2）投标文件没有投标人授权代表签字和加盖公章。

3）投标文件载明的招标项目完成期限超过招标文件规定的期限。

4）明显不符合技术规格、技术标准的要求。

5）投标文件载明的货物包装方式、检验标准和方法等不符合招标文件的要求。

6）投标文件附有招标人不能接受的条件。

7）不符合招标文件中规定的其他实质性要求。

投标文件有上述情形之一，未能对招标文件作出实质性响应的，其投标应当被否决。当然，招标文件对重大偏差另有规定的，从其规定。

细微偏差是指投标文件在实质上响应招标文件要求，但在个别地方存在漏项或者提供了不完整的技术信息和数据等情况，并且补正这些遗漏或者不完整不会对其他投标人造成不公平的结果。细微偏差不影响投标文件的有效性。

评标委员会应当书面要求存在细微偏差的投标人在评标结束前予以补正。拒不补正的，在详细评审时可以对细微偏差做不利于该投标人的量化。量化标准应当在招标文件中规定。

（4）施工组织设计和项目管理机构评审

对投标人的施工组织设计和项目管理机构进行的评审内容通常包括施工方案、项目各目标的管理体系及相应的保证措施、进度计划、人材机的配备计划等。

（5）判断投标文件是否为有效投标文件

评标委员会根据招标文件中列示的否决投标条件判断投标人的投标文件是否为有效投标文件。根据《招标投标法实施条例》第五十一条规定，有下列情形之一的，评标委员会应当否决其投标：

1）投标文件未经投标单位盖章和单位负责人签字；

2）投标联合体没有提交共同投标协议；

3）投标人不符合国家或者招标文件规定的资格条件；

4）同一投标人提交两个以上不同的投标文件或者投标报价，但招标文件要求提交备选投标的除外；

5）投标报价低于成本或者高于招标文件设定的最高投标限价；

6）投标文件没有对招标文件的实质性要求和条件作出响应；

7）投标人有串通投标、弄虚作假、行贿等违法行为。

（6）算术错误修正

评标委员会应依据招标文件中规定的相关原则对投标报价中存在的算术错误进行修正，并根据算术错误修正结果计算评标价。除招标文件另有约定外，应当按下述原则进行修正：

1）用数字表示的数额与用文字表示的数额不一致时，以文字数额为准。

2）单价与工程量的乘积与总价之间不一致时，以单价为准。若单价有明显的小数点错位应以总价为准，并修改单价。

按上述规定调整后的报价经投标人确认后产生约束力。

（7）澄清、说明或补正

在初步评审过程中，评标委员会可以书面方式要求投标人对投标文件中含义不明确、对同类问题表述不一致或者有明显文字和计算错误的内容做必要的澄清、说明或者补正。投标人应当根据问题澄清通知要求，以书面形式予以澄清、说明或者补正，但不得改变投标文件的实质性内容，也不得通过修正或撤销其不符合要求的差异或保留，使原先没有实质上响应的投标成为具有响应性的投标。评标委员会不得向投标人提出带有暗示性或诱导性的问题，或向其明确投标文件中的遗漏和错误。评标委员会不接受投标人主动提出的澄清、说明或补正。澄清、说明和补正不得改变投标文件的实质性内容。投标人的书面澄清、说明和补正属于投标文件的组成部分。澄清说明通知可参照以下格式：

问题澄清通知

_____（投标人名称）：

_____（项目名称）_____标段施工招标的评标委员会，对你方的投标文件进行了仔细审查，现需你方对下列问题以书面形式予以澄清：

1.

2.

……

请将上述问题的澄清于_____年_____月_____日_____时前递交至_____

_____（详细地址）。

评标工作组负责人：_____（签字）

_____年_____月_____日

投标人资格条件不符合国家有关规定和招标文件要求的，或者拒不按照要求对投标文件进行澄清、说明或者补正的，评标委员会可以否决其投标。

2. 详细评审

只有通过了初步评审、被判定为合格的投标方可进行详细评审。

详细评审的内容要依据招标文件中规定的评标方法来确定，不能一概而论。详细评审可以采用经评审的最低投标价法或综合评估法。

在详细评审过程中，评标委员会要判定各投标报价是否低于成本价，低于成本价的，评标委员会应当否决其投标。投标人成本价的计算和评审办法应该在招标文件中载明。

评标委员会经过初步评审和详细评审，否决不合格投标后，因有效投标不足三个使得投标明显缺乏竞争的，评标委员会可以否决全部投标。投标人少于三个或者所有投标被否决的，招标人应当依法重新招标。

3. 评标报告

评标委员会完成评标后，应当向招标人提交书面评标报告，并抄送有关行政监督部门。

评标报告一般包括以下内容：基本情况和数据表；评标委员会成员名单；开标记录；符合要求的投标一览表；废标情况说明；评标标准、评标方法或者评标因素一览表；经评审的价格或者评分比较一览表；经评审的投标人排序；推荐的中标候选人名单与签订合同前要处理的事宜；澄清、说明、补正事项纪要。

评标报告由评标委员会全体成员签字。对评标结论有异议的，评标委员可以书面阐述其不同意见和理由。评标委员会成员拒绝在评标报告上签字且不陈述其不同意见和理由的，视为同意评标结论。评标委员会应当对此作出书面说明并记录在案。

评标的程序

4. 评标委员会解散

向招标人提交书面评标报告后，评标委员会即告解散。评标过程中使用的文件、表格以及其他资料应当及时归还招标人。

任务 4.3　建设工程定标

 **知识目标**

了解和熟悉建设工程项目定标的内容与法律约束。

 能力目标

能按法规要求完成定标工作。

 **素质目标**

培养专业素质过硬、严格遵守法律法规的职业精神。

情境导入

评标完成后，小丁收到了评标委员会递交的评标报告，小丁接下来还要完成什么工作？应该怎么做呢？

4.3.1　定标

定标（又称决标、中标）是指招标人根据评标委员会的评标报告，在推荐的中标候选人中最后确定中标人。

4.3.2　评标中标期限

评标中标期限（投标有效期）是指从投标截止之日起到公布中标之日止的一段时间。按照国际惯例，一般为 90 ~ 120 天。在投标有效期内投标人的投标文件应保持有效。

我国《房屋建筑和市政基础设施工程施工招标投标管理办法》第四十三条规定，招标人应当在投标有效期截止时限 30 日前确定中标人。投标有效期应当在招标文件中载明。

《招标投标法》规定，中标人的投标应当符合下列条件之一：

（1）能够最大限度地满足招标文件中规定的各项综合评价标准。

（2）能够满足招标文件的实质性要求，并且经评审的投标价格最低，但是投标价格低于成本的除外。

4.3.3 定标程序

1．确定中标人

（1）确定中标人依法必须进行招标的项目，招标人应当自收到评标报告之日起三日内公示中标候选人，公示期不得少于三日。招标人不得私自与投标人进行实质性谈判。

（2）在确定中标人之前，招标人不得与投标人就投标价格，投标方案等实质性内容进行谈判。

（3）国有资金占控股或者主导地位的项目，招标人应当确定排名第一的中标候选人为中标人。排名第一的中标候选人放弃中标、因不可抗力提出不能履行合同，或者招标文件规定应当提交履约保证金而在规定的期限内未能提交，或者被查实存在影响中标结果的违法行为等情形不符合中标条件的招标人可以按照评标委员会提出的中标候选人名单排序依次确定其他中标候选人为中标人。依次确定其他中标候选人与招标人预期差距较大，或者对招标人明显不利的，招标人可以重新招标。

（4）招标人可以授权评标委员会直接确定中标人。

（5）投标人提出异议

投标人或者其他利害关系人对依法必须进行招标的项目的评标结果有异议的，应当在中标候选人公示期间提出。招标人应当自收到异议之日起三日内作出答复；作出答复前，应当暂停招投标活动。

（6）招投标结果的备案

招标人应当自确定中标人之日起15日内，向有关行政监督部门提交招投标情况的书面报告，并进行备案。

2．中标通知书

（1）中标通知书的性质

投标人提交的投标属于一种要约，招标人的中标通知书则为对投标人要约的承诺。

（2）中标通知书的法律效力

招标人改变中标结果，变更中标人，实质上是一种单方面撕毁合同的行为；投标人放弃中标项目，则是一种不履行合同的行为。两种行为都属于违约行为，所以应当承担违约责任。

中标通知书可参照以下格式编制：

中标通知书

_____（中标人名称）：

你方于_____（投标日期）所递交的_____（项目名称）投标文件已被我方接受，被确定为中标人。

中标价：_____元。

工期：_____日历天。

工程质量：符合_____标准。

项目经理：_____（姓名）。

请你方在接到本通知书后的_____日内到_____（地址）与我方签订承包合同，在此之前按招标文件第 × 章"投标人须知"第×× 规定向我方提交履约担保。

招标人：_____（盖章）

法定代表人：_____（签字）

_____年_____月_____日

3．中标无效

（1）违法行为直接导致中标无效

1）投标人相互串通投标，投标人与招标人串通投标的，投标人以向招标人或者评标委员会行贿的手段谋取中标的，中标无效。

2）投标人以他人名义投标或者以其他方式弄虚作假，骗取中标的，中标无效。

3）招标人在评标委员会依法推荐的中标候选人以外确定中标人的，依法必须进行招标的项目在所有投标被评标委员会否决后自行确定中标人的，中标无效。

（2）违法行为影响中标结果导致中标无效

1）招标代理机构违反本法规定，泄露应当保密的与招投标活动有关的情况和资料，或者与招标人、投标人串通损害国家利益、社会公共利益或者他人合法权益的行为影响中标结果的，中标无效。

2）招标人向他人透露已获取招标文件的潜在投标人的名称、数量或者可能影响公平竞争的有关招投标的其他情况，或者泄露标底的行为影响中标结果的，中标无效。

3）依法必须进行招标的项目，招标人违反本法规定，与投标人就投标价格、投标方案等实质性内容进行谈判的行为影响中标结果的，中标无效。

4．签订合同

（1）主要条款应当与招标文件和中标人的投标文件内容一致

招标人和中标人应当规定签订书面合同，合同的标的、价款、质量、履行期限等主要条款应当与招标文件和中标人的投标文件内容一致。

（2）签订书面合同

招标人和中标人应当自中标通知书发出之日起 30 日内，按照招标文件和中标人的投标文件订立书面合同。书面合同签订后，应退还投标保证金（是否含息以招标文件为准）。

（3）履约保证金

招标文件要求中标人提交履约保证金的，中标人应当按照招标文件的要求提交。履约保证金不得超过中标合同金额的 10%。

（4）中标人不得向他人转让中标项目

签订合同后中标人不得向他人转让中标项目，也不得将中标项目肢解后分别向他人转让。中标人按照合同约定或者经招标人同意，可以将中标项目的部分非主体、非关键性工作分包给他人完成。接受分包的人应当具备相应的资格条件，并不得再次分包。中标人应当就分包项目向招标人负责，接受分包的人就分包项目承担连带责任。

建设工程定标

单元小练

一、单选题

1. 投标人编制好投标文件后，应按招标文件规定的开标时间参加开标会议，开标会议一般由（　　）参加。

A. 投标文件编制小组负责人　　　　　　B. 经营科经理

C. 项目经理　　　　　　D. 企业法定代表人或其授权代理人

2. 中标通知书是一种（　　）。

A. 要约　　　　　　B. 承诺

C. 要约邀请　　　　　　D. 再要约

3. 中标人应当由（　　）确定。

A. 仲裁委员会　　　　　　B. 招标代理机构

C. 政府招投标办　　　　　　　　　D. 招标人

4. 工程招投标评标委员会是由有关技术、经济等方面专家组成，成员人数应为5 人以上单数，其中经济技术方面的专家不得少于成员总数的（　　　）。

A. 二分之一　　　　　　　　　　B. 三分之一

C. 五分之二　　　　　　　　　　D. 三分之二

5. 根据我国《招标投标法》的规定，开标会应由（　　　）主持。

A. 招标人　　　　　　　　　　　B. 招标管理部门

C. 评标专家　　　　　　　　　　D. 公证人

6. 评标委员会应由招标人组织，人数为（　　　）人以上单数专家组成。

A.3　　　　　　　　　　　　　　B.5

C.7　　　　　　　　　　　　　　D.9

7. 招标信息公开是相对的，对于一些需要保密的事项是不可以公开的。如（　　　）在确定中标结果之前就不可以公开。

A. 评标委员会成员名单　　　　　B. 投标邀请书

C. 资格预审公告　　　　　　　　D. 招标活动的时间安排

8. 下列哪项内容在开标前不应公开（　　　）。

A. 招标信息　　　　　　　　　　B. 开标程序

C. 评标委员会成员的名单　　　　D. 评标标准

9. 我国《招标投标法》规定，开标时间应为（　　　）。

A. 提交投标文件截止时间　　　　B. 提交投标文件截止时间的次日

C. 提交投标文件截止时间的 7 日后　　D. 其他约定时间

10. 关于评标委员会成员的义务，下列说法中错误的是（　　　）。

A. 评标委员会成员应当客观公正地履行职务

B. 评标委员会成员不得接触投标人

C. 评标委员会成员不得透露对投标文件的评审情况

D. 评标委员会成员可以透露中标候选人的推荐情况

二、多选题

1. 关于中标通知书的说法正确的是（　　　）。

A. 中标通知书由招标人发出

B. 中标通知书只对中标人具有法律效力

C. 中标通知书就是工程量清单与报价表

D. 中标通知书只对招标人具有法律效力

E. 中标通知书发出 30 日内招标人与中标人应签订合同

2. 评标委员会除部分招标人代表加入外还应从专家库中随机抽选，包括（　　　）等方面的专家。

A. 资源管理   B. 技术

C. 财务   D. 经济

E. 法律

3. 根据我国《招标投标法》的规定，开标会应有（　　　）等单位及部门参加。

A. 招标人   B. 招标管理部门

C. 投标人   D. 公证人

E. 设计单位

4. 投标人接到中标通知书后，中标人与发包人依据（　　　）签订工程施工合同。

A. 投标文件   B. 招标文件

C. 协议书   D. 合同条款

E. 施工方案

5. 在建设工程招标中，中标人的投标应当符合下列（　　　）条件之一。

A. 能够最大限度地满足招标文件中规定的各项综合评价标准

B. 能够满足招标文件的实质性要求，并且经评审的投标价格最低，但是投标价格低于成本的除外

C. 能够满足招标文件的实质性要求，并且经评审的投标价格最低，不考虑投标价格是否低于成本

D. 能够满足招标文件的实质性要求，并且投标价格最低

E. 只要投标价格最低即可

6. 某建设项目招标，评标委员会由一名招标人代表和三名技术、经济等方面的专家组成，这一组成不符合《招标投标法》的规定，则下列关于评标委员会重新组成的做法中，正确的有（　　　）。

A. 减少一名招标人代表，专家不再增加

B. 减少一名招标人代表，再从专家库中抽取一名专家

C. 不减少招标人代表，再从专家库中抽取一名专家

D. 不减少招标人代表，再从专家库中抽取两名专家

E. 不减少招标人代表，再从专家库中抽取三名专家

7. 评标委员会应当以书面形式要求投标人作出必要的澄清说明或者补正的情形包括（　　　）。

A. 投标文件中含义不明确

B. 投标文件中同类问题表述不一致

C. 投标文件中有明显文字错误的内容

D. 投标文件中有明显计算错误的内容

E. 投标文件缺少法人或法人代表签字盖章

三、判断题

1.联合体中标的，联合体各方应当分别与招标人签订合同，就中标项目向招标人承担连带责任。　　　　　　　　　　　　　　　　　　（　　　）

2.评标时招标方有权向投标方质疑，请投标方澄清其投标内容。　（　　　）

3.开标时，由招标人或者其推选代表检查投标文件的密封情况。　（　　　）

4.评标时投标人澄清的答复可以是书面的或口头的，并作为投标文件的一部分。　　　　　　　　　　　　　　　　　　　　　　　　　（　　　）

5.开标会由招标人组织并主持，邀请所有投标人参加。　　　　（　　　）

6.由招标人或评标委员会确定中标人。　　　　　　　　　　　（　　　）

7.中标书发出后，招标人可以另定中标人。　　　　　　　　　（　　　）

8.评标委员会要求投标人对投标文件进行澄清的，必须照办，否则作废标处理。　　　　　　　　　　　　　　　　　　　　　　　　　　（　　　）

9.在招标人的邀请下，评标委员会成员可以参加开标活动。　　（　　　）

模块 3
建设工程合同管理

单元5　建设工程施工合同管理

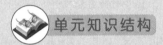 单元知识结构

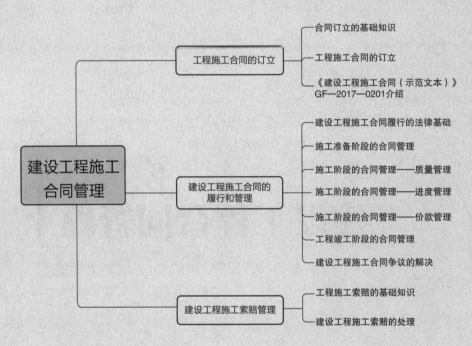

任务 5.1　工程施工合同的订立

知识目标

了解合同的构成要素，合同订立的过程，合同生效的要件，一般合同书的主要内容。

熟悉施工合同订立的过程，施工合同选用的形式及示范文本，施工合同的效力。

掌握《建设工程施工合同（示范文本）》的构成部分，协议书、通用条款、专用条款、附件的主要内容及适用。

能力目标

能写出一般合同书的一级条款。

能为施工合同的签订准备适合、完整的文本。

素质目标

培养一丝不苟、严谨细致、重视细节、精益求精的职业精神。

培养诚实守信、客观公正、坚持准则、知法守法的职业道德。

情境导入

小丁所在的施工单位上周中标了一个建设项目的工程施工，现在即将要与发包人签订合同了，领导让小丁拟定一个合同初稿，职场新人的他对这项工作如何入手开始犯难。你知道合同订立需要经历哪些流程吗？施工合同应采取什么形式？签订过程应注意什么？

5.1.1 合同订立的基础知识 ·······················●

1. 合同的构成要素

（1）合同的主体

合同主体是指参加民事法律关系，享受权利和承担义务的具有民事主体资格的人。可以是自然人、法人、非法人经济组织，在特定情况下也可能是国家。

（2）合同的客体

合同客体也称为标的，是合同主体之间据以建立民事法律关系的对象性事务。

183

主要有物、行为、智力成果、人身利益四种。

（3）合同内容

合同内容指合同主体为实现其参与民事活动的目标而界定的受法律保护的利益方式和过程。例如，某建筑公司与某钢材经销商协议购买 ×× 号螺纹钢 10t，价格 5000 元/t，签订合同后一个月内经销商送至 ×× 地点，货到付款。这个简单的协议中合同主体是建筑公司和钢材经销商，合同客体是 ×× 号螺纹钢，合同的内容是 ×× 号螺纹钢 10t，每吨 5000 元，由经销商一个月内送到 ×× 地点，货到付款。

要判断某一合同是否成立，以上三个构成要素须全部具备，即合同主体存在且应是两个以上的主体，合同客体存在且应是明确、可能实现的，合同内容存在且应是双方协商一致的。

2. 合同的形式

（1）口头形式

口头形式指合同当事人用对话的方式表达相互之间达成的协议。如到自由市场买菜，与卖家商量好价钱完成交易。口头形式的合同简单、迅捷，当事人在使用口头形式合同时应注意，即时履行的经济交易使用口头形式效果最佳，因口头形式的合同无凭证可供事后查证，对于不能及时履行的经济交易，不建议采用这种形式。

（2）书面形式

书面形式指当事人双方用书面的方式，表达合同主体通过协商一致而达成的协议，是具有凭证的协议，当事人发生纠纷时，有据可查，便于处理。关系复杂、价款或报酬数额较大的合同，应当采用书面合同。法律规定，建设工程合同应当采用书面形式。

3. 合同的订立

《民法典》第四百七十一条规定，当事人订立合同，可以采取要约、承诺方式或者其他方式。该条款规定了合同的订立的两个必经程序，要约与承诺。在实际生活和工作中，也可能伴随要约邀请的程序。

（1）要约

要约又称为发盘、出盘、发价、出价或报价，是希望与他人订立合同的意思表示，该意思表示应当符合下列规定：① 内容具体确定；② 表明经受要约人承诺，要约人即受该意思表示约束。

要约到达受要约人时生效，一经生效，要约人即受要约的约束，不得随意撤销要约或对要约随意加以限制、变更和扩张。要约可以撤回。撤回要约的通知应当在要约到达受要约人之前或者与要约同时到达受要约人。要约可以撤销。撤销要约的通知应当在受要约人发出承诺通知之前到达受要约人。要约期限由要约人决定，如果要约人没有确定要约的期限，只能根据要约的具体情况来确定具体合理期限。

（2）要约邀请

要约邀请是希望他人向自己发出要约的表示。寄送的价目表、招标公告、拍卖公告、招股说明书、债券募集办法、基金招募说明书、商业广告和宣传、寄送的价目表等都是要约邀请。当商业广告的内容符合要约规定的，视为要约。

要约与要约邀请都是意思表示，它们的区分标准主要取决于内容是否包含合同的主要条款。

如某公司发布广告："本公司有 ×× 型号汽车，欢迎订购"，构成要约邀请；若发出广告"本公司有 ×× 型号汽车，优惠价人民币十万元，付款后三个月内提车，本广告 2022 年内有效"，则构成要约。

（3）承诺

承诺是受要约人同意要约的意思表示。承诺是一种法律行为。承诺必须是要约的相对人在要约规定的有效期内以明示的方式作出，并送达要约人。

承诺的内容必须与要约的内容一致，受要约人的内容作出实质性变更的，如合同标的、数量、质量、价款或者报酬、履行期限、履行地点和方式、违约责任和解决争议方法等的变更，视为新的要约。

承诺应当在规定的期限内到达要约人，方可生效。受要约人超过承诺期限内发出承诺的，除要约人及时通知受要约人该承诺有效的以外，视为新要约。

承诺如因外界原因而延误到达，除要约人及时通知受要约人因承诺超过期限不接受该承诺外，该承诺有效。

承诺可以撤回。撤回承诺的通知应当在承诺通知到达要约人之前或者与承诺通知同时到达要约人，不能因承诺的撤回而损害受要约人的利益。

例如：张某到市场买苹果，问摊主多少钱一斤，摊主回答每斤 5 元，此时是摊主向张某作出的要约，如此时张某同意每斤 5 元，则是张某向摊主作出的承诺，如张某觉得太贵，还价每斤 4.5 元，这实际上是张某向摊主做了一次新的要约，也称为再要约，最后摊主同意每斤 4.5 元，此时是摊主向张某作出的承诺。

4．合同的生效

当承诺生效时合同成立。但合同成立不表示合同生效，生效的合同对当事人有约束力，并且受法律保护。

合同的生效应具备以下要件：

（1）主体要合格，当事人缔约是有相应的缔约能力。如订立合同主体为自然人时，应是完全民事行为能力人，限制民事行为能力人订立的合同属于效力待定，需经有权人承认才能生效；如是法人或组织机构，订立合同时应是合法成立，在核准的经营范围内从事经济活动，有相应资质，才具有法律效力。

（2）合同当事人的意思表示真实。当事人应是在理解、明确合同内容、自愿情况下订立的，不存在误解、欺诈、胁迫、乘人之危等情况。

（3）合同内容不违反法律或社会公众利益。恶意串通损害国家及集体或者第三人利益、以合法形式掩盖非法目的、损害社会公共利益的、违反法律及行政法规的强制性规定的合同均无效。

（4）具备法律、行政法规规定的必备形式要件。合同生效有以下三种形式要件：

1）成立生效。对于一般合同，当事人在合同主体、合同内容、合同形式等方面符合法律要求时，合同成立即可生效。

2）约定生效。约定生效包括附件生效和附期限生效两种情形。附生效条件的合同，自条件成就时生效；附解除条件的合同，自条件成就时失效。附生效期限的合同，自期限届至时生效。附终止期限的合同，自期限届满时失效。

如：合同中约定"本合同自＿＿年＿＿月＿＿日起生效"属于附生效期限合同。

3）批准登记生效。法律、行政法规规定应当办理批准、登记等手续生效的，应在双方签订合同后到相关部门登记或备案方可生效。如与房地产开发商签订的购房合同，一般是在登记备案手续办理完毕时生效，中外合资经营企业合同必须经过批准后才能生效。

5．一般合同书的内容

合同书是重要的法律文书，合同双方必须依法明确、具体、严格地拟定合同条款，规定各自的权利义务等。合同书一般包括四个方面内容：

（1）标题和编号。合同书的标题标明是什么合同，如"购销合同""房屋租赁合同"等，写在合同书的最前面。根据实际工作需要在标题下写合同编号。

（2）合同当事人名称。签订合同的双方或多方，即合同的主体。一般对当事人的称谓，可称作"甲方""乙方"，注意合同书中不能用"我方""你方""他方"代替。

（3）正文。合同书的正文即合同的内容，一般包括"合同条款""双方的权利义务""争议的解决办法"等。如果是条文式合同，开头部分还应简略说明签订合同的目的。合同书的条款是合同书正文中最重要的内容，一份完整的经济合同，合同条款应包含以下内容：

1）合同标的。即合同当事人权利义务共同指向的对象。如购销合同的标的是某项产品。

2）数量和质量。数量是合同标的的计量，以数字和计量单位来表示，如"钢筋10t"；质量是指合同标的的外观形态、性能、规格、等级、质地等。

3）价款或酬金。价款是指在以物和金钱为标的的有偿合同中，取得利益一方的当事人为取得该项利益，而应向对方支付的金钱。如：买钢筋付的钱。酬金是指以服务和金钱为标的的有偿合同中，取得利益的一方当事人作为取得该项利益的代价。如建设单位向监理单位支付监理服务费。

4）履行期限、地点。履行期限是指合同的义务方履行自己义务的时间，如买房贷款合同中，还款方在每个月的 10 号还款一次。履行地点是指交付或提取标的的地方。

5）履行方式。履行方式是指合同的义务方怎样履行自己的义务。如在供销合同中，供货方是一次交货，还是分批交货，是送货上门，还是购货方自提。不同的合同履行方式、履行过程不一样，必须在合同条款中约定明晰，以免合同履行过程纠纷过多。

6）违约责任。违约责任是指合同当事人一方不履行合同或履行合同义务不符合合同约定，责任方应承担的民事责任。

（4）结尾。合同书的结尾部分主要写明本合同一式几份、保管方式、有效期限、合同附件、合同签订日期，双方签名盖章等。

5.1.2　工程施工合同的订立

1. 建设工程合同的形式

由于建设工程合同的客体较特殊，体积庞大，消耗的人力、物力、财力较多，一次性投资数额较大，履行周期长，合同内容复杂，《民法典》第七百八十九条规定，建设工程合同应当采用书面形式。

工程项目的施工周期长，耗费人力物力大、生产过程与技术复杂、受自然条件及政策法规影响大，因此建设工程施工合同相较其他一般合同更特殊和复杂。建设工程施工合同条款的拟定，对于发包人和承包人来说极为不易。为了避免建设工程合同的编制者遗漏某方面的重要条款，或条款约定的责任权利不够公平合理，国家有关部门先后颁布了一些建设工程合同示范文本，作为规范性、指导性的合同文件，在全国行业范围内推荐使用。承发包双方在订立施工合同时一般都会选择国家制定好的示范文本。

目前我国采用的施工合同示范文本为住房和城乡建设部、国家工商行政管理总局联合发布的《建设工程施工合同（示范文本）》GF—2017—0201，该示范文本适用于房屋建筑工程、土木工程、线路管道和设备安装工程、装修工程等建设工程的施工承发包活动，该版本的示范文本借鉴了国际上广泛使用的国际咨询工程师联合会 FIDIC 条款、参考国家惯例、听取各方专家和技术人员的意见，经过多次反复讨论，对旧版本的内容和结构作了较大幅度的修改和调整，更突出了国际性、系统性、科学性等特点，更好地体现了示范文本应具有的完备性、平等性、合法性、协商性等原则。

2．施工合同签订的程序

对于招标发包的项目，建设工程合同的订立程序要经过要约邀请、要约和承诺三个阶段。建设单位通过招标公告或投标邀请书向投标人发出要约邀请，投标人通过投标文件形式向建设单位发出要约，建设单位经过评审后确定中标人并发出中标通知书为承诺。在实际工作中，这个过程往往较长，在发出中标通知书后，合同签订时合同的实质性内容应与中标的条件一致，不允许更改。除实质性内容以外的合同条款，双方可就工程项目的具体内容和有关条款展开谈判，最终签订合同。

对于直接发包的项目，通常发包人也要经过市场询价、对比、谈判等过程确定承包人并签订合同。

3．建设工程施工合同的效力

（1）建设工程施工合同效力的确认

根据《最高人民法院关于审理建设工程施工合同纠纷案件适用法律问题的解释（一）》（以下简称《司法解释》）第一条的规定，具有下列情形之一的，建设工程合同无效：

① 承包人未取得建设施工企业资质或者超越资质等级的。

② 没有资质的实际施工人借用有资质的建筑施工企业名义的。

③ 建设工程必须进行招标而未招标的或者中标无效的。

在实际工作中，审查建设工程合同效力时，除上述规定外，还有以下几点可以进行细化和补充：

① 施工单位无证、无照承包工程，所签订的合同无效。

② 施工单位借用、冒用、盗用营业执照、资质证书承包工程，所签订的合同

工程项目的"阴阳合同"

无效。

③ 施工单位超越经营范围、资质等级承包工程所签订的合同无效。

④ 未按国家规定的程序和批准的投资计划签订的合同无效。

⑤ 以挂靠单位自己的名义签订合同的，合同无效。

⑥ 建筑公司承包工程，将工程交给建筑队施工，所签订的合同无效；建筑队自己承包，以建筑公司名义签订合同，合同无效。

⑦ 建筑公司的分支机构对外承包工程，所签订的合同无效。

⑧ 个体建筑队，个人合伙建筑队承建的一般农用建筑，符合有关规定的，认定有效。

⑨ 具有法人资格的承包人内部分支机构所签订的合同，如果该分支机构具备一定的技术能力，对外具备一定的责任承揽能力，且在其营业执照的范围内对外签订的建设工程合同应视为承包人对其行为已授权，其签订的合同有效，并且应以该承包人的建筑资质等级结算工程款。而承包人内部职能部门对外签订的建设工程合同，属于效力待定的合同，待承包人追认后可认定有效。

（2）建设工程施工合同无效后的处理原则

建设工程施工合同与其他合同相比具有特殊性，即在合同履行过程中，承包方已将劳动力与建筑材料物化为建筑物。因此，建设工程无效后，无法适用返还财产的处理原则，只能采用折价补偿的方式进行处理。如何折价补偿，按什么标准折价补偿，是正确处理建设工程施工合同无效的关键所在。由于建设工程涉及居住、生产等多方面的安全利益，应当以建设工程是否竣工验收及验收是否合格作为折价补偿的依据。一般而言，发包方与承包方会在合同中约定工程竣工验收的方式与程序，所以，对工程是否经过竣工验收，结合双方当事人提供的验收资料或者与此有关的书面材料即可认定。但对于工程质量是否合格产生争议的，因该问题关系合同双方当事人的切身利益，且建设工程涉及较强的专业性，故极易引发争议。司法实践中，在建设工程施工合同无效的情形下，双方当事人对工程质量是否合格产生争议的，一般由人民法院委托具有法定检验资质的第三方对工程质量是否合格进行鉴定，以该鉴定作为判断工程质量合格与否的重要依据；如果双方当事人在纠纷引发前已会同工程监理方委托具有资质的第三方对工程质量是否合格作出了认定，人民法院根据证据审核的相关规定审核后，如不存在重新鉴定情形的，即可以纠纷前所作的鉴定结论确定工程质量是否合格。

建设工程施工合同无效，但工程质量经验收合格的，应当参照合同约定支付工程价款。这里的竣工验收合格，包括完工后的验收合格，同时也包括修复后的验收合格，所以也应当比照合同约定支付工程价款。如一方违约，则违约方应当赔偿对方的损失。

建设工程施工合同无效且工程质量经过验收不合格的，承包人修复后竣工验收合格，发包人请求承包人承担修复费用的，应予支持；修复后建设工程质量验收仍不合格，承包人请求支付工程价款的，不予支持。因建设工程不合格造成的损失，发包人有过错的，也应承担相应的民事责任。经修复后符合国家或者行业强制性质量标准，作为建设方可继续使用该建设工程的，此时由承包人承担由此产生的修复费用。建设工程经竣工验收不合格，且无法修复的，该建设工程已失去使用价值，只能采取拆除的方法重新建设，在此情形下，承包人要求支付工程价款的，不予支持。

5.13 《建设工程施工合同（示范文本）》GF—2017—0201 介绍

早在 1991 年，建设部和工商总局联合颁布了《建设工程施工合同（示范文本）》GF—91—0201，经过几年的实践，结合新颁布的工程建设法律法规，总结实际工程经验，于 1999 年 12 月 24 日又推出了修改后的《建设工程施工合同（示范文本）》GF—1999—0201。2010 年，国家发展改革委等九部委修改了《标准施工招标文件》，总结了前面的经验，为了更进一步地适应我国建设工程的需要，更好地与国际接轨，2013 年修订了 1999 年的示范文本，为了规范建筑市场秩序，维护建设工程施工合同当事人的合法权益，2017 年，住房和城乡建设部、国家工商行政管理总局对 2013 年版本的示范文本进行了修订，制定了《建设工程施工合同（示范文本）》GF—2017—0201，并于 2017 年 10 月 1 日起执行，沿用至今。示范文本从法律性质上并不具备强制性，但由于其较为公平合理地设定了合同双方的权利义务，因此得到了较为广泛的应用。

《建设工程施工合同（示范文本）》GF—2017—0201（以下简称《示范文本》）由合同协议书、通用合同条款、专用合同条款三部分组成。

1．合同协议书

合同协议书是《示范文本》中总纲性文件。该部分文字量不大，但它规定了合同当事人双方最主要的权利与义务，规定了组成合同的文件及合同当事人履行合同的承诺，合同当事人要在协议书末签字盖章，它在施工合同文件中具有最优先的解释效力。

协议书包含 13 条内容：工程概况、合同工期、质量标准、签约合同价和合同价格形式、项目经理、合同文件的构成、承诺、词语含义、签订时间、签订地点、补充协议、合同生效、合同份数。

2．通用合同条款

通用条款是合同当事人根据《建筑法》《民法典》(合同编)《中华人民共和国招标投标法》等法律法规的规定,结合工程建设的实施及相关事项,对合同当事人的权利义务做出的原则性约定。条款安排既考虑了现行法律法规对工程建设的有关要求,也考虑了建设工程施工管理的特殊需要,基本适用于各类建设工程的施工承发包,可在每个项目中反复使用。在施工合同拟定时,可以不加修改地引用示范文本的通用合同条款。《建设工程施工合同(示范文本)》GF—2017—0201 的通用合同按四级编码,条款共计 20 条,117 个二级条款。具体条款及内容详见表 5-1。

《建设工程施工合同(示范文本)》GF—2017—0201 通用条款内容　　表 5-1

条款	二级条款内容
1. 一般约定	1.1 词语定义与解释、1.2 语言文字、1.3 法律、1.4 标准和规范、1.5 合同文件的优先顺序、1.6 图纸和承包人文件、1.7 联络、1.8 严禁贿赂、1.9 化石、文物、1.10 交通运输、1.11 知识产权、1.12 保密、1.13 工程量清单错误的修正
2. 发包人	2.1 许可或批准、2.2 发包人代表、2.3 发包人人员、2.4 施工现场、施工条件和基础资料的提供、2.5 资金来源证明及支付担保、2.6 支付合同价款、2.7 组织竣工验收、2.8 现场统一管理协议
3. 承包人	3.1 承包人的一般义务、3.2 项目经理、3.3 承包人员、3.4 承包人现场勘察、3.5 分包、3.6 工程照管与成品、半成品保护、3.7 履约担保、3.8 联合体
4. 监理人	4.1 监理人的一般规定、4.2 监理人员、4.3 监理人的指示、4.4 商定或确定
5. 工程质量	5.1 质量要求、5.2 质量保证措施、5.3 隐蔽工程检查、5.4 不合格工程的处理、5.5 质量争议检测
6. 安全文明施工与环境保护	6.1 安全文明施工、6.2 职业健康、6.3 环境保护
7. 工期和进度	7.1 施工组织设计、7.2 施工进度计划、7.3 开工、7.4 测量放线、7.5 工期延误、7.6 不利物资条件、7.7 异常恶劣的气候条件、7.8 暂停施工、7.9 提前竣工
8. 材料与设备	8.1 发包人供应材料与工程设备、8.2 承包人采购材料与工程设备、8.3 材料与工程设备的接收与拒绝、8.4 材料与工程设备的保管与使用、8.5 禁止使用不合格的材料和工程设备、8.6 样品、8.7 材料与工程设备的替代、8.8 施工设备和临时设施、8.9 材料与设备的专用要求
9. 试验与检验	9.1 试验设备与试验人员、9.2 取样、9.3 材料、工程设备和工程的试验与检验、9.4 现场工艺试验
10. 变更	10.1 变更的范围、10.2 变更权、10.3 变更程序、10.4 变更估价、10.5 承包人的合理化建议、10.6 变更引起的工期调整、10.7 暂估价、10.8 暂列金额、10.9 计日工
11. 价格调整	11.1 市场价格波动引起的调整、11.2 法律变化引起的工期调整
12. 合同价格、计量与支付	12.1 合同价格形式、12.2 预付款、12.3 计量、12.4 工程进度款支付、12.5 支付账户
13. 验收和工程试车	13.1 分部分项工程验收、13.2 竣工验收、13.3 工程试车、13.4 提前交付单位工程的验收、13.5 施工期运行、13.6 竣工退场
14. 竣工结算	14.1 竣工结算申请、14.2 竣工结算审核、14.3 甩项竣工协议、14.4 最终结清

续表

条款	二级条款内容
15. 缺陷责任与保修	15.1 工程保修的原则、15.2 缺陷责任期、15.3 质量保证金、15.4 保修
16. 违约	16.1 发包人违约、16.2 承包人违约、16.3 第三人造成的违约
17. 不可抗力	17.1 不可抗力的确认、17.2 不可抗力的通知、17.3 不可抗力后果的承担、17.4 因不可抗力解除合同
18. 保险	18.1 工程保险、18.2 工伤保险、18.3 其他保险、18.4 持续保险、18.5 保险凭证、18.6 未按约定投标的补缴、18.7 通知义务
19. 索赔	19.1 承包人的索赔、19.2 对承包人索赔的处理、19.3 发包人的索赔、19.4 对发包人索赔的处理、19.5 提出索赔的期限
20. 争议解决	20.1 和解、20.2 调节、20.3 争议评审、20.4 仲裁或诉讼、20.5 争议解决条款效力

3. 专用合同条款

专用合同条款是对通用合同条款的细化、完善、补充、修改或另行约定。考虑到每一个建设工程的内容各不相同，工期、造价也随之变动，承包、发包人各自的能力、施工现场的环境和条件也各不相同，通用条款不能完全适用于各个具体工程，可以通过双方谈判、协商约定专用条款的内容，使通用条款和专用条款成为双方统一意愿的体现。

专用合同条款的条款号与通用条款相一致，条款中横道线空白处，合同当事人可针对相应的通用条款进行细化、完善、补充、修改或另行约定，也可填写"无"或划"/"表示无细化、完善、补充、修改或另行约定的内容。值得注意的是，在拟定专用合同条款时，应当尊重通用合同条款的原则要求和权利义务的基本安排，避免对通用合同条款进行颠覆性修改，否则会背离该合同的原则和系统性，出现权利义务不平衡、与示范文本起草的初衷不符合等问题。

4. 附件

《示范文本》中的附件是对施工合同当事人权利义务的进一步明确，并且使得当事人的有关工作一目了然，便于执行和管理。附件分为两部分：一个协议书附件及十个专用合同条款附件。

（1）协议书附件：承包人承揽工程项目一览表。

（2）专用合同条款附件：发包人供应材料设备一览表、工程质量保修书、主要建设工程文件目录、承包人用于本工程施工的机械设备表、承包人主要施工管理人员表、分包人主要施工管理人员表、履约担保格式、预付款担保格式、支付担保格式、暂估价一览表。

示范文本中的附件是提供有可能使用到的附件格式，在施工合同签订时，并不一定每个附件都需要填写，可根据双方协商的情况及实际需要选择相应的附件。

《建设工程施工合同(示范文本)》GF—2017—0201的含义及构成

任务 5.2　建设工程施工合同的履行和管理

 知识目标

了解施工合同履行的法律基础；熟悉施工准备阶段的合同管理内容；熟悉施工阶段合同管理的内容；熟悉施工竣工阶段的合同管理内容。

 能力目标

能进行施工的质量管理；能进行施工的进度管理；能进行施工的价款管理。

 素质目标

培养一丝不苟、严谨细致、重视细节、精益求精的职业精神；培养诚实守信、客观公正、坚持准则、知法守法的职业道德。

 情境导入

小丁单位所中标的施工总承包项目马上要开始施工了，他被派到施工现场协助项目经理进行工程管理，职场新人的他感到很忐忑：工程施工合同履行过程中合同管理的要点有哪些呢？

5.2.1 建设工程施工合同履行的法律基础 ·························· ●

1．合同履行的原则

各类合同履行都应具有的共性要求，根据《民法典》的规定，在合同履行过程中必须遵循两个基本原则：

（1）全面履行原则

全面履行原则是指合同当事人应当按照合同的约定全面履行自己的义务，包括履行义务的主体、标的、数量、质量、价款或者报酬以及履行的方式、地点、期限

等，都应按照合同的约定全面履行，全面地完成合同义务。

（2）诚实信用原则

诚实信用原则是指在合同履行过程中，合同当事人讲究信用，根据合同的性质、目的和交易习惯履行通知、协助、保密等义务，在不损害他人利益和社会利益的前提下追求自己的利益。

2．合同的担保

合同担保是法律规定的或由双方当事人协商约定的确保合同按约履行所采取的具有法律效力的一种保障。我国《民法典》规定的合同担保方式有保证、抵押、质押、留置和定金。

（1）保证

保证是指保证人和债权人约定，当债务人不履行债务时，保证人按照约定履行债务或者承担责任的行为。如甲从银行贷款，乙为甲提供保证，当甲贷款逾期不还时，乙承担偿还责任。保证担保的范围包括主债权及利息、违约金、损害赔偿金和实现债权的费用。当事人对保证担保的范围没有约定或者约定不明确的，保证人应当对全部债务承担责任。

（2）抵押

抵押是指债务人或者第三人不转移对财产的占有，将该财产作为债权的担保。债务人不履行债务时，债权人有权将该财产折价拍卖或者变卖，并从卖得的价款中优先受偿。在抵押中，债务人或者第三人称为抵押人，债权人称为抵押权人，提供担保的财产称为抵押物。如李某向银行贷款购买房产，并将所购买的房产向银行抵押，双方签订了贷款合同并到房产管理部门办理了抵押登记手续，房子仍由李某居住，但银行持有该抵押房产的《他项权证》，当李某不能按合同约定按时还款，银行有权将抵押的房产进行拍卖或变卖并从所得的价款中获得优先受偿。

（3）质押

质押是指债务人或者第三人将其动产移交债权人占有，将该动产作为债权的担保。当债务人不履行债务时，债权人有权以该动产折价或者以拍卖、变卖该动产的价款优先受偿。在质押中，债务人或者第三人称为出质人，债权人称为质权人，移交的动产称为质物。质押物可以是：汇票、支票、本票、债权、存款单、仓单、提单；依法可以转让的股票、股份；依法可以转让的商标专用权、专利权、著作权中的财产权；依法可以质押的其他权利。

（4）留置

留置是指债权人按照合同约定占有债务人的动产，在债务人逾期不履行债务时，债权人有权依法留置该财产，以该财产折价或者以拍卖、变卖该财产的价款优先受偿。留置担保的范围包括主债权及利息、违约金、损害赔偿金、留置物报关费用和实现留置权的费用。因保管合同、运输合同、加工承揽合同发生的债权，债务人不履行债务的，债权人有留置权。如：甲在乙处定做了一套家具，乙做完后甲没有按约定付清全部款项，乙将家具留在自己手里没有给甲，即为留置。

（5）定金

定金是指当事人双方为保证债务的履行，约定一方向对方给付定金作为债权的担保。债务人履行债务后，定金应当抵作价款或者由支付方收回。定金不得超过合同标的的 20%，给付定金的一方不履行约定的债务，无权要求返还定金；收受定金的一方不履行约定的债务，双倍返还定金。

3．合同履行中的抗辩权

《民法典》中的抗辩权是指在合同履行过程中，债务人对债权人的履行请求权加以拒绝或者反驳的权利。抗辩权是为了维护合同当事人双方在合同履行过程中的利益平衡而设立的一项权利。作为债务人的一种有效的保护手段，合同履行中的抗辩权要求对方承担及时履行、提供担保等责任，可以避免自己在履行合同义务后得不到对方履行的风险，从而维护了债务人的合法权益。在合同履行的过程中，合同当事人均拥有抗辩权。

合同当事人在合同履行过程中享有以下三种抗辩权：

（1）同时履行抗辩权

同时履行抗辩权指在合同当事人双方互负债务，当一方不履行或者有可能不履行时，另一方可以据此拒绝对方的履行要求。也就是我们常说的"一手交钱一手交货"。如：甲建筑公司与乙建材公司签订了材料买卖合同，约定提货时付款。甲建筑公司提货时称公司出纳突发情况请假，不能即时转账，要求先提货，过两天再转账支付货款，乙公司拒绝了甲公司的要求。此时，乙公司行使的是同时履行抗辩权。

（2）先履行抗辩权

先履行抗辩权指当事人互负债务，有先后履行顺序，先履行的一方未履行的，后履行的一方有权拒绝其履行要求。先履行一方履行债务不符合约定的，后履行的一方有权拒绝其相应的履行要求。

如：甲建筑公司与乙建材公司签订了买卖合同，约定甲公司向乙订购价值 100 万元的建材，甲公司在 7 月 1 日前预先支付货款 40 万元，乙公司于 10 月 10 日将建材送达甲公司指定地点，乙公司在验收无误后于三日内一次性付清余款。后面甲公司以资金暂时周转困难为由，未按合同约定预先支付货款 40 万元，10 月 10 日时甲公司要求乙公司交付建材，乙公司拒绝交付。此时，乙公司行使的是先履行抗辩权。

（3）不安抗辩权

不安抗辩权指合同当事人互负债务，有先后履行顺序，若先履行的一方有确切证据证明后履行一方有未来不履行或者无力履行合同的情形时，在对方没有履行或没有提供担保之前，有中止合同履行的权利。

不安抗辩权保护先给付义务人是有条件的，只有在后给付义务人有不能为对价给付的现实，会危害先给付义务人的债权实现时，先履行的一方才能行使不安抗辩权。这里的"有不能为对价给付的现实"包括：经营状况严重恶化；转移财产、抽逃资金以逃避债务；谎称有履行能力的欺诈行为；其他丧失或者可能丧失履行能力的情况。如：甲建筑公司和乙建材公司签订了合同金额为100万元的材料买卖合同，约定乙公司于7月1日前将甲所订购材料运送至指定地点，甲公司验收无误后一次性付清货款。但乙公司在发货前有确切的证据证明甲公司已丧失商业信誉，无法支付100万元货款，乙公司通知了甲公司中止履行合同。此时，乙公司行使了不安抗辩权。

4．合同的变更、转让与撤销

（1）合同的变更

合同的变更是指有效成立的合同在尚未履行或未履行完毕之前，由于一定的法律事实的出现而使合同内容发生了改变。值得注意的是，合同变更是合同关系的局部变化，如标的数量的增减、价款的变化、履行时间、地点、方式的变化，而不是合同性质的变化，如买卖变为赠予。

合同变更的成立须具备以下几个条件：

1）合同双方原合同关系存在且有效。

2）合同的内容发生变化，而不是合同性质发生变化。

3）须经当事人协商一致或依法律规定。

4）法律、行政法规规定的变更合同应当办理批准、登记等手续的，应遵守其规定。

当合同变更协议生效后，原合同的效力即终止。合同的变更只对未履行的部分有效，已经履行的债务不因合同的变更而失去合法性，合同的变更不影响当事人请求损害赔偿的权利，提出变更的一方当事人对对方当事人因合同变更所受损失应负赔偿责任。

（2）合同的转让

合同的转让是指合同当事人一方将其合同的权利和义务全部或部分转让给第三人的行为。合同转让分为合同权利的转让、合同义务的转移以及合同权利义务的一并转让。

合同权利转让称为债权转让，债权人可以转让全部债权，也可以转让部分债权。债权人转让债权是依法转让、通知转让，可以不经过债务人的同意转让合同权利。但并非所有合同债权都可以转让，根据《民法典》规定，有下列情形之一的合同权利不得转让：1）根据合同性质不得转让；2）按照当事人约定不得转让；3）依照法律规定不得转让。

合同义务的转让又称债务承担，债务人可以将合同中的义务全部或部分转移给第三人。债务人的履行能力与能否满足债权有着密切关系，因此债务人转让债务须得到债权人的同意。如法律、行政法规规定债务人转移应当办理批准、登记手续的，须依法办理。

合同权利义务一并转让是合同当事人一方将自己在合同中的权利和义务一并转让给第三人。由于合同权利义务的一并转让，既有权利的转让，也有义务的转让，所以转让必须经对方当事人的同意，否则转让无效。

在实际生活中，也有可能是当事人合并、分立引起债权债务的转移，它并不是当事人协商后的结果，而是由法律规定来确定的。当事人订立合同后合并的，由合并后的法人或者其他组织行使合同权利，履行合同义务。当事人订立合同后分立的，除债权人和债务人另有约定外，由分立的法人或其他组织对合同的权利和义务享有连带债权，承担连带债务。

（3）合同的撤销权

《民法典》中规定了几种合同的撤销权：

1）限制民事行为能力人订立的合同，经法定代理人追认后生效，在合同被追认前，善意相对人可以行使撤销权。

2）无代理权、超越代理权、代理权中止后仍以被代理人名义签订的合同，经被代理人追认后生效，在合同被追认前，善意相对人可以行使撤销权。

3）合同一方当事人因重大误解、显失公平，或一方以欺诈、胁迫手段，或乘人之危，使对方在违背真实意思情况下订立的合同，受损害方可以行使撤销权。

4）当债务人及第三人有损害债权人债权的行为时，债权人享有撤销该行为的权利。如债务人放弃其到期的债权或无偿转让财产、以明显不合理的低价转让财产，对债权人造成损害的，债权人可以请求人民法院撤销债务人的行为。

5. 合同的中止、解除与终止

（1）合同的中止

合同的中止是指合同有效期内，发生了中止的事由，停止履行合同义务，待中止事由消失后，合同继续履行。如在工程施工过程中，发生了不可抗力事件无法继续施工，双方可约定暂停施工，合同中止，待实际情况允许后恢复履行合同。

（2）合同的解除

合同的解除是指合同有效成立后，在一定条件下通过当事人的单方行为或者双方合意终止合同效力或者溯及地消灭合同关系的行为。合同解除后，尚未履行的合同部分，终止履行，已经履行的，根据履行情况和合同性质，当事人可以请求恢复原状或者采取其他补救措施，并有权要求赔偿损失，即产生溯及力。

（3）合同的终止

合同终止是指由于一定的法律事实发生，合同当事人之间的权利义务关系在客观上不复存在，即当事人之间的权利义务关系消灭。法律中规定了合同终止的 7 种情形：1）债务已经按照约定履行；2）合同解除，包括协议解除、法定解除；3）债务相互抵消，指合同双方当事人互负到期债务，依照一定的规则，同时消灭各自的债权。包括法定抵消、协议抵消；4）债务人依法将标的物提存，指由于债权人的原因致使债务人无法向债权人偿清其所负债务时，债务人将合同标的物交给提存机关，从而使债权债务归于消灭；5）债权人免除债务；6）债权债务同归于一人，又称混同，主要有两种事由：当事人合并、债权债务的转让。7）法律规定或当事人约定终止的其他情形。

合同终止后权利、义务关系灭失，但不影响合同中结算和清理条款的效力，也不影响当事人请求赔偿损失的权利。在合同权利义务关系终止后，当事人还应遵循诚信原则，根据交易习惯履行通知、协助、保密等义务。

6．合同违约的责任

违约责任是指合同当事人不履行合同义务或者履行合同义务不符合约定的，应依法承担的责任。当事人一方不履行合同义务或者履行合同义务不符合约定的，应当承担继续履行、采取补救措施或者赔偿损失等违约责任。

（1）继续履行。当事人一方明确表示或者以自己的行为表明不履行合同义务的，对方有权要求其在合同履行期限届满后继续按原合同约定履行合同义务。但有下列情形之一除外：1）法律或者事实上不能履行；2）债务的标的物不适于强制履行或者履行费用过高；3）债权人在合理期限内未要求履行。

（2）采取补救措施。合同标的物的质量不符合约定的，受损害方可根据标的的性质以及损失的大小，合理要求对方承担修理、更换、重做、退货、减少价款或者报酬等违约责任。

（3）赔偿损失。当事人一方不履行合同或者履行合同义务不符合约定的，在履行义务或采取补救措施后，对方还有其他损失的，应当赔偿损失。在当事人一方违约后，对方应采取适当措施防止损失的扩大，未采取适当措施致使损失扩大的，不得就扩大的损失要求赔偿，因防止损失扩大而支出的合理费用，由违约方承担。

5.2.2 施工准备阶段的合同管理

施工准备阶段的合同管理工作主要是合同当事人要备齐合同文件，做好图纸交付及设计交底工作，制定完善的施工组织设计及进度计划，明确双方权利义务。

1．施工合同的相关概念

示范文本的通用条款"1.1 词语定义与解释"中对施工合同中一些词语赋予了含义解释。合同中出现频率较高的词语有以下几个：

（1）合同当事人：是指发包人和（或）承包人。发包人是在协议书中约定，具有工程发包主体资格和支付工程价款能力的当事人以及取得该当事人资格的合法继承人。而承包人则是指在协议书中约定，被发包人接收具有工程施工承包主体资格的当事人以及取得该当事人资格的合法继承人。

所谓合法继承人，是指因资产重组后，合同或分立后的法人或组织可以作为合同的当事人。

（2）监理人：是指在专用合同条款中指明的，受发包人委托按照法律规定进行工程监督管理的法人或其他组织。监理人是发包人的委托代理人，对建设工程的质量和安全具有重要意义。总监理工程师是监理人任命并派驻施工现场进行工程监理的总负责人。对于国家未规定实施强制监理的工程施工，发包人也可以派驻代表自行管理。发包人代表是经发包人法定代表人授权、派驻施工现场的负责人。

施工过程中，监理人应按施工合同约定，及时向承包人提供所需指令、批准、图纸并履行其他约定义务，因总监理工程师指令错误造成工期延误及承包人损失的，由发包人承担。如果发包人更换总监理工程师，应至少提前 7 天以书面形式通知承包人。

2．施工合同文件的组成及优先顺序

（1）合同文件的组成

"合同文件"与"合同文本"是不一样的概念。"合同文件"是指在发包人和承

包人履行约定义务过程中，对双方有约束力的全部文件体系。

《示范文本》通用条款规定，合同的组成文件包括：

① 合同协议书。

② 中标通知书（如果有）。

③ 投标函及附录（如果有）。

④ 专用条款及其附件。

⑤ 通用条款。

⑥ 技术标准和要求。

⑦ 图纸。

⑧ 已标价工程量清单或预算书。

⑨ 其他合同文件。

在合同订立及履行过程中形成的与合同有关的文件均构成合同文件组成部分。

上述各项合同文件包括合同当事人就该项合同文件所作出的补充和修改，属于同一类内容的文件，应以最先签署的为准。

（2）合同文件的优先解释顺序

上述所说的各项合同组成文件原则上能互相解释、说明，但是当合同文件中出现含糊不清或不一致、相互矛盾时，合同文件组成部分前面的序号就是合同的优先解释顺序。它们的逻辑关系为：合同协议书是合同文件的总纲，因此最具解释效力；中标通知书是发包人的承诺，投标函及附录是承包人的要约，按合同签订的程序，承包人投标即发出要约，发包人确定中标即承诺，因此解释顺序为中标通知书、投标函及附录；合同的专用条款及通用条款规定了合同当事人的权利义务，即解释"做什么"的问题；图纸、标准、规范和技术要求解释了"怎么做""怎么管理"的问题；已标价工程量清单解释的是工程项目完成后怎样结算付款的依据。如果合同双方不同意这种顺序安排或有补充文件顺序，可以在专用条款中另行约定。

3．施工合同当事人的义务

（1）发包人的义务

按《示范文本》通用条款约定，在合同履行过程中发包人的义务有：

① 按合同约定提供资金来源证明及支付担保；

② 办理土地征用、拆迁补偿、平整施工场地等工作，使施工场地具备施工条件，并在开工后继续解决以上事项的遗留问题；

③ 办理施工许可证、用地规划许可证、建设工程规划许可证、施工所需临时用

水、用电、中断交通、临时占用土地等许可和批准；

④ 将施工所需的水、电、通信线路从施工场地外部接至专用条款约定地点，并保证施工期间的需要；

⑤ 向承包人提供正常施工所需要的进入施工现场的交通条件；

⑥ 协助处理施工现场周围地下管线和邻近建筑物、构筑物、古树名木的保护工作并承担相关费用；

⑦ 向承包人提供施工现场及工程施工所必需的毗邻区域内供水、排水、供电、供气、供热、通信、广播电视等地下管线资料，气象和水文观测资料，地质勘察资料，相邻建筑物、构筑物和地下工程等有关的基础资料，并对所提供资料的真实性、准确性、完整性负责；

⑧ 按合同约定及时组织竣工验收；

⑨ 按合同约定向承包人提供施工图纸，并组织承包人和设计单位进行图纸会审和设计交底；

⑩ 按约定向承包人及时支付合同价款，包括：预付款、进度款、结算款和保留金；

⑪ 与承包人、由发包人直接发包的专业工程承包人签订施工现场统一管理协议。

（2）承包人义务

根据《示范文本》通用条款约定及法律和工程建设标准规范，在履行合同过程中承包人的义务有：

① 办理法律规定应由承包人办理的许可和批准，并将结果书面报送发包人留存；

② 按法律规定和合同约定完成工程，并在保修期内承担保修义务；

③ 按法律规定和合同约定采取施工安全和环境保护措施，办理工伤保险，确保工程及人员、材料、设备和设施的安全；

④ 按合同约定的工作内容和施工进度要求，编制施工组织设计和施工措施计划，并对所有作业和施工方法的完备性和可靠性负责；

⑤ 在进行合同约定的各项工作时，不得侵害发包人与他人施工共用道路、水源、市政管网等公共设施的权利，避免对邻近的公共设施产生干扰；

⑥ 按合同约定负责施工场地及周边环境与生态的保护工作；

⑦ 按合同约定采取施工安全措施，确保工程及人员、材料、设备和设施的安全，防止因工程施工造成的人身伤害和财产损失；

⑧ 将发包人按合同约定支付的各项价款专用于合同工程，且应及时支付其雇佣人员工资，并及时向分包人支付合同价款；

⑨ 已竣工的工程尚未交付发包人之前，按合同约定负责工程照管与成品、半成

品的保护；

⑩ 按法律规定和合同约定编制竣工资料，完成竣工资料立卷及归档并移交发包人。

4．图纸和承包人文件

（1）提供图纸和会审交底

发包人应按专用合同条款约定的期限、数量和内容向承包人免费提供图纸，并组织承包人、监理人和设计人进行图纸会审和设计交底。发包人最迟不得晚于开工通知载明的开工日期前 14 天向承包人提供图纸。

因发包人未按合同约定提供图纸导致承包人费用增加和（或）工期延误的，按照通用条款 7.5.1 因发包人原因导致工期延误的约定办理。

（2）图纸的错误、修改和补充

承包人在收到发包人提供的图纸后，发现图纸存在差错、遗漏或缺陷的，应及时通知监理人。监理人接到该通知后，应附具相关意见并立即报送发包人，发包人应在收到监理人报送的通知后的合理时间内作出决定。合理时间是指发包人在收到监理人的报送通知后，尽其努力且不懈怠地完成图纸修改补充所需的时间。

图纸需要修改和补充的，应经图纸原设计人及审批部门同意，并由监理人在工程或工程相应部位施工前将修改后的图纸或补充图纸提交给承包人，承包人应按修改或补充后的图纸施工。

（3）承包人文件

承包人应按照专用合同条款的约定提供应当由其编制的与工程施工有关的文件，并按照专用合同条款约定的期限、数量和形式提交监理人，并由监理人报送发包人。

除专用合同条款另有约定外，监理人应在收到承包人文件后 7 天内审查完毕，监理人对承包人文件有异议的，承包人应予以修改，并重新报送监理人。监理人的审查并不减轻或免除承包人根据合同约定应当承担的责任。

除专用合同条款另有约定外，承包人应在施工现场另外保存一套完成的图纸和承包人文件，供发包人、监理人及有关人员进行工程检查时使用。

5．施工组织设计与进度计划

对于经过招投标阶段确定承包人的工程项目，投标书内提交的施工方案或施工组织设计的较为粗略，双方在合同签订后对现场进一步考察和工程交底，对工程的施工有了更深入的了解，承包人应在开工前编制并向监理人提交施工组织设计，施工组织设计未经监理人批准的，不得施工。

（1）施工组织设计的内容

① 施工方案。

② 施工现场平面布置图。

③ 施工进度计划和保证措施。

④ 劳动力及材料供应计划。

⑤ 施工机械设备的选用。

⑥ 质量保证体系及措施。

⑦ 安全生产、文明施工措施。

⑧ 环境保护、成本控制措施。

⑨ 合同当事人约定的其他内容。

（2）施工组织设计的提交和修改

施工合同示范文本通用条款之一般约定及双方的权利与义务

承包人应在合同签订后 14 天内，但最迟不得晚于开工通知载明的开工日期前 7 天，向监理人提交详细的施工组织设计，并由监理人报送发包人。发包人和监理人应在监理人收到施工组织设计后 7 天内确认或提出修改意见。对发包人和监理人提出的合理意见和要求，承包人应自费修改完善。根据工程实际情况需要修改施工组织设计的，承包人应向发包人和监理人提交修改后的施工组织设计。

6．工程分包

（1）分包的一般约定

承包人不得将其承包的全部工程转包给第三人，或将其承包的全部工程肢解后以分包的名义转包给第三人。承包人不得将工程主体结构、关键性工作及专用合同条款中禁止分包的专业工程分包给第三人。承包人不得以劳务分包的名义转包或违法分包工程。

（2）分包的确定与管理

承包人应按专用合同条款的约定进行分包，确定分包人。按合同约定进行分包的，承包人应确保分包人具有相应的资质和能力。工程分包不减轻或免除承包人的责任和义务，承包人和分包人就分包工程向发包人承担连带责任。除合同另有约定外，承包人应在分包合同签订后 7 天内向发包人和监理人提交分包合同副本。

承包人应向监理人提交分包人的主要施工管理人员表，并对分包人的施工人员进行实名制管理，包括但不限于进出场管理、登记造册以及各种证件的办理。

（3）分包合同价款

分包合同价款由承包人与分包人结算，未经承包人同意，发包人不得向分包人支付分包价款。

生效的法律文书要求发包人向分包人支付分包合同价款的，发包人有权从应付承包人工程款中扣除该部分款项。

7. 工程预付款与预付安全文明施工费

（1）工程预付款

工程预付款是由发包人按合同约定，在开工前预先支付给承包人用于材料、工程设备、施工设备的采购及临时工程的修建，施工队伍进场组织的款项。预付款最迟应在开工通知载明的开工日期前 7 天前支付，发包人逾期支付预付款超过 7 天的，承包人有权向发包人发出要求预付的催告通知，发包人收到通知后 7 天内仍未支付的，承包人有权暂停施工，并按关于发包人违约的合同约定条款执行。

合同当事人应在专用合同条款中约定预付款支付的比例或金额。

关于预付款的额度，各地区、各部门的规定不完全相同，主要是保证施工所需材料和构件的正常储备。一般是根据施工工期、建安工作量、主要材料和构件费用占建安工程费的比例以及材料储备周期等因素经测算确定。常用的额度确定大概有以下两种方法：

百分比法。发包人根据工程的特点、工期长短、市场行情、供求规律等因素，招标时在合同条件中约定工程预付款的百分比。包工包料工程的预付款支付比例不得低于签约合同价（扣除暂列金额）的 10%，不宜高于签约合同价（扣除暂列金额）的 30%。

公式计算法。公式计算法是根据主要材料及构件占年度承包工程总价的比重、材料储备定额天数和年度施工天数等因素，通过公式计算预付款额度的一种方法。其计算公式为：

$$工程预付款 = \frac{年度工程总价 \times 材料比例(\%)}{年度施工天数} \times 材料储备定额天数$$

式中，年度施工天数按 365 日历天计算；材料储备定额天数由当地材料供应的在途天数、加工天数、整理天数、供应间隔天数、保险天数等因素决定。

发包人支付给承包人的工程预付款属于预支性质，在施工过程中，应以冲抵工程价款的方式陆续扣回，发包人与承包人需在专用合同条款中约定预付款的扣回方式。目前学术界一致认为可行的扣款方式有两种：

① 按合同约定，施工到一定进度后开始扣款，每次扣确定的金额或比例。

例如，双方在专用条款中约定：承包人完成金额累计达到合同总价 30% 后开始扣款，每次扣应支付工程款的 40%；或约定：施工至第三个月起扣预付款，平均分三个月扣完所有预付款。

② 按公式计算起扣点，达到起扣点后，每次结算工程价款时，按材料所占比重扣减工程价款，至工程竣工前全部扣清。起扣点计算公式如下：

$$T = P - \frac{M}{N}$$

式中　T——起扣点；

　　　　P——合同金额；

　　　　M——工程预付款总额；

　　　　N——主要材料及构件所占比重。

【例 5-1】某工程合同 12000 万元，其中主要材料及构件占比 50%。合同约定的工程预付款为 3600 万元，进度款支付比例为 85%。按起扣点计算的预付款起扣点为多少万元？

答：起扣点 =12000-3600/50%=4800（万元）

该方法对承包人比较有利，最大限度地占用了发包人的流动资金，但是，显然不利于发包人的资金使用。

（2）安全文明施工费预付

除专用合同条款另有约定外，发包人应在开工后 28 天内预付安全文明施工费总额的 50%，其余部分与进度款同期支付。发包人逾期支付安全文明施工费超过 7 天的，承包人有权向发包人发出预付的催告通知，发包人收到通知后 7 天内仍未支付的，承包人有权暂停施工，并按发包人违约执行合同。

建设工程施工合同的价格形式、预付款

承包人对安全文明施工费应专款专用，在财务账目中应单独列项备查，不得挪作他用，否则发包人有权要求其限期改正；逾期未改正的，造成的损失和延误的工期应由承包人承担。

8. 开工准备与开工通知

（1）开工准备

开工前，合同双方应做好各项准备工作，包括：

① 人员、施工设备准备。承包人应根据施工组织设计的要求，及时在施工场地配备数量、规格满足施工要求的施工设备；向监理人提交承包人在施工场地的人员安排报告。

② 工程材料、工程设备和施工技术准备。承发包双方均应按照合同的约定及时

提供数量、质量和规格符合要求的工程材料、工程设备。对于发包人提供的材料与设备，承包人应按合同约定及时检查、接收及保管。施工中需要采用由他人提供支持的技术时，承包人应当及时订立和履行技术服务合同，以保证技术的应用。

③ 测量放线。除专用合同条款另有约定外，发包人应在最迟不得晚于开工通知载明的开工日期前 7 天通过监理人向承包人提供测量基准点、基准线和水准点及其书面资料，并对其真实性、准确性及完整性负责。

开工准备工作完成后，承包人应按施工组织设计约定的期限，向监理人提交工程开工报审表，经监理人报发包人批准后执行。开工报审表应详细说明按施工进度计划正常施工所需的施工道路、临时设施、材料、工程设备、施工设备、施工人员等落实情况以及工程进度安排。

（2）开工通知

经发包人同意后，监理人向承包人发出开工通知。监理人应在计划开工日期前 7 天向承包人发出开工通知，工期自开工通知中载明的开工日期起算。

因发包人原因造成监理人未能在计划开工日期之日起 90 天内发出开工通知的，承包人有权提出价格调整要求，或者解除合同。发包人应当承担由此增加的费用和（或）延误的工期，并向承包人支付合理的利润。

建设工程施工合同的合同工期、进度计划、开工

施工阶段的合同管理——质量管理 ·························· ●

1．工程质量标准

建设工程施工的质量必须符合国家有关建筑工程安全和标准要求。因此，施工中必须使用国家标准、规范；没有国家标准、规范的，使用行业标准、规范；没有国家和行业标准、规范的，适用工程所在地的地方标准、规范。双方应当在专用条款中约定适用标准、规范的名称。国内没有适用的标准、规范时，可由合同当事人约定工程适用的标准。应由发包人按合同约定的时间向承包人提出施工技术要求，承包人按照约定的时间和要求提出施工工艺，经发包人认可后执行。若发包人要求使用国外标准、规范时，发包人应负责提供中文译本。购买、翻译和制定标准、规范的费用，由发包人承担。

因发包人原因造成工程质量未达到合同约定标准的，由发包人承担由此增加的费用和（或）延误的工期，并支付承包人合理的利润。

因承包人原因造成工程质量未达到合同约定标准的，发包人有权要求承包人返工直至工程质量达到合同约定的标准为止，并由承包人承担由此增加的费用和（或）

延误的工期。

2．质量保证措施

（1）发包人的质量管理

发包人应按法律规定及合同约定完成与工程质量有关的各项工作。

（2）承包人的质量管理

承包人按照施工组织设计的合同约定向发包人和监理人提交工程质量保证体系及措施文件，建立完善的质量检查制度，并提交相应的工程质量文件。对于发包人和监理人违反法律法规规定和合同约定的错误指示，承包人有权拒绝实施。

承包人应对施工人员进行质量教育和技术培训，定期考核施工人员的劳动技能，严格执行施工规范和操作规程。

承包人应按法律规定和发包人的要求，对材料、工程设备及工程所有部位及其施工工艺进行全过程的质量检查和检验，并做详细记录，编制工程质量报表，报送监理人审查。此外，承包人还应按照法律规定和发包人的要求，进行施工现场取样试验、工程复核测量和设备性能检测，提供试验样品、提交试验报告和测量成果以及其他工作。

（3）监理人的质量检查和检验

监理人按照法律规定和发包人授权对工程的所有部位及其施工工艺、材料和工程设备进行检查和检验。承包人应为监理人的检查和检验提供方便，包括监理人到施工现场或制造、加工地点，或合同约定的其他地方进行查看和查阅施工原始记录。监理人为此进行的检查和检验，不免除或减轻承包人按照合同约定应承担的责任。

监理人的检查和检验不应影响施工正常进行。监理人的检查和检验影响施工正常进行的，且经检查检验不合格的，影响正常施工的费用由承包人承担，工期不予顺延；经检查检验合格的，由此增加的费用和（或）延误的工期由发包人承担。

（4）隐蔽工程的检查

1）承包人应当对隐蔽工程部位进行自检，并经自检确认是否具备覆盖条件。

2）检查程序：承包人自检确认具备覆盖条件的，承包人应在共同检查前 48 小时书面通知监理人检查。监理人应按时到场并对隐蔽工程及其施工工艺、材料和工程设备进行检查。经监理人检查确认质量符合隐蔽要求，并在验收记录上签字后，承包人才能进行覆盖。经监理人检查质量不合格的，承包人应在监理人指示的时间内完成修复，并由监理人重新检查，由此增加的费用和（或）延误的工期由承包人承担。

除专用合同条款另有约定外，监理人不能按时进行检查的，应在检查前24小时向承包人提交书面延期要求，但延期不得超过48小时，由此导致工期延误的，工期应予以顺延。监理人未按时进行检查，也未提出延期要求的，视为隐蔽工程检查合格，承包人可自行完成覆盖工作，并作相应记录报送监理人，监理人应签字确认。监理人事后对检查记录有疑问的，可约定重新检查。

3）重新检查：承包人覆盖工程隐蔽部位后，发包人或监理人对质量有疑问的，可要求承包人对已覆盖的部位进行钻孔探测或揭开重新检查，承包人应遵照执行，并在检查后重新覆盖恢复原状。经检查证明工程质量符合合同要求的，由发包人承担由此增加的费用和（或）延误的工期，并支付承包人合理的利润；经检查证明工程质量不符合合同要求的，由此增加的费用和（或）延误的工期由承包人承担。

4）承包人私自覆盖：承包人未通知监理人到场检查，私自将工程隐蔽部位覆盖的，监理人有权指示承包人钻孔探测或揭开检查，无论工程隐蔽部位质量是否合格，由此增加的费用和（或）延误的工期均由承包人承担。

（5）不合格工程的处理与质量争议检测

因承包人原因造成工程不合格的，发包人有权随时要求承包人采取补救措施，直至达到合同要求的质量标准，由此增加的费用和（或）延误的工期由承包人承担。无法补救的，按通用条款"拒绝接受全部或部分工程"的约定执行。

发包人原因造成工程不合格的，由此增加的费用和（或）延误的工期由发包人承担，并支付承包人合理的利润。

合同当事人对工程质量有争议的，由双方协商确定的工程质量检测机构鉴定，由此产生的费用及因此造成的损失，由责任方承担。合同当事人均有责任的，由双方根据其责任分别承担。

3．材料与工程设备管理

材料与工程设备质量是整个工程质量的基础。工程项目所使用的材料与工程设备来自发包人供应或承包人采购。

（1）发包人供应材料与工程设备

发包人自行供应材料、工程设备的，应在签订合同时在附件《发包人供应材料设备一览表》中明确材料、工程设备的品种、规格、型号、数量、单价、质量等级和送达地点。承包人应提前30天通过监理人以书面形式通知发包人供应材料与工程设备进场。承包人按照条款中约定修订施工进度计划的，须同时提交经修订后的发包人供应材料与工程设备的进场计划。

发包人应按《发包人供应材料设备一览表》约定的内容提供材料和工程设备，

并向承包人提供产品合格证明及出厂证明，对其质量负责。发包人应提前 24 小时以书面形式通知承包人、监理人材料和工程设备到货时间，承包人负责材料和工程设备清点、检验和接收。

发包人提供的材料和工程设备的规格、数量或质量不符合合同约定的，或因发包人原因导致交货日期延误或交货地点变更等情况，按照发包人违约的约定办理。

发包人供应的材料和工程设备，承包人清点后由承包人妥善保管，保管费用由发包人承担，但已标价工程量清单或预算书中已经列支或专用条款另有约定的除外。因承包人原因发生损毁的，由承包人负责赔偿；监理人未通知承包人清点的，承包人不负责材料和工程设备的保管，由此导致丢失毁损的由发包人负责。

发包人提供的材料或工程设备不符合合同要求的，承包人有权拒绝，并可要求发包人更换，由此增加的费用和（或）延误的工期由发包人承担，并支付承包人合理的利润。

发包人供应的材料和工程设备使用前，由承包人负责检验，检验费用由发包人承担，不合格的不得使用。

（2）承包人采购材料与工程设备

承包人负责采购材料、工程设备的，应按照设计和有关标准要求采购，并提供产品合格证明及出厂证明，对材料、工程设备质量负责。合同约定由承包人采购的材料、工程设备，发包人不得指定生产厂家或供应商，否则，承包人有权拒绝，并由发包人承担相应责任。

承包人采购的材料和工程设备，应保证产品质量合格，承包人应在材料和工程设备到货前 24 小时通知监理人检验。承包人进行永久设备、材料的制造和生产的，应符合相关质量标准，并向监理人提交材料的样本以及有关资料，并应在使用该材料或工程设备之前获得监理人同意。

承包人采购的材料和工程设备不符合设计或有关要求时，承包人应在监理人要求的合理期限内将不符合设计或有关标准要求的材料、工程设备运出施工现场，并重新采购符合要求的材料、工程设备，由此增加的费用和（或）延误的工期，由承包人承担。

承包人采购的材料和工程设备由承包人妥善保管，保管费用由承包人承担。法律规定材料和工程设备使用前必须进行检验或试验的，承包人应按监理人的要求进行检验或试验，检验或试验费用由承包人承担，不合格的不得使用。发包人或监理人发现承包人使用不符合设计或有关标准要求的材料和工程设备时，有权要求承包人进行修复、拆除或重新采购，由此增加的费用和（或）延误的工期，由承包人承担。

工程项目如需使用替代材料和工程设备的，承包人应在使用替代材料和工程设

建设工程施工合
同的质量管理
（一）

建设工程施工合
同的质量管理
（二）

备 28 天前书面通知监理人，监理人在收到通知后 14 天内向承包人发出经发包人签认的书面指示；监理人逾期发出书面指示的，视为发包人和监理人同意使用替代品。发包人认可使用替代材料和工程设备的，价格按照已标价工程量清单或预算书相同项目的价格认定；无相同项目的，参考相似项目价格认定；既无相同项目也无相似项目的，按照合理的成本与利润构成原则，由合同当事人商定后确定价格。

5.2.4 施工阶段的合同管理——进度管理 ························●

1．工期的约定

合同当事人应在合同协议书中约定承包人所完成工程的期限，并注明开工日期、竣工日期和合同工期总日历天数。通过招标方式选定承包人的项目，工期总日历天数应为投标书内承包人承诺的工期。合同工期已考虑了法定节假日并包含在内，开始当天不计入，从次日开始计算，最后一天截止时间为 24 点。

2．进度计划的检查与监督

施工进度计划是控制工程进度的依据，发包人和监理人有权按照施工进度计划检查和监督工程进度情况。

一般情况下，监理工程师每月实地检查一次承包人的计划执行情况，由承包人提交一份上月进度计划执行情况及本月施工计划。

当工程实际进度与施工进度计划不符合时，承包人应向监理人提交修订的施工进度计划，并附具有关措施和相关资料，由监理人报送发包人，发包人和监理人应在收到修订的施工进度计划后 7 天内完成审核和批准或提出修改意见。

3．暂停施工

在施工过程中，有些情况会导致暂停施工。暂停施工会影响工程进度，应尽量避免。暂停施工有可能是发包人原因、承包人原因、监理人指示、紧急情况几种原因所导致的。

发包人原因引起的暂停施工，监理人经发包人同意后，应及时下达暂停指示。发包人应承担由此增加的费用和延误的工期，并支付承包人合理利润。

承包人原因引起的暂停施工。承包人应承担由此增加的费用和（或）延误的工期，且承包人在收到监理人复工指示后 84 天内未复工的，视为承包人无法继续履行合同的情形。

监理人指示暂停施工。监理人认为有必要时，并经发包人批准后，可向承包人做出暂停施工的指示，承包人应按监理人指示暂停施工。

紧急情况下的暂停施工。因紧急情况需暂停施工，且监理人未及时下达暂停施工指示的，承包人先暂停施工，并及时通知监理人。监理人应在接到通知后 24 小时内发出指示，逾期未发出指示，视为同意承包人暂停施工。

暂停施工期间，承包人应妥善保护工程并提供安全保障，由此增加的费用由责任方承担。

暂停施工后，发包人和承包人应采取有效的措施积极消除暂停施工的影响。当工程具备复工条件时，监理人经发包人批准后向承包人发出复工通知，承包人应按照复工通知要求复工。

监理人发出暂停施工指示后 56 天内未向承包人发出复工通知，除该项停工属于承包人原因引起的暂停施工及不可抗力条款约定的情形外，承包人有权向发包人提交书面通知，要求发包人在收到通知后 28 天内准许已暂停施工的部位或全部工程继续施工。发包人逾期不予批准的，则承包人可以通知发包人，将工程受影响部分视为可取消工作。

暂停施工持续 84 天以上不复工，且不属于承包人原因引起及不可抗力条款约定情形的，承包人有权提出价格调整要求，或者解除合同。

4．工期延误

承包人应当按合同约定完成工程施工，如果由于其自身原因造成工期延误的，应承担违约责任。合同双方可在专用合同条款中约定逾期竣工违约金的计算方式。

合同履行过程中，因下列情况导致工期延误和（或）费用增加时，由发包人承担由此延误的工期和（或）增加的费用，并支付承包人合理利润。

（1）发包人未能按合同约定提供图纸或所提供图纸不符合合同约定的；

（2）发包人未能按合同约定提供施工现场、施工条件、基础资料、许可、批准等开工条件的；

（3）发包人提供的测量基准点、基准线和水准线及其书面资料存在错误或疏漏的；

（4）发包人未能在计划开工日期之日起 7 天内同意下达开工通知的；

（5）发包人未能按合同约定日期支付工程预付款、进度款或竣工结算款的；

（6）监理人未按合同约定发出指示、批准等文件的；

（7）专用合同条款约定的其他情形。

暂停工期与工期
延误责任

不利的物质条件引起工期延误时，承包人应采取克服不利物质条件的合理措施继续施工，由此增加的费用和延误的工期由发包人承担。

5.2.5 施工阶段的合同管理——价款管理 ●

1. 合同价款的约定

（1）签约合同价

合同价款是合同文件的核心要素，建设项目不论是招标发包还是直接发包，合同价款的具体数额均在合同协议书中载明。

合同价 = 分部分项工程费 + 措施项目费 + 其他项目费 + 规费 + 税金

其中：措施项目费 = 单价措施费 + 总价措施费

其他项目费 = 暂列金额 + 暂估价 + 计日工 + 总承包服务费

招标发包的项目，承发包双方应根据中标通知书确定的价格签订合同。合同签订时，暂列金额、暂估价及计日工的款项只是预估，结算时按实际发生的金额结算。

（2）合同的价格形式

发包人和承包人应在合同协议书中约定合同的计价方式，常见的合同价格形式有以下几种：

① 总价合同：指竣工结算时合同当事人约定以施工图、已标价的工程量清单或预算书进行价格计算、调整和确认的合同，在约定的范围内合同总价不作调整。合同当事人应在专用合同条款中约定总价包含的风险范围及风险费用的计算方法，并约定风险范围以外的合同价格调整方法。

② 单价合同：指竣工结算时以承包人实际履行的工程量清单、已约定的综合单价进行合同价格的计算、调整和确认的合同，在约定的范围内合同单价不作调整，合同当事人应在合同专用条款中约定综合单价包含的风险范围和风险费用的计算方法，并约定风险范围以外的合同价格调整方法。

③ 成本加酬金合同：指竣工结算时以工程项目的实际成本、双方约定的酬金进行价格计算的合同。合同当事人应在专用条款中约定成本构成和酬金的计算方法。根据酬金计算方法的不同，这种合同价格形式又可分为成本加固定百分比酬金、成本加固定金额酬金、成本加奖罚金、最高限额成本加固定最大酬金等几种合同价格形式。

根据《建设工程施工发包与承包计价管理办法》（住房和城乡建设部第16号令），

实行工程量清单计价的建筑工程，鼓励发承包双方采用单价方式确定合同价款；建设规模较小，技术难度较低，工期较短的建筑工程，发承包双方可以采用总价方式确定合同价款；紧急抢险、救灾以及施工技术特别复杂的建设工程，发承包双方可以采用成本加酬金方式确定合同价款。

2．合同价款的调整

在工程施工阶段，由于项目实际情况的变化，发承包双方在施工合同中约定的合同价款可能会发生变动。为合理分配双方的合同价款变动风险，有效地控制工程造价，发承包双方应当在施工合同中明确约定合同价款的调整时间、方法及程序。

根据《建设工程工程量清单计价规范》GB 50500—2013，下列事项发生，合同双方应按合同约定调整合同价款：法律法规变化；工程变更；项目特征不符；工程量清单缺项；工程量偏差；计日工；物价变化；暂估价；不可抗力；提前竣工（赶工补偿）；误期赔偿；索赔；现场签证；暂列金额；发承包双方约定的其他调整事项。本书着重介绍以下几种合同价格调整的事项及方法：

（1）法律法规变化的合同价款调整

招标工程以投标截止前 28 日、非招标工程以合同签订前 28 日为基准日，因国家的法律、法规、规章和政策发生变化引起工程造价增加的，由发包人承担由此增加的费用；减少时，应从合同价格中予以扣减。但是，如果有关价格（如人工、材料和工程设备等价格）的变化已经包含在物价波动时间的调价公式中，则不再予以考虑。基准日后，因法律法规变化造成工期延误的，工期应予以顺延。

如果由于承包人原因导致的工期延误期间国家法律、行政法规和相关政策发生变化引起工程造价变化的，按不利于承包人的原则调整合同价款。合同价款增加的，不予调整；合同价款减少的，予以调整。

（2）项目特征不符

发包人在招标工程量清单中对项目特征的描述，应被认为是准确和全面的，并且与实际施工要求相符合。承包人应按照发包人提供的招标工程量清单，根据其项目特征描述的内容和有关要求确定其清单项目的综合单价。

在施工过程中，承包人应按发包人提供的设计图纸实施工程合同，若在合同履行期间，出现设计图纸（含设计变更）与招标工程量任一项目的特征描述不符，且该变化引起该项目的价格变化的，发承包双方应当按照实际施工的项目特征，重新确定该项目的综合单价，调整合同价格。

（3）工程量偏差

施工合同履行期间，若予以计算的实际工程量与招标工程量清单所列的工程量出现偏差，是否调整综合单价，合同当事人应当在施工合同中约定。如果未约定或约定不明的，可以按照以下原则办理：

当实际工程量与合同中清单量出现偏差超过 ±15% 时，综合单价予以调整。当工程量增加 15% 以上时，增加部分的工程量的综合单价予以调低；当工程量减少 15% 以上时，减少后剩余部分的工程量清单的综合单价应予以调高。具体的调整方法参见以下公式：

① 当 $Q_1 > 1.15Q_0$ 时：$S=1.15Q_0 \times P_0 + (Q_1 - 1.15Q_0) \times P_1$

② 当 $Q_1 < 0.85Q_0$ 时：$S=Q_1 \times P_1$

式中　S——调整后的某一分部分项工程费结算价；

　　　Q_1　　最终完成的工程量；

　　　Q_0——招标工程量清单中列出的工程量；

　　　P_1——按照最终完成工程量重新调整后的综合单价；

　　　P_0——合同签订时所约定的综合单价。

为避免承发包双方在工程量偏差较大时对综合单价的重新确定有争议，合同当事人应在专用合同条款中约定调整方法。如合同签订时未针对新综合单价如何确定进行约定，可与最高投标限价相联系，参考以下方法确定 P_1：

① 当 $Q_1 > 1.15Q_0$ 时，若 $P_0 > P_2 \times (1+15\%)$，该类项目的综合单价 P_1 按照 $P_2 \times (1+15\%)$ 调整；若 $P_0 \leqslant P_2(1+15\%)$，$P_1=P_0$；

② 当 $Q_1 < 0.85Q_0$ 时，若 $P_0 < P_2 \times (1-L) \times (1-15\%)$，该类项目的综合单价 P_1 按 $P_2 \times (1-L) \times (1-15\%)$ 调整；若 $P_0 \geqslant P_2(1-L) \times (1-15\%)$，$P_1=P_0$。

其中，P_0 为承包人在工程量清单中填报的综合单价，P_2 为发包人最高投标限价相应的综合单价，L 为报价浮动率。

建设工程施工合同工程量清单错误的修正

【例 5-2】某工程项目招标工程量清单数量为 1520m³，施工中由于设计变更调整为 1824m³，该项目最高投标限价综合单价为 350 元，投标报价为 406 元，应如何调整？

【解】1824÷1520=120%，工程量增加超过 15%，需对综合单价进行调整。

$P_2 \times (1+15\%)=350 \times 1.15=402.5$（元）< 406（元）

因此，该项目变更后的综合单价应调整为 402.5（元）。

该项目结算应为：

$1520 \times (1+15\%) \times 406 + (1824-1520 \times 1.15) \times 402.5=740278$（元）

如果工程量变化引起相关措施项目相应发生变化，如按系数或单一总价方式计价的，工程量增加的措施项目费调增，工程量减少的措施项目费调减。

（4）工程变更

工程变更是合同实施过程中由发包人提出或由承包人提出，经发包人批准的对合同工程的内容、工程数量、质量要求、施工顺序与时间、施工条件、施工工艺或其他特征及合同条件等的改变。

工程变更引起分部分项工程项目变化的，应按下列规定调整：

① 已标价的工程量清单中有适用于变更工程项目的，采用该项目的单价。若工程变更导致该清单项目的工程量变化超过 15%，则该分部分项的结算按工程量偏差超过 15% 情形予以结算。

② 已标价的工程量清单中没有适用、但有类似项目的，可在合理范围内参照类似项目的单价或总价调整。类似项目指的是采用的材料、施工工艺和方法相似的项目。

③ 已标价的工程量清单中没有适用也没有类似项目的，由承包人根据变更工程资料、计量规则和计价办法、工程造价管理机构发布的信息价和承包人报价浮动率，提出变更工程项目的单价或总价，报发包人确认后调整。承包人浮动率可按下列公式计算。

实行招标的工程：承包人报价浮动率 $L=$（$1-$ 中标价 / 最高投标限价）$\times 100\%$；

非招标的工程：承包人报价浮动率 $L=$（$1-$ 报价 / 施工图预算）$\times 100\%$。

④ 已标价工程量清单中没有适用也没有类似变更工程项目，且工程造价管理机构发布的信息价格缺价的，应由承包人根据变更工程资料、计量规则、计价办法和通过市场调查等取得有合法依据的市场价格提出变更工程项目的单价，并应报发包人确认后调整。

工程变更引起措施项目发生变化的，按下列规定调整措施项目费：

① 安全文明施工费，按实际发生变化的措施项目调整，不得浮动。

② 单价措施项目，按前述分部分项工程费的调整方法确定单价。

③ 总价措施项目，按实际发生变化的措施项目调整，但应考虑承包人报价浮动因素。

建设工程变更引起的价款变更

如果发包人提出的工程变更，因非承包人原因删减了合同中的某项原定工作或工程，致使承包人发生的费用或（和）得到的收益不能被包括在其他已支付或应支付的项目中，也未被包含在任何替代的工作中，承包人有权提出并得到合理的费用和利润补偿。

（5）工程量清单缺项漏项

招标工程量清单是否准确和完成，其责任应由提供工程量清单的发包人负责。施工合同履行期间，由于工程量清单出现缺项漏项，造成新增工程清单项目的，应按照工程变更事件中分部分项工程费的调整方法调整合同价款；引起措施项目发生变化的，也应当按照工程变更事件中关于措施项目费的调整方法调整合同价款。

（6）计日工

发包人通知承包人以计日工方式实施的零星工作，承包人应予以执行。任一计日工项目实施结束后，承包人应按照确认的计日工现场签证报告核实该类项目的工程数量，并根据核实的工程数量和承包人已标价的工程量清单中计日工单价计算，提出应付价款；已标价工程量清单中没有该类计日工单价的，由发承包双方按工程变更的有关规定商定计日工单价。

每个支付期末，承包人应与进度款同期向发包人提交本期间所有计日工记录的签证汇总表，以说明本期有权得到的计日工金额，调整合同价款，列入进度款支付。

（7）物价波动

施工合同履行期间，因人工、材料、工程设备和施工机具台班等价格波动影响合同价款时，发承包双方可以根据合同约定的调整方法，对合同价款进行调整。调整的方法有两种：

1）采用价格指数调整合同价格

采用价格指数调整价格差额的方法，主要适用于施工中所用材料品种较少，但每种材料使用量较大的土木工程，如公路、水坝等。价格调整公式为：

$$\Delta P = P_0 \left[A + \left(B_1 \times \frac{F_{t1}}{F_{01}} + B_2 \times \frac{F_{t2}}{F_{02}} + B_3 \times \frac{F_{t3}}{F_{03}} + \cdots, + B_n \times \frac{F_{tn}}{F_{0n}} \right) - 1 \right]$$

式中 ΔP——需调整的价格差额；

P_0——约定的付款证书中承包人应得到的已完成工程量的金额。此项金额应不包括价格调整、不计质量保证金的扣留和支付、预付款的支付和扣回。约定的变更及其他金额已按现行价格计价的，也不计在内；

A——定值权重（即不调部分的权重）；

B_1、B_2、B_3、$\cdots$、B_n——各可调因子的变值权重（即可调部分的权重），为各可调因子在签约合同价中所占的比例；

F_{t1}、F_{t2}、F_{t3}、$\cdots$、F_{tn}——各可调因子的现行价格指数，指约定的付款证书相关周期最后一天的前42天的各可调因子的价格指数；

F_{01}、F_{02}、F_{03}、$\cdots$、F_{0n}——各可调因子的基本价格指数，指基准日期的各可调因子的价格指数。

以上价格调整公式中的各可调因子、定值和变值权重，以及基本价格指数及其来源在投标函附录价格指数和权重表中约定，非招标订立的合同，由合同当事人在专用合同条款中约定。价格指数应首先采用工程造价管理机构发布的价格指数，无前述价格指数时，可采用工程造价管理机构发布的价格代替。

在计算调整差额时无现行价格指数的，合同当事人同意暂用前次价格指数计算。实际价格指数有调整的，合同当事人进行相应调整。因变更导致合同约定的权重不合理时，由承发包双方协商后进行调整。

因承包人原因未按期竣工的，对合同约定的竣工日期后继续施工的工程，在使用价格调整公式时，应采用计划竣工日期与实际竣工日期的两个价格指数中较低的一个作为现行价格指数。反之，由于发包人原因导致工期延误的，应采用计划竣工日期与实际竣工日期的两个价格指数中较高的一个作为现行价格指数。

【例 5-3】某市政工程施工合同中约定：① 基准日为 2020 年 2 月 20 日；② 竣工日期为 2020 年 7 月 30 日；③ 工程价款结算时人工单价、钢材、商品混凝土及施工机具使用费采用价格指数法调差，各项权重系数及价格指数见表 5-2，工程开工后，由于发包人原因导致原计划 7 月施工的工程延误至 8 月实施，2020 年 8 月承包人当月完成清单子目价款 3000 万元，当月按已标价工程量清单价格确认的变更金额为100 万元，则本工程 2020 年 8 月的价格调整金额为多少万元？

某市政工程施工合同各项主材权重系数及价格指数   表 5-2

	人工	钢材	商品混凝土	施工机具使用费	定值部分
权重系数	0.15	0.10	0.30	0.10	0.35
2020 年 2 月指数	100	85	113.4	110	
2020 年 7 月指数	105	89	118.6	113	
2020 年 8 月指数	104	88	116.7	112	

【解】由于发包人原因导致原计划 7 月施工的工程延误至 8 月实施，应采用计划竣工日期与实际竣工日期的两个价格指数中较高的一个作为现行价格指数，即 7 月指数作为现行价格指数：

价格调整金额为：

$(3000+100) \times [0.35+0.15 \times 105/100+0.10 \times 89/85+0.30 \times 118.6/113.4+0.10 \times 113/110-1] = 88.94$（万元）

2）采用造价信息调整合同价格

该方法主要适用于使用的材料品种较多，相对而言每种材料使用量较小的房屋建筑与装饰工程。

施工期内，人工、机械使用费按照国家或省、自治区、直辖市建设行政管理部门、行业建设管理部门或其授权的工程造价管理机构发布的人工成本信息、机械台班单价或机械使用费系数进行调整。

承包人采购材料和工程设备的，合同当事人应在合同中约定主要材料、工程设备价格变化的范围或幅度；当没有约定，且材料、工程设备单价变化超过5%时，超过部分的价格应以下方法计算调整材料、工程设备费。

① 承包人投标报价中材料单价低于基准单价：施工期间材料单价涨幅以基准单价为基础超过合同约定的风险幅度值，或材料单价跌幅以投标报价为基础超过合同约定的风险幅度值时，其超过部分按实调整。

② 承包人投标报价中材料单价高于基准单价：施工期间材料单价跌幅以基准单价为基础超过合同约定的风险幅度值，或材料单价涨幅以投标报价为基础超过合同约定的风险幅度值时，其超过部分按实调整。

③ 承包人投标报价中材料单价等于基准单价：施工期间材料单价涨、跌幅以基准单价为基础超过合同约定的风险幅度值时，其超过部分按实调整。

需要进行价格调整的材料，其单价和采购数应由发包人复核，发包人确认需调整的材料单价及数量，作为调整合同价款差额的依据。

【例 5-4】 某项目施工合同约定，由承包人承担 ±10% 范围内的碎石价格风险，超出部分采用造价信息法调差。已知承包人投标价格、基准期的价格分别为 100 元 $/m^3$、96 元 $/m^3$，2020 年 7 月的造价信息发布价为 130 元 $/m^3$。试确定该月碎石的实际结算价格。

【解】 7 月份价格信息为 130 元 $/m^3$，价格上涨，应以投标价格和基准期的价格中较高的作为计算基数，$100 \times (1+10\%) = 110$ 元 $/m^3$。因此碎石价格上调：$130 - 110 = 20$ 元 $/m^2$。碎石实际结算价应为：$100 + 20 = 120$ 元 $/m^3$。

3. 工程计量与进度款支付

（1）工程量的计量

发包人支付工程进度款前应对承包人实际完成的工程量予以确认或核实。除专用合同条款另有约定外，工程量的计量按月进行。工程量应按合同约定的计量规则、图纸及变更指示等进行计量，工程量计算规则应以相关的国家标准、行业标准为依据，由合同当事人在专用条款中约定。工程量的确认程序如下：

承包人按约定的时间向监理人报送已完工程量报告。

监理人在收到承包人提交工程量报告后 7 天内完成审核并报送发包人，以确定当月实际完成的工程量。监理人对工程量有异议的，有权要求承包人进行共同复核或抽样复测。监理人未在收到报告后 7 天内完成审核的，承包人报送的工程量报告

建设工程施工合同价格的调整

中的工程量视为承包人实际完成的工程量，据此计算工程价款。

（2）工程进度款支付

进度款支付的周期应与计量的周期一致。

1）进度付款申请单的编制

进度付款申请单应包括以下内容：

① 截至本次付款周期已完工作对应的金额；

② 工程变更应增加和扣减的变更金额；

③ 约定应支付的预付款和扣减的返还预付款；

④ 约定应扣减的质量保证金；

⑤ 索赔应增加和扣减的索赔金额；

⑥ 对已签发的进度款支付证书中错误的修正，应在本次支付或扣除的金额；

⑦ 根据合同约定应增加和扣减的其他金额。

2）进度付款申请单的提交

单价合同的进度付款申请单，按计量约定的时间按月向监理人提交，并附上已完工程量报表和有关资料。合同中的总价项目按月进行支付分解，并汇总列入当期进度付款申请单。

总价合同按月计量支付的按约定的时间按月向监理人提交进度付款申请单，并附上已完工程量报表和有关资料。总价合同按支付分解表支付的，承包人应按支付分解表及进度付款申请单编制的约定向监理人提交进度付款申请单。

其他价格形式合同的进度付款申请单提交由合同当事人在专用合同条款中约定进度付款申请单的编制和提交程序。

3）进度款审核与支付

① 除专用合同条款另有约定外，监理人应在收到承包人进度付款申请单以及相关资料后 7 天内完成审查并报送发包人，发包人应在收到后 7 天内完成审批并签发进度款支付证书。发包人逾期未完成审批且未提出异议的，视为已签发进度款支付证书。

发包人和监理人对承包人的进度付款申请单有异议的，有权要求承包人修正和提供补充资料，承包人应提交修正后的进度付款申请单。监理人应在收到承包人修正后的进度付款申请单及相关资料后 7 天内完成审查并报送发包人，发包人应在收到监理人报送的进度付款申请单及相关资料后 7 天内，向承包人签发无异议部分的临时进度款支付证书。存在争议的部分，按照争议解决的约定处理。

② 除专用合同条款另有约定外，发包人应在进度款支付证书或临时进度款支付证书签发后 14 天内完成支付，发包人逾期支付进度款的，应按照中国人民银行发布的同期同类贷款基准利率支付违约金。

5.26 工程竣工阶段的合同管理 ●

1. 竣工验收

竣工验收是全面考核工程是否符合设计要求及达到约定质量标准的重要环节。

当工程具备以下条件后，承包人可申请竣工验收：

1）除发包人同意的甩项工作和缺陷修补工作外，合同范围内的工程以及有关工作均已完成并符合合同要求。

2）已按合同约定编制了甩项工作和缺陷修补工作清单以及相应的施工计划。

3）已按合同的约定内容和份数备齐竣工资料。

以上条件达到后，承包人向监理人报送竣工验收申请报告，监理人应在收到竣工验收申请报告后14天内完成审查并报送发包人。监理人审查后认为已具备竣工验收条件的，将竣工验收申请报告提交发包人，发包人应在收到经监理人审核的竣工验收申请报告后28天内审批完毕并组织监理人、承包人、设计人等相关单位完成竣工验收。

通过竣工验收必须符合以下要求：

① 完成合同范围内的全部工程及有关工作达到规定的竣工条件。

② 工程质量符合国家现行法律、法规、技术标准、设计文件及合同规定的要求。

③ 工程所用的设备和主要建筑材料、构件具有产品质量出厂检验合格证明和技术标准规定的必要进场试验报告。

④ 有勘察、设计、监理、施工单位分别签署的质量合格文件。

⑤ 有完整的工程技术档案和竣工图，已办理工程竣工交付使用的有关手续。

⑥ 已签署工程质量保修书。

竣工验收合格的，发包人应在验收合格后14天内向承包人签发工程接收证书。发包人无正当理由逾期不颁发工程接收证书的，自验收合格后第15天起视为已颁发工程接收证书。

工程接收证书颁发后，承包人按合同约定完成施工现场清理后就可以竣工退场并移交工程给发包人，相应的工程照管、成品保护、保管等义务也随之移交。

2. 提前竣工及甩项竣工

发包人如果要求提前竣工，应当与承包人进行协商，协商一致后签订提前竣工协议，协议应包括内容：提前的时间、承包人采取的赶工措施、发包人为赶工提供的条件、承包人为保证工程质量采取的措施、提前竣工所需的追加合同价款。

因特殊原因，发包人要求部分单位工程或工程部位甩项竣工，双方应另行签订甩项竣工协议，明确各方责任和工程价款的支付方法。

3. 实际竣工日期

工程应按竣工日期竣工。承包人必须按照协议书约定的竣工日期或监理人同意顺延的工期竣工。因承包人原因不能按期竣工的，承包人承担违约责任。

实际竣工日期是认定承包人是否逾期竣工的依据。《最高人民法院关于审理建设工程施工合同纠纷案件适用法律问题的解释（一）》规定，当事人对建设工程实际竣工日期有争议的，人民法院应当分别按以下情形予以认定：

① 建设工程经竣工验收合格的，以竣工验收合格之日为竣工日期；

② 承包人已经提交竣工验收报告，发包人拖延验收的，以承包人提交验收报告之日为竣工日期。

③ 建设工程未经竣工验收，发包人擅自使用的，以转移占有建设工程之日为竣工日期。

4. 竣工结算与支付

工程竣工结算是指工程项目完工并经竣工验收合格后，合同双方按约定对所完成的工程项目进行合同价款的计算、调整和确认。

（1）竣工结算申请

除专用合同条款另有约定外，承包人应在工程竣工验收合格后 28 天内向发包人和监理人提交竣工结算申请单，并提交完整的结算资料，有关竣工结算申请单的资料清单和份数等要求由合同当事人在专用合同条款中约定。

除专用合同条款另有约定外，竣工结算申请单应包括：① 竣工结算合同价格；② 发包人已支付承包人的款项；③ 应扣留的质量保证金，已缴纳履约保证金的或提供其他工程质量担保方式的除外；④ 发包人应支付承包人的合同价款。

（2）竣工结算审核与支付

① 除专用合同条款另有约定外，监理人应在收到竣工结算申请单后 14 天内完成核查并报送发包人。发包人应在收到监理人提交的经审核的竣工结算申请单后 14 天内完成审批，并由监理人向承包人签发经发包人签认的竣工付款证书。监理人或发包人对竣工结算申请单有异议的，有权要求承包人进行修正和提供补充资料，承包人应提交修正后的竣工结算申请单。

建设工程施工竣工结算与最终清算

发包人在收到承包人提交竣工结算申请书后 28 天内未完成审批且未提出异议的，视为发包人认可承包人提交的竣工结算申请单，并自发包人收到承包人提交的竣工结算申请单后第 29 天起视为已签发竣工付款证书。

② 除专用合同条款另有约定外，发包人应在签发竣工付款证书后的 14 天内，完成对承包人的竣工付款。发包人逾期支付的，按照中国人民银行发布的同期同类贷款基准利率支付违约金；逾期支付超过 56 天的，按照中国人民银行发布的同期同类贷款基准利率的两倍支付违约金。

③ 承包人对发包人签认的竣工付款证书有异议的，对于有异议部分应在收到发包人签认的竣工付款证书后 7 天内提出异议，并由合同当事人按照专用合同条款约定的方式和程序进行复核，或按照争议解决约定处理。对于无异议部分，发包人应签发临时竣工付款证书，完成付款。承包人逾期未提出异议的，视为认可发包人的审批结果。

5. 缺陷责任与保修

在工程移交发包人后，承包人还应对承包人原因引起的工程质量承担缺陷责任及保修义务。

（1）缺陷责任

承发包双方应在专用合同条款中约定缺陷责任期的具体期限，缺陷责任期自工程通过竣工验收之日起算，最长不超过 24 个月。

在缺陷责任期内，由承包人原因造成的缺陷，承包人应负责维修，并承担鉴定及维修费用。如承包人不维修也不承担费用，发包人可按合同约定从保证金或银行保函中扣除，费用超出保证金额的，发包人可按合同约定向承包人进行索赔。

缺陷责任期届满后，承包人可向发包人申请返还质量保证金。但承包人仍应按合同约定的工程各部位保修年限承担保修义务。

（2）保修

在工程保修期内，承包人应根据有关法律规定及合同约定承担保修义务。

工程保修期从工程竣工验收合格之日起算，具体分部分项工程的保修期由合同当事人在专用合同条款中约定，但不得低于法定最低保修年限。按我国《建设工程质量管理条例》的规定，在正常使用条件下，建设工程的最低保修期限为：

1）基础设施工程、房屋建筑的地基基础工程和主体结构工程，为设计文件规定的该工程的合理使用年限；

2）屋面防水工程、有防水要求的卫生间、房间和外墙面的防渗漏，为 5 年；

3）供热与供冷系统，为 2 个采暖期、供冷期；

4）电气管线、给水排水管道、设备安装和装修工程，为 2 年。

发包人未经竣工验收擅自使用工程的，保修期自转移占有之日起算。

保修期内，因承包人原因造成的工程缺陷、损坏，承包人负责修复并承担相应费用；因发包人使用不当或其他原因造成的工程缺陷、损坏，可以委托承包人修复，但发包人应承担修复费用并支付承包人合理利润。

（3）质量保证金

质量保证金是指发承包双方在合同中约定，从应付的工程款中预留，用以保证承包人在缺陷责任期内对工程项目出现的缺陷进行维修的资金。

根据《建设工程质量保证金管理办法》，承包人提供质量保证金的方式可以是：

① 相应比例的工程款，不得高于工程结算价的 3%；

② 保函金额不得高于工程结算价 3%。

质保金的扣留可以是以下方式：

① 在支付工程进度款时逐次扣留，在此情形下，质量保证金的计算基数不包括预付款的支付、扣回以及价格调整的金额；发包人累计扣留的质保金不得超过工程结算价的 3%。

② 工程竣工结算时一次性扣留质量保证金。

缺陷责任期满后，承包人可向发包人申请返还保证金。

6. 最终结清

最终结清指合同约定的缺陷责任期终止后，承包人已按合同规定完成全部剩余工作且质量合格的，发包人与承包人结清全部剩余款项的活动。

（1）最终结清申请单

缺陷责任期终止后，承包人已按合同规定完成全部剩余工作且质量合格的，发包人签发缺陷责任终止证书。承包人应在缺陷责任期终止证书颁发后 7 天内，按专用合同条款约定的份数向发包人提交最终结清申请单，并提供相关证明材料。最终结清申请单应列明质量保证金、应扣除的质量保证金、缺陷责任期内发生的增减费用。

发包人对最终结清申请单内容有异议的，有权要求承包人进行修正和提供补充资料，承包人应向发包人提交修正后的最终结清申请单。

（2）最终结清证书和支付

除专用合同条款另有约定外，发包人应在收到承包人提交的最终结清申请单后 14 天内完成审批并向承包人颁发最终结清证书。发包人逾期未完成审批，又未提出修改意见的，视为发包人同意承包人提交的最终结清申请单，且自发包人收到承包人提交的最终结清申请单后 15 天起视为已颁发最终结清证书。

除专用合同条款另有约定外，发包人应在颁发最终结清证书后 7 天内完成支付。发包人逾期支付的，按照中国人民银行发布的同期同类贷款基准利率支付违约金；逾期支付超过 56 天的，按照中国人民银行发布的同期同类贷款基准利率的两倍支付违约金。

承包人对发包人颁发的最终结清证书有异议的，按争议解决的约定办理。

【施工合同价款管理综合案例】

案例背景：某工程项目采用工程量清单招标确定中标人，招标控制价 200 万元，合同工期四个月，承包方费用部分数据如表 5-3 所示。

表 5-3

某工程承包方费用部分数据表

分项工程名称	计量单位	数量	综合单价（元）
A	m³	5000	100
B	m³	750	420
C	t	100	4500
D	m³	1500	150
总价措施项目费	10 万		
其中：安全文明施工费	6 万		
暂列金额	5 万		

注：以上费用均不含规费和税金。

合同中有关工程款支付条款如下：

1. 开工前发包方向承包方支付合同价（扣除安全文明施工费用和暂列金额）的 20% 作为材料预付款。预付款从工程开工后的第三个月开始分两个月均摊抵扣。

2. 安全文明施工费工程款开工前与材料预付款同时支付。

3. 工程进度款按月结算，发包方按每次承包方应得工程款的 80% 支付。

4. 总价措施项目费用剩余部分在开工后四个月内平均支付，结算时不调整。

5. 分项工程累计实际工程量增加（或减少）超过计划工程量的 15% 时，该分项工程的综合单价调整系数为 0.95（或 1.05）。

6. 承包商报价管理费和利润率取 50%（以人工费、机械费之和为基数）。

7. 规费和税金综合费率 18%（以人工费、材料费、机械费、管理费、利润之和为基数）。

8. 竣工结算时业主按工程结算总额的 3% 扣留工程质量保证金。

9. 如遇清单缺项，双方按报价浮动率确定单价。各月计划和实际完成工程量如

表 5-4 所示。

各月计划和实际完成工程量　　　　表 5-4

分项工程		第一个月	第二个月	第三个月	第四个月
A（m³）	计划	2500	2500		
	实际	2500	2500		
B（m³）	计划		375	375	
	实际		250	250	380
C（t）	计划		50	50	
	实际		35	35	45
D（m³）	计划			750	750
	实际			750	800

施工过程中，4 月份发生了如下事件：

1. 业主要求新增一项临时工程（原清单中无本项工作），工程量为 300m³，双方按当地造价管理部门颁布的人材机消耗量、信息价和取费标准确定的综合单价为 500 元/m³。

2. 分项工程 C 主材费用占综合单价的 70%，基准价格指数为 100，第二、第三、第四个月价格指数分别为 100、100、110。由于承包人在第二、三个月 C 分项施工中，施工机械发生故障，致使作业效率明显降低，原计划部分工作被拖至第四个月施工，另外，由于设计变更，业主决定 C 分项新增 15t，并要求在第四个月完成。

问题：

1. 工程签约合同价款为多少万元？开工前业主应拨付的材料预付款和安全文明施工工程价款为多少万元？

2. 列式计算业主第四个月应支付的工程进度款为多少万元？

3. 第五个月办理竣工结算，工程实际总造价和竣工结算款分别为多少万元？（计算结果保留 3 位小数）

【解】

问题 1：

签约合同价款：[（5000×100+750×420+100×4500+1500×150）/10000+10+5]×（1+18%）=193.52（万元）

工程预付款：[193.52-（6+5）×（1+18%）]×20%=36.108（万元）

安全文明施工费工程款：6×（1+18%）×80%=5.664（万元）

问题 2：

B 分项工程：不需要调价部分：750×（1+15%）=862.5（m³）；需要调价部分：

880−862.5=17.5（m³）

[17.5×420×0.95+（380−17.5）×420]/10000×（1+18%）=18.789（万元）

C 分项工程：（115−100）/100=15% ≤ 15%

45×4500/10000×（1+18%）=23.895（万元）

新增部分调差：15×[4500×（30%+70%×110/100）−4500]×（1+18%）/10000=0.558（万元）

小计：23.895+0.558=24.453（万元）

D 分项工程：800×150/10000×（1+18%）=14.16（万元）

总价措施工程款：1×（1+18%）=1.18（万元）

临时工程：

报价浮动率 =1−193.52/200=3.24%

调整后全费用单价 =500×（1+18%）×（1−3.24%）=570.884（元/m³）

570.884×300/10000=17.127（万元）

应支付工程款为：

（18.789+24.453+14.16+1.18+17.127）×80%−36.108/2=42.513（万元）

问题 3：

A 分项工程：5000×100×（1+18%）/10000=59（万元）

B 分项工程：[17.5×420×0.95+（880−17.5）×420]/10000×（1+18%）=43.569（万元）

C 分项工程：115×4500/10000×（1+18%）+0.558=61.623（万元）

D 分项工程：1550×150/10000×（1+18%）=27.435（万元）

实际造价 =59+43.569+61.623+27.435+10×（1+18%）+17.127=220.554（万元）

质保金 =220.554×3%=6.617（万元）

竣工结算款 =220.554−6.617−220.554×80%=37.494（万元）

5.27 建设工程施工合同争议的解决 ┈┈┈┈┈┈┈┈┈┈┈ ●

施工合同的争议，指在合同订立与履行过程中，合同当事人因对合同条款理解产生歧义、当事人未按合同约定履行合同或不履行合同中应承担的义务等原因产生的纠纷。发生合同纠纷的原因较复杂，归纳有以下几点：合同订立不合法、合同条款不完整、合同主体不合法、合同主体诚信缺失等。

在我国，合同争议解决的方式主要有和解、调解、争议评审、仲裁或诉讼几种方式。

1．和解

和解是指合同当事人在自愿互谅的基础上，就已经发生的争议进行协商并达成协议。自行和解达成的协议经双方签字并盖章后作为合同补充文件，双方均应遵照执行。

2．调解

合同当事人可以就争议请求建设行政主管部门、行业协会或其他第三方，依据法律规定或合同约定，对合同双方进行疏导、劝说、调解，调解达成协议的，经双方签字盖章后作为合同补充文件，双方均应遵照执行。

3．争议评审

争议评审程序如下：

（1）确定争议评审小组。合同当事人应在合同签订后28天内或争议发生后14天内，选定1名或3名争议评审员组成争议评审小组。选择1名争议评审员的，由合同当事人共同确定；选择3名争议评审员的，各自选定一名，第三名成员为首席争议评审员，由合同当事人共同确定或委托已选定的争议评审员共同确定，或由专用条款中约定的评审机构制定。除专用合同条款另有约定外，评审员报酬由发包人和承包人各承担一半。

（2）争议评审小组进行评审。合同当事人可在任何时间将与合同有关的任何争议共同提请争议评审小组进行评审。争议评审小组自收到争议评审申请报告后14天内做出书面决定，并说明理由。合同当事人可以在专业合同条款中对本事项另行约定。

（3）合同当事人确认。争议评审小组做出的书面决定经合同当事人签字确认后，对双方具有约束力，双方应遵照执行。任何一方当事人不接受争议评审小组决定或不履行争议评审小组决定的，双方可选择采用其他争议解决方式。

4．仲裁或诉讼

因合同及合同有关事项产生的争议，合同当事人可以在专用合同条款中选择其中一种方式解决争议。

（1）仲裁。仲裁是当事人将争议事项提交双方所选定的仲裁机构进行裁决的一种纠纷解决方式。发承包双方如果选择仲裁方式解决纠纷,必须在合同中订立有仲裁条款或者以书面形式在争议发生前或者发生后达成了请求仲裁的协议。

（2）诉讼。诉讼是指合同当事人请求人民法院刑事审判权,通过审理争议事项并做出具有强制执行力的裁判,从而解决民事纠纷的一种方式。通常合同当事人不愿和解、调解或者和解、调解、争议评审未能达成一致意见,又没有达成仲裁协议或者仲裁协议无效的,可依法向人民法院提起诉讼。建设工程施工合同纠纷提起的诉讼,应当由工程所在地人民法院管辖。

以上几种争议解决的方式中,前三种和解、调解、争议评审的结果不具有强制执行的法律效力,争议能否解决主要依靠当事人自觉履行。但是仲裁与诉讼具有强制执行的法律效力。当仲裁裁决做出后,当事人应当履行裁决,一方当事人不履行的,另一方当事人可以向被执行人所在地或者被执行财产所在地的中级人民法院申请执行。

建设工程施工合同的争议及解除

当双方通过和解、调解或争议评审形成的解决方案双方签字确认后,合同当事人一方未能遵照执行的,另一方可以提请仲裁或诉讼,值得注意的是,若提请了仲裁,仲裁机构已作出了裁决,不能再对同一争议事项向法院提起诉讼判定纠纷,但可向人民法院申请执行仲裁结果。

【施工合同管理综合案例分析】

案例背景:某建设单位（甲方）拟建造一栋 9000m^2 的办公楼,采用工程量清单计价方式通过招标方式确定了由某施工单位（乙方）承建。甲乙双方签订的施工合同摘要如下:

1. 合同协议书中的部分条款

（1）合同工期:计划开工日期2019年3月16日,计划竣工日期2020年3月10日;工期总日历天数330天（扣除春节放假7天）。

（2）工程质量:符合甲方规定标准。

（3）签约合同价与合同价格形式:人民币（大写）壹仟陆佰捌拾玖万元（￥16890000元）,合同价格形式为总价合同。

其中:安全文明施工费为签约合同价的5%,暂列金额为签约合同价的5%。

（4）承包人项目经理:在开工前由承包人采用内部竞聘方式确定。

（5）合同文件构成:

本协议书与下列文件一起构成合同文件:①中标通知书;②投标函及投标函附录;③专用合同条款;④通用合同条款;⑤技术标准和要求;⑥图纸;⑦已标价工程量清单;⑧其他合同文件。

上述文件互相补充和解释,如有不明确或不一致之处,以合同约定次序在先者为准。

2. 专用合同条款中有关合同价款的条款

（1）合同价款及其调整

本合同除如下约定外，合同价款不得调整：

① 当工程量清单项目工程量的变化幅度在 15% 以内时，其综合单价不作调整，执行原合同单价；

② 当工程量清单项目工程量的变化幅度在 15% 以上时，合同价款可作调整；

③ 当材料价格上涨超过 5%，机械设备使用费变化幅度超过 10% 时，调整相应分项工程价款；

（2）合同价款的支付

① 工程预付款：于开工之日交付合同总价的 10% 作为预付款。工程实施后，预付款从工程后期进度款中扣回。

② 工程进度款：基础工程完成后，支付合同总价的 10%；主体结构三层完成后，支付合同总价的 20%；工程基本竣工时，支付合同总价的 30%，为确保工程如期竣工，乙方不得因甲方资金的暂时不到位而停工和拖延工期。

③ 竣工结算：工程竣工验收后，进行竣工结算。结算时按全部工程造价的 3% 扣留工程质量保证金。在质量保修期（50 年）满后，质保金及其利息扣除已支出费用后的剩余部分退还给乙方。

3. 补充协议条款

在上述施工合同协议条款签订后，甲乙双方又签订了补充施工合同协议条款。摘要如下：

补（1）木门均用水曲柳板包门套。

补（2）铝合金窗 90 型系列改用 42 型系列某铝合金厂产品。

补（3）外挑廊均采用 42 型系列某铝合金厂铝合金窗封闭。

问题：

（1）实行工程量清单计价的工程适宜采用何种合同？本案例采用总价合同方式是否违法？

（2）该合同签订的条款有哪些不妥之处？应如何修改？

（3）合同中未规定的承包人义务，合同实施过程中又必须进行的工程内容，承包人应如何处理？

【案例分析】

（1）根据《建设工程工程量清单计价规范》GB 50500—2013 的规定，对实行工程量清单计价的工程，宜采用单价合同的方式。采用总价合同方式并不违法，因为《建设工程工程量清单计价规范》并未强制规定采用单价合同方式。

（2）该合同条款存在的不妥之处及其修改如下：

① 工期总日历天数约定不妥。应按日历天数约定，不扣除节假日时间。

② 工程量质量标准为甲方规定的质量标准不妥。本工程是办公楼工程，目前对该类工程尚不存在其他可以明示的企业或行业标准。因此，不应以甲方规定的质量标准作为该工程的质量标准，而应以《建筑工程施工质量验收统一标准》GB 50300—2013 中规定的质量标准做为该工程的质量标准。

③ 安全文明施工费和暂列金额为签约合同价的拟定比例不妥。应约定具体金额。

④ 承包人在开工前采用内部竞聘方式确定项目经理不妥。应明确为投标文件中拟定的项目经理，如果项目经理人选发生变动，应征得监理人和（或）发包人同意。

⑤ 关于调整内容约定外合同价款不得调整不妥。应根据《建设工程工程量清单计价规范》GB 50500—2013 的规定，全面约定工程价款可以调整的内容。

⑥ 关于根据工程量变化幅度、材料上涨幅度和机械设备使用费变化幅度调整工程价款的约定不妥。应根据《建设工程工程量清单计价规范》规定，全面约定工程价款可以调整的具体方法。

⑦ 工程预付款预付额度和时间不妥。根据《建设工程工程量清单计价规范》GB 50500—2013 的规定：

A. 包工包料工程的预付款的支付比例不得低于签约合同价（扣除暂列金额）的 10%，不宜高于签约合同价（扣除暂列金额）的 30%。

B. 发包人在收到支付申请的 7 天内进行核实，向承包人发出预付款支付证书，并在签发支付证书 7 天内向承包人支付预付款。

C. 应明确约定工程预付款的起扣点和扣回方式。

⑧ 工程价款支付条款约定不妥。"基本竣工时间"不明确，应修订为具体明确的时间；"乙方不得因甲方资金的暂时不到位而停工和拖延工期"条款显失公平，应说明甲方资金不到位在什么期限内乙方不得停工和拖延工期，逾期支付的利息如何计算。

⑨ 工程质量保证金返还时间不妥。根据住房和城乡建设部、财政部颁布的《关于印发建设工程质量保证金管理办法的通知》（建质〔2017〕138 号）的规定，在施工合同中双方约定的工程质量保证金保留时间一般为 1 年，最长不超过 2 年。或按双方约定的缺陷责任期届满后返还质量保证金，而缺陷责任期最长不得超过 24 个月。

⑩ 质量保修期 50 年不妥。应按《建设工程质量管理条例》的有关规定进行修改。

⑪ 补充施工合同协议条款不妥。在补充协议中，不仅要补充工程内容，而且要说明工期和合同价款是否需要调整；若需要调整，应如何调整。

（3）首先应及时与甲方协商，确认该部分工程内容是否由乙方完成。如果需要由乙方完成，则应与甲方商签补充合同条款，就该部分工程内容明确双方各自的权利义务，并对工程计划做出相应调整；如果由其他承包人完成，则乙方要与甲方就该部分工程内容的协作配合条件及相应的费用等问题达成一致意见，以保证工程的顺利进行。

任务 5.3　建设工程施工索赔管理

 **知识目标**

了解索赔的含义、特点，索赔的起因；熟悉施工索赔的程序；掌握施工索赔报告的内容，工期、费用索赔的计算。

 **能力目标**

能执行索赔程序；能编制索赔报告。

 **素质目标**

培养一丝不苟、严谨细致、重视细节、精益求精的职业精神；培养诚实守信、客观公正、坚持准则、知法守法的职业道德。

索赔管理：彰显
契约精神

 **情境导入**

小丁所在的施工项目正在实施中，几天前突然发生了几十年来未有的强力台风，导致已经建好的工程部分损坏、工程停工、现场工人窝工的情况，施工现场清理、修复等工作也造成了施工单位成本的增加，项目经理让小丁向发包人发出一份索赔意向通知以及拟定一份索赔报告，作为职场新人的他又犯难了：索赔意向通知书该如何撰写？索赔报告的内容有哪些呢？

5.3.1 工程施工索赔的基础知识 ···•

1. 索赔的概念及特征

（1）索赔的概念

根据《建设工程工程量清单计价规范》GB 50500—2013，施工索赔是在工程承包合同履行中，当事人一方因非己方原因而遭受损失，按合同约定或法规规定由对方承担责任，从而向对方提出补偿的要求。

索赔是双向的，不仅承包人可以向发包人索赔，发包人同样也可以向承包人索赔。

承包人要求赔偿时，可以选择下列一项或几项方式获得赔偿：

① 延长工期；

② 要求发包人支付实际发生的额外费用；

③ 要求发包人支付合理的预期利润。

发包人要求赔偿时，可以选择下列一项或几项方式获得赔偿：

① 延长质量缺陷修复期限；

② 要求承包人支付实际发生的额外费用；

③ 要求承包人按合同的约定支付违约金。

（2）索赔的特征

从工程施工索赔的基本含义，可以看出索赔具有以下基本特征：

① 索赔是双向的。由于实践中发包人向承包人索赔发生的频率较低，而且在索赔处理中，发包人处于主动和有利的地位，对承包人的违约行为可以直接从应付工程款中抵扣、扣留保留金或通过履约保函向银行索赔来实现自己的索赔要求。因此在工程实践中，大量发生的、处理比较困难的是承包人向发包人的索赔，这也是合同管理的重点内容之一。

② 只有实际发生了经济损失或权利损害，一方才能向对方索赔。经济损失是指因对方因素造成合同外的额外支出，如人工费、材料费、机械费、管理费等额外开支；权利损害是指虽然没有经济上的损失，但造成了一方权利上的损害，如由于恶劣气候条件对工程进度的不利影响，承包人有权要求工期延长等。

③ 索赔是一种未经对方确认的单方行为。索赔与工程签证不同，在施工过程中签证是承发包双方就额外费用补偿或工期延长等达成一致的书面证明材料和补充协议，它可以直接作为工程结算或最终清算的依据。而索赔是单方面行为，对对方尚未形成约束力，索赔要求能否得到最终实现，必须要通过对方确认后才能实现。

④ 索赔不是合同双方的对立，是相对友好合作的方式。索赔会让人联想到争议的仲裁、诉讼或双方激烈的对立，人们往往认为应当尽可能避免索赔，担心因索赔而影响双方的合作。实际上索赔是一种正当的权利或要求，合情、合理、合法的行为，它是在正确履行合同的基础上争取合理的补偿，使得下一步的合同履行能更顺利实施。

2．索赔的起因

在工程施工过程中，由于建设周期长、资金流量大，因而涉及索赔的金额也大，引起索赔的原因多种多样。

（1）发包人违约。发包人未按合同约定提供设计资料、图纸，未及时下达指令、答复请示；未按合同约定的时间交付施工现场、道路，以及提供水电；未按合同约定的时间提供应由业主提供的材料和设备，使工程不能及时开工或造成工程中断；未按合同约定按时支付工程款等，导致承包人的工程成本增加和（或）工期延误，承包人可提出索赔。

（2）合同文件缺陷。合同条文不全、不具体、措辞不当、说明不清楚、有歧义、错误，合同条文间有矛盾；合同文件复杂，双方对合同权利义务的范围、界限的划定理解不一致，导致施工管理的失误从而造成损失，承包人可提出索赔。

（3）施工条件变化。发生了招标文件中对现场条件的描述错误，或有经验的承包人难以合理预见的不利物质条件，如土方开挖中，承包人发现地下古迹或文物，遇到大量地下水等，导致承包人需花费额外的时间和费用处理，承包人可提出索赔。

（4）不可抗力因素。异常恶劣的气候条件或自然灾害；社会动乱、瘟疫、战争等。

（5）平行承包商的干扰。其他承包人未能按时、按序进行并完成某项工作，各承包人之间配合协调不好本合同承包人的工作从而导致损失的，可以向发包人提出索赔。

（6）其他第三方原因。常常表现为与工程有关的第三方问题，如银行付款延误、邮路延误、港口压港等，对本工程产生不利影响从而导致承包人产生损失。

根据《标准施工招标文件》，引起承包人的索赔事件及可补偿内容见表5-5：

《标准施工招标文件》中承包人的索赔事件及可补偿内容　　　　表 5-5

序号	条款号	索赔事件	可补偿内容		
			工期	费用	利润
1	1.6.1	延迟提供图纸	√	√	√
2	1.10.1	施工中发现文物、古迹	√	√	
3	2.3	延迟提供施工场地	√	√	√
4	4.11	施工中遇到不利物质条件	√	√	
5	5.2.4	提前向承包人提供材料、工程设备		√	
6	5.2.6	发包人提供材料、工程设备不合格或延迟提供或变更交货地点	√	√	√
7	8.3	承包人依据发包人提供的错误资料导致测量放线错误	√	√	√
8	9.2.6	因发包人原因造成承包人人员工伤事故		√	
9	11.3	因发包人原因造成工期延误	√	√	√

续表

序号	条款号	索赔事件	可补偿内容		
			工期	费用	利润
10	11.4	异常恶劣的气候条件导致工期延误	√		
11	11.6	承包人提前竣工		√	
12	12.2	发包人暂停施工造成工期延误	√	√	√
13	12.4.2	工程暂停后因发包人原因无法按时复工	√	√	√
14	13.1.3	因发包人原因导致承包人工程返工	√	√	√
15	13.5.3	监理人对已覆盖的隐蔽工程要求重新检查且检查结果合格	√	√	√
16	13.6.2	因发包人提供的材料、工程设备造成工程不合格	√	√	√
17	14.1.3	承包人应监理人要求对材料、工程设备和工程重新检验且检验结果合格	√	√	√
18	16.2	基准日后法律变化		√	
19	18.4.2	发包人在工程竣工前提前占用工程	√	√	√
20	18.6.2	因发包人原因导致工程试运行失败	√	√	
21	19.2.3	工程移交后因发包人原因出现新的缺陷或损坏的修复		√	√
22	19.4	工程移交后因发包人原因出现的缺陷修复后的试验和试运行		√	
23	21.3.1	因不可抗力停工期间应监理人要求照管、清理、修复工程		√	
24	21.3.1	因不可抗力造成工期延误	√		
25	22.2.2	因发包人违约导致承包人暂停施工	√	√	√

3．索赔与违约责任的区别

索赔与违约责任的区别如下：

（1）索赔事件的发生不一定在合同文件中有约定，而合同的违约责任必然是合同所约定的。

（2）索赔事件的发生，可以是由一定行为造成，也可以是不可抗力事件引起的，而追究违约责任必须要有合同不能履行或不能完全履行的违约事实存在，如果发生不可抗力，可以免除追究当事人的违约责任。

（3）索赔事件的发生，可以是合同当事人一方所引起的，也可以是相关第三方行为引起的；而违约则是当事人一方或双方的过错造成的。

（4）有损失的结果才能提出索赔，索赔具有补偿性；违约责任不一定要造成损失结果，违约具有惩罚性。

4．索赔成立的条件

索赔的目的是得到补偿、减少损失，而要取得索赔的成功，须符合以下条件：

（1）与合同对照，事件已造成了承包人损失，如成本的额外增加，或直接的工期延误。

（2）造成费用增加或工期延误的原因，不属于承包人的行为责任或风险责任。

（3）承包人按合同约定的程序提出索赔。

工程索赔的概念及程序

5.3.2 建设工程施工索赔的处理 ··········· ●

1．建设工程施工索赔的程序

（1）承包人的索赔

根据合同约定，承包人认为有权得到追加付款和（或）延长工期的，应按以下程序向发包人提出索赔：

① 索赔通知。承包人应在知道或应当知道索赔事件发生后 28 天内，向监理人递交索赔意向通知书，并说明发生索赔的事由；承包人未在前述 28 天内发出索赔意向通知书的，丧失要求追加付款和（或）工期的权利。索赔意向通知书可参照以下格式编制：

索赔通知

致：_____

在 ×× 年 ×× 月 ×× 日施工过程中，遇到了合同文件中未标明的坚硬岩石，致使我方实际生产率降低，进而引起进度拖延。

由于上述施工条件的变化，对我方造成了实际施工方案与原方案有较大变动，为此向你方提出索赔要求，具体工期索赔及费用索赔依据与计算书在随后的索赔报告中详细说明。

承包商：

×× 年 ×× 月 ×× 日

---

② 递交索赔报告。承包人应在发出索赔意向通知书后 28 天内，向监理人正式递交索赔报告；索赔报告应详细说明索赔理由以及要求追加的付款金额和（或）延长的工期，并附必要的记录和证明材料。

索赔事件具有持续性影响的，承包人应按合理时间间隔继续递交延续索赔通知，说明持续影响的实际情况和记录，列出累计的追加付款金额和（或）工期延长天数。在索赔事件影响结束后 28 天内，承包人应向监理人递交最终索赔报告，说明最终要求索赔的追加付款金额和（或）延长的工期，并附必要的记录和证明材料。

③ 监理人应在收到索赔报告后 14 天内完成审查并报送发包人。监理人对索赔报

告存在异议的，有权要求承包人提交全部原始记录副本。

④ 发包人应在监理人收到索赔报告或有关索赔的进一步证明材料后 28 天内，由监理人向承包人出具经发包人签认的索赔处理结果。发包人逾期答复的，则视为认可承包人的索赔要求。

⑤ 承包人接受索赔处理结果的，索赔款项在当期进度款中进行支付；承包人不接受索赔处理结果的，按照争议解决的约定处理。

（2）发包人的索赔

根据合同约定，发包人认为有权得到赔付金额和（或）延长缺陷责任期的，监理人应向承包人发出通知并附有详细的证明。

① 发包人应在知道或应当知道索赔事件发生后 28 天内通过监理人向承包人提出索赔意向通知书，发包人未在前述 28 天内发出索赔意向通知书的，丧失要求赔付金额和（或）延长缺陷责任期的权利。发包人应在发出索赔意向通知书后 28 天内，通过监理人向承包人正式递交索赔报告。

② 承包人收到发包人提交的索赔报告后，应及时审查索赔报告的内容、查验发包人证明材料。

③ 承包人应在收到索赔报告或有关索赔的进一步证明材料后 28 天内，将索赔处理结果答复发包人。如果承包人未在上述期限内作出答复的，则视为对发包人索赔要求的认可。

④ 承包人接受索赔处理结果的，发包人可从应支付给承包人的合同价款中扣除赔付的金额或延长缺陷责任期；发包人不接受索赔处理结果的，按争议解决的约定处理。

2. 索赔报告的编制

索赔报告的具体内容随索赔事件的性质和特点而有所不同。一般来说，完整的索赔报告应包括以下四个部分：

（1）总述部分

总述部分包括以下内容：序言；索赔事项描述；具体索赔要求；索赔报告编写及审核人员名单。

文中首先要概述索赔事件发生的日期与过程；施工单位为该事件所付出的努力和开支；施工单位的具体索赔要求。在总述部分的最后附上索赔报告编写组主要人员及审核人员的名单、职称、职务及施工经验，以表示该索赔报告的严肃性和权威性。

（2）论证部分

本部分主要说明己方有索赔的权利，这是最终索赔能成立的关键。该部分篇幅可能较长，按照索赔事件发生、发展、处理和最终解决的过程编写，引用的有关合同条款或合同文件、参照的法律法规等，使发包人和监理人能详细了解索赔事件的始末，并充分认识到该项索赔的合理性和合法性。一般说来，可以包含以下内容：索赔事件发生的情况；已递交索赔意向通知书的情况；索赔事件的处理过程；索赔要求的合同根据；所附的证明材料。

（3）计算部分

该部分是详细列出索赔的计算方法和计算过程，说明自己应得到的补偿金额或延长时间。该部分的任务是确定应得到多少索赔金额和工期。

索赔金额的计算部分应阐明以下问题：索赔金额的总额；各项索赔金额的具体构成，如额外开支的人工费、材料费、管理费和损失的利润；指明各项开支的计算依据及证明材料。各项开支应注意其合理性，采用合适的计价方法计算。

（4）证据部分

证据部分包括索赔事件涉及的一切证据资料，以及对这些证据的说明，证据是索赔报告的重要组成部分，没有详实可靠的证据，对发包人没有说服力，索赔极有可能不成功。

索赔的证据应符合以下要求：

真实性。索赔证据必须是在实施合同过程中确定存在和发生的，必须完全反映实际情况，经得起推敲。

全面性。索赔证据应能说明事情的全过程。如事件的发生、事件的影响、采取的措施、索赔的数额等都应有相应证据。

效力性。一般要求证据必须是书面文件，有关记录、协议、纪要必须是双方签署的；工程中重大事件、特殊情况记录和统计必须由发包人代表或监理人签证认可。

索赔的依据通常有以下几种：

① 招标文件、工程合同、发包人认可的施工组织设计、工程图纸、技术规范等；

② 工程有关的设计交底记录、变更图纸、变更施工指令等；

③ 工程各项经发包人或监理人签认的签证；

④ 工程各项往来信件、指令、信函、通知、答复等；

⑤ 工程各项会议纪要；

⑥ 施工计划及现场实施情况记录；

⑦ 施工日报及工长工作日志、备忘录；

⑧ 工程送电、送水，道路开通、封闭的日期及数量记录；

⑨ 工程停电、停水和干扰事件影响的日期及恢复施工的日期记录；

⑩ 工程预付款、进度款拨付的数额及日期记录；

⑪ 工程变更图纸送达的份数及日期记录；

⑫ 工程有关施工部位的照片及录像等；

⑬ 工程现场的气候记录，如有关天气的温度、风力、雨雪等；

⑭ 工程验收报告及各项技术鉴定报告等；

⑮ 工程材料采购、订货、运输、进场、验收、使用等方面的凭据；

⑯ 国家和省级或行业建设主管部门有关影响工程造价、工期的文件、规定等。

3．工期索赔

在施工过程中常常会发生一些未能预见的干扰事件而使施工不能顺利进行，使得预定的施工计划受到干扰，造成工期延长。对此，承包人应首先判断干扰事件带来损失是否有索赔的机会，接着厘清干扰事件的延误时间是多长，然后判断干扰事件对工程活动的影响以及对项目总工期的影响，从而计算出工期的索赔值。

工期索赔的机会

判断是否有工期索赔的机会的前提是工期延误的责任划分。因承包人过失或应由承包商承担的风险事件发生造成的拖期，属于不可原谅的拖期，如施工组织不合理、施工机械损坏等是不能给予工期补偿的；而可原谅的拖期是非承包商原因造成的，有业主的过失，监理人的指令，不可抗力事件，不利的物质条件等客观原因造成的拖期等。综合来说，符合索赔定义中的损失是"非己方原因"，都是有工期索赔机会的。

确认有工期索赔的机会后，接着要厘清干扰时间造成施工的延误时间。通常，干扰施工的事件分为单一延误、交叉延误、共同延误三种情况。

（1）单一延误。指在某一延误事件从发生到中止的时间间隔内，没有其他延误事件的发生，该延误事件称为单一延误事件。单一延误事件造成的延误时间容易判断，即事件的延续事件。

如：某工程施工中应由发包人供应的材料比合同约定的时间晚了两个月到达，期间无其他干扰施工事件，此时，该单一延误事件可计算 2 个月的延误时间。

（2）交叉延误。当两个或两个以上的延误事件从发生到终止有部分时间重合时，称为交叉延误。在计算交叉延误事件的延误时间时，事件重合部分只计一次。

如：本应由发包人在 9 月 1 日提供的图纸，直到 10 月 20 日才送达承包人手中，延迟了 50 天；由发包人供应的主要材料设备本应在 10 月 15 日运抵现场，直到 10 月 30 日才抵达，延迟了 15 天。这两个由发包人造成的延误事件，在计算延误时间时，如按 50 天 +15 天 =65 天计算，10 月 15 日至 10 月 20 日这 6 天的重合时间是重复计算了两次，因此，需要扣除一次计算，即 65 天 -6 天 =59 天，两个交叉延误事件的延误时间为 59 天。

在实际工程中，常常会出现几件交叉延误事件有发包人责任的事件、也有承包人责任的事件，那此时事件发生的时间重合部分是否可以计入延误时间呢？这种情况下，应遵照"初始延误"者负责的原则判断：

① 首先判断哪件延误事件最先发生的，即确定"初始延误者"，该方对工程拖期负责。在初始延误发生作用期间，其他并发者不承担拖期责任。

② 如果初始延误者是发包人，则在发包人原因造成的延误期内，承包人既可得到工期补偿，又可得到经济补偿。

③ 如果初始延误者是客观原因，则在客观原因发生影响的延误期内，承包人可以得到工期补偿，但很难得到费用补偿。

④ 如果初始延误者是承包人原因，则在承包人原因造成的延误期内，承包人既不能得到工期补偿，也不能得到费用补偿。

某项目施工过程中发生了几件干扰施工的延误事件，分别如下：

事件 1：应于 5 月 20 日提供给承包人的图纸到 5 月 26 日才交给承包人，延迟了 6 天；

事件 2：5 月 24 日承包人的施工设备出现故障，维修 6 天时间，5 月 30 日才修复完毕正常使用；

事件 3：5 月 29 日至 6 月 1 日这 4 天出现罕见暴雨，该地区供电全面中断无法施工。

从三个事件发生的时间来看，事件 1 和 2，事件 2 和 3 有重合部分，因此三个事件为交叉延误事件。事件 1 是可原谅拖期，而事件 2 是不可原谅拖期，两个事件日期重合部分为 5 月 24 日、5 月 25 日两天，这两天的初始延误者是事件 1 中的发包人原因，因此可以计入延误时间；而事件 2 与事件 3 发生日期的重合部分为 5 月 29 日一天，而这一天的初始延误者是承包人原因，因此不能计入延误事件。综合来看，3 个事件可计算的延误时间为 6+3=9 天。

（3）共同延误。当两个或两个以上的延误事件从发生到终止的时间完全相同时，这些事件称为共同延误。共同延误是交叉延误的一种特例，如同时发生的事件都属于可原谅拖期，按交叉事件的重合时间只确认一次的原则处理；当可原谅拖期与不可原谅拖期同时发生时，按工程索赔惯例通常是按对发包人有利的原则处理，即不能计算延误时间。

在实际工程施工中，常常由于工程变更或实际施工情况，造成工程量的增加从而增加施工时间，此时的延误时间可以用比例法计算：

延误时间 = 原合同总工期 × (额外增加的工程量的价格 ÷ 原合同总价)

或：延误时间 = 原合同工期 × (额外增加的工作量 ÷ 原合同的工作量)

施工项目某分部分项工程在合同签订时工程量清单中为 $300m^3$，后因设计变更增至 $360m^3$，原施工组织进度计划中该项工作的计划工期为 5 天，则该变更可计算的工期增加时间为：$5 \times [(360-300) \div 300] = 1$（天）。

以上内容是对所发生的干扰事件的延误时间进行计算，但是，承包人提出的工期索赔值就一定等于延误时间吗？答案是否定的，从整个施工组织计划进度来看，有些干扰事件造成的延误可能会影响整个项目施工的进度，从而影响总工期，而有些干扰事件尽管暂时造成了某项工作施工拖延，但未必会影响整个施工项目的总工期。因此，承包人提出的工期索赔值，应结合整体施工进度计划来具体分析。

承包人应根据合同约定或双方认可的施工总进度计划、详细进度计划的网络图，核对干扰事件所影响的工作在施工进度计划网络图的位置，进而判断工期索赔值。具体计算如下：

① 当干扰事件发生在进度计划网络图的关键线路，因关键线路上的工作都是关键工作，只要被延误，都会影响总工期，因此，工期索赔值 = 干扰事件的延误时间。

② 当干扰事件发生在进度计划网络图的非关键线路：

干扰事件的延误时间 ≤ 该工作总时差，说明该工作有时差可以利用，其滞后不影响总工期，因此，不能索赔工期；

干扰事件的延误时间 > 该工作总时差，该工作有时差可利用，但延误时间过长，超过了该工作可自由支配的时间，最终会影响总工期，因此，可以索赔工期，工期索赔值 = 延误时间 – 该工作总时差。此时，因为该干扰事件的延误，非关键线路会转化为关键线路。

工期索赔的计算

【工期索赔综合案例】

某工程施工项目框架结构施工后的进度计划如图 5-1 所示，框架结构施工于 6 月 1 日开始，施工过程中发生以下几个干扰事件拖延了施工：

事件 1：围护结构施工的图纸变更，应于 6 月 4 日提供的图纸，承包人 6 月 8 日才收到；

事件 2：发包人提供的围护结构材料应于 6 月 7 日到达，6 月 9 日才送达；

事件 3：屋面工程某种防水材料由发包人提供，材料应于 6 月 4 日前到达，延迟到了 6 月 6 日；

事件 4：由于施工单位人员安排的失误，屋面防水施工工人本该 6 月 3 日进场施工，延迟到了 6 月 5 日进场；

事件 5：6 月 10 日到 6 月 12 日罕见特大暴雨造成全区供电中断，项目全面停工。

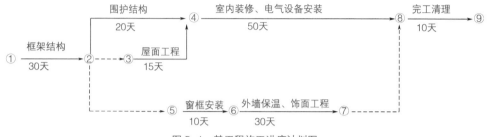

图 5-1　某工程施工进度计划图

承包人于 6 月 15 日提交施工索赔报告，工期索赔值应如何计算？

【案例分析 5-1】

第一步：将几个干扰事件按所影响的工作面进行整理：

围护结构：图纸变更延误 6 月 4 日到 6 月 7 日，4 天；发包人材料延迟：6 月 7 日到 6 月 8 日，2 天；停电：6 月 10 日到 6 月 12 日，3 天。

屋面工程：发包人材料延迟：6 月 4 日到 6 月 5 日，2 天；承包人人工安排失误：6 月 3 日到 6 月 4 日，2 天；停电：6 月 10 日到 6 月 12 日，3 天。

窗框安装：停电 6 月 10 日到 6 月 12 日，3 天。

第二步：计算每个工作面被延误的时间：

围护结构：三个事件共 4+3+2=9（天），但 6 月 7 日为事件 1 与事件 2 重合部分，只计一次，因此，延误时间为 4+2+3-1=8（天）。

屋面工程：承包人人工安排失误属于不可原谅拖期，不计入延误时间，事件 3 与事件 5 共 2+3=5（天），6 月 4 日为事件 3 与事件 4 重合部分，且初始延误者为承包人责任，不计入延误事件，因此，延误时间 =5-1=4（天）。

窗框安装：干扰事件为单一延误，延误时间 =3（天）。

第三步：结合进度计划网络图判断工期索赔：

该项目进度计划网络图关键线路为：①②④⑧⑨，工期为 110 天。

围护结构施工为关键线路上的关键工作，工期索赔值 = 延误时间 =8（天）；

屋面工程为非关键工作，总时差为 5 天，延误时间＜该工作总时差，不可索赔工期；

窗框安装为非关键工作，总时差为 30 天，延误时间＜该工作总时差，不可索赔工期。

综上，5 个干扰事件共可以索赔工期 8 天。

4．费用索赔

费用索赔是工程索赔的重要组成部分，是承包人进行索赔的主要目标，索赔的成功与否及其大小关系到承包人的盈亏，也影响业主工程项目的建设成本，因而费用索赔常常是最困难的。费用索赔的计算不仅要依据合同条款及合同规定的计价原则及方式，还要依据招投标阶段采用的计算基础和方法以及施工历史资料，因此索赔金额的确认是一项极困难的工作。

（1）费用索赔事件

根据事件发生的类型以及相关的索赔费用，可将索赔事件分为三种情形：

① 甲方责任事件——自身行为不当导致，通过自身努力可避免，如延迟提供图纸、延迟提供施工场地、提供的材料或设备不合格、提供的资料错误等，这种情形通常可以索赔损失的费用及合理利润；

② 甲方风险事件——非自身行为不当导致，自身不可避免，如停水停电、遇到不利物质条件、施工中发现文物古迹等，这种情形通常可以索赔损失的费用，利润一般不索赔；

③ 不可抗力事件——不能预见、不能避免、不能克服，如洪水、地震、异常恶劣天气等，合同双方可以在专用条款中约定不可抗力事件发生后的风险分担或按以下原则分配风险：

A. 发包人承担的责任有：合同工程本身的损害、因工程损害导致第三方人员伤亡和财产损失以及运至施工场地用于施工的材料和待安装的设备的损害；停工期间，承包人应发包人要求留在施工场地必要管理人员及保卫人员的费用；工程所需清理、修复费用；发包方人员伤亡。

B. 承包人承担的责任有：承包人的施工机械设备损坏及停工损失；承包方人员伤亡。

费用索赔的机会

（2）索赔费用的组成

索赔费用的要素与工程造价的构成基本相似，包含下列内容：

① 人工费。人工费的索赔包括：由于完成合同之外的额外工作所花费的人工费用；超过法定工作时间加班劳动；法定人工费增长；因非承包人原因导致工效降低所增加的人工费用；因非承包人原因导致工程停工的人员窝工费和工资上涨费等。在计算停工损失中的人工费时，通常采取人工单价乘以折算系数计算。

② 材料费。材料费的索赔包括：由于索赔事件的发生造成材料实际用量超过计划用量而增加的材料费；由于发包人原因导致工程延期期间的材料价格上涨和超期储存费用。材料费中应包含运输费、保管费以及合理的损耗费用。

③ 施工机具使用费，主要内容为施工机械使用费。包括：由于完成合同之外的

额外工作所增加的机械使用费；因非承包人原因导致工效降低所增加的机械使用费；由于发包人或监理人指令错误或延迟导致施工停工的台班停滞费。在计算机械设备台班停滞费时，不能按机械设备台班费计算，因为台班费中包括设备使用费。如果机械设备是承包人自有设备，一般按台班折旧费、人工费和其他费之和计算；如果是承包人租赁的设备，一般按台班租金加上每台班分摊的施工机械进出场费计算。

④ 现场管理费。现场管理费的索赔包括承包人完成合同之外的额外工作以及由于发包人原因导致工期延期期间的现场管理费，由管理人员工资、办公费、通信费、交通费等组成。现场管理费索赔金额的计算公式为：

现场管理费索赔金额 = 索赔的直接成本费用 × 现场管理费率

其中，现场管理费率的确定可以选：

A. 合同百分比，即管理费比率在合同中的规定；

B. 行业平均水平，即公开认可的行业标准费率；

C. 原始估价法，即采用投标报价时确定的费率；

D. 历史数据法，即采用以往相似工程的管理费率。

总部（企业）管理费。指由于发包人原因导致工程延期期间所增加的承包人向公司总部提交的管理费。总部管理费可以采用以下方法计算：

A. 按总部管理费的比率计算：总部管理费索赔金额 =（直接费索赔金额 + 现场管理费索赔金额）× 总部管理费率

B. 按已获补偿的工期延期天数为基础计算。该公式是在承包人已获得工期延期索赔的批准后，进一步计算总部管理费索赔的计算方法，步骤如下：

第一步，计算被延期工程应分摊的总部管理费：

延期工程应分摊的总部管理费 = 同期公司计划总部管理费 ×（延期工程合同价格 ÷ 同期公司所有工程合同价格）

第二步，计算被延期工程的日平均总部管理费：

延期工程的日平均总部管理费 = 延期工程应分摊的总部管理费 ÷ 延期工程计划工期

第三步，计算索赔的总部管理费：

索赔的总部管理费 = 延期工程的日平均总部管理费 × 工程延期天数

⑤ 保险费。因发包人原因导致工程延期时，承包人必须办理工程保险、施工人员意外伤害保险等各项保险的延期手续，对于由此而增加的费用，承包人可以提出索赔。

⑥ 保函手续费。因发包人原因导致工程延期时，承包人必须办理相关履约保函的延期手续，对于由此而增加的手续费，承包人可以提出索赔。

⑦ 利息。利息的索赔包括：发包人拖延支付工程款利息；发包人迟延退还工程

质量保证金的利息；承包人垫资施工的垫资利息；发包人错误扣款的利息等。至于具体的利率标准，双方可以在合同中明确约定，没有约定或约定不明的，可以按照中国人民银行发布的同期同类贷款利率计算。

⑧ 利润。一般来说，由于工程范围的变更、发包人提供的文件有缺陷或错误、发包人未能提供施工场地以及因发包人违约导致的合同终止等事件引起的索赔，承包人都可以列入利润。

⑨ 分包费用。由于发包人的原因导致分包工程费用增加时，分包人只能向总承包人提出索赔，但分包人的索赔款项应当列入总承包人对发包人的索赔款项中。

费用索赔的计算

【工程索赔综合案例】

某施工单位（乙方）与建设单位（甲方）签订了某工程施工总承包合同，合同约定：工期600天，工期每提前（或拖后）一天，奖励（或罚款）一万元（含税费）。经甲方同意，乙方将电梯和设备安装工程分包给具有相应资质的专业承包单位（丙方）。分包合同约定：分包工程施工进度必须服从施工总承包进度计划的安排，施工进度奖罚约定与总承包合同的工期奖罚相同；因发生的甲方风险事件导致的工人窝工和机械闲置费用，只计取规费、税金。因甲方责任事件导致的工人窝工和机械闲置，除计取规费、税金外，还应补偿现场管理费，补偿标准约定为500元/天。乙方按时提交了施工网络计划，如图5-2所示（时间单位：天），并得到了批准。

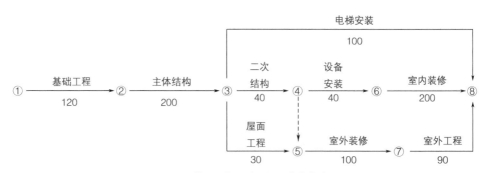

图5-2 某工程施工总承包网络进度计划

施工过程中发生了以下事件：

事件1：7月25日至26日基础工程施工时，由于特大暴雨引起洪水突发，导致现场无法施工，基础工程专业队30名工人窝工，天气好转后，27日该专业队全员进行现场清理，所用机械持续闲置3个台班（台班费：800元/台班），28日乙方安排基础作业队修复被洪水冲坏的部分基础12m³（综合单价480元/m³）。

事件2：8月7日至10日主体结构施工时，乙方租赁的大模板未能及时进场，随后的8月9日至12日，工程所在地区供电中断，造成40名工人持续窝工6天，所用机械持续闲置 6 个台班（台班费：900 元 / 台班）。

事件 3：屋面工程施工时，乙方劳务分包队伍人员未能及时进场，造成施工时间延长 8 天。

事件 4：设备安装过程中，甲方采购的制冷机组因质量问题退换货，造成丙方 12 名工人窝工，租赁的施工机械闲置 3 天（租赁费 600 元 / 天），设备安装工程完工时间拖延 3 天。

事件 5：因甲方对室外装修设计的效果不满意，要求设计单位修改设计，致使图纸交付拖延，使室外装修作业推迟开工 10 天，窝工 50 个工日，租赁的施工机械闲置 10 天（租赁费 700 元 / 天）。

事件 6：应甲方要求，乙方在室内装修施工中，采取了加快施工的技术组织措施，使室内装修施工时间缩短了 10 天，技术组织措施人材机费用 8 万元。

其余各项工作未出现导致作业时间和费用增加的情况。

问题：

1. 乙方可否就上述每项事件向甲方提出工期和（或）费用索赔？简要说明理由。

2. 丙方因制冷机组退换货导致的工人窝工和租赁设备闲置费用损失应由谁给予补偿？

3. 工期索赔多少天？实际工期为多少天？工期奖（罚）是多少元？

4. 假设工程所在地人工费标准为 80 元 / 工日，窝工人工费补偿标准为 50 元 / 工日；机械闲置补偿标准为正常台班费的 60%；该工程管理费按人工、材料、机械费之和的 6% 计取，利润按人工、材料、机械费和管理费之和的 4.5% 计取，规费按人工、材料、机械费和管理费、利润之和的 6% 计取，增值税为 9%。问：承包商应得到的费用索赔是多少？

【案例分析】

从工程网络计划图中可知，该工程进度计划的关键线路：①→②→③→④→⑥→⑧，关键工作为基础工程、主体结构、二次结构、设备安装、室内装修。

问题 1：

事件 1：可以提出工期和费用索赔；因为洪水突发属于不可抗力，是甲、乙双方的共同风险，由此引起的场地清理、修复被洪水冲坏的部分基础的费用应由甲方承担，且基础工程为关键工作，延误的工期顺延。

事件 2：可以提出工期和费用索赔；因为供电中断是甲方风险事件，由此导致的工人窝工和机械闲置费用应由甲方承担，且主体结构工作为关键工作，延误的工期顺延。

事件 3：不可以提出工期和费用索赔；因为劳务分包队伍人员未能及时进场属于乙方的责任，其费用和时间损失不应由甲方承担。

事件4：可以提出工期和费用索赔，因为该设备由甲方购买，其质量问题导致费用损失应由甲方承担，且设备安装为关键工作，延误的工期顺延。

事件5：可以提出费用索赔，但不可以提出工期索赔，因为设计变更属于甲方责任，但该工作为非关键工作，延误的时间没有超过该工作的总时差。

事件6：不可以提出工期和费用索赔，因为通过采取技术措施使工期提前，可按合同规定的工期奖罚办法处理，因赶工而发生的施工技术组织措施费应由乙方承担。

问题2：

丙方的费用损失应由乙方给予补偿。因为丙方与乙方有合同关系，对于分包合同来说，制冷机组质量问题是乙方的风险事件。

问题3：

工期索赔：事件1索赔4天，事件2索赔2天，事件4索赔3天。共可索赔9天。

实际工期：关键线路上工作持续时间变化有：基础工程增加4天；主体结构增加6天；设备安装增加3天；室内装修减少10天。因此，实际工期为：600+4+6+3-10=603（天），工期提前奖励：[（600+9）-603]×1=6（万元）

问题4：

事件1费用索赔：[30×80×（1+6%）×（1+4.5%）+12×480]×（1+6%）×（1+9%）=9726.71（元）

事件2费用索赔：（40×2×50+2×900×60%）×（1+6%）×（1+9%）=5869.43（元）

事件4费用索赔：（12×3×50+3×600+3×500）×（1+6%）×（1+9%）=5892.54（元）

事件5费用索赔：（50×50+10×700+10×500）×（1+6%）×（1+9%）=16753.30（元）

费用索赔合计：9726.71+5869.43+5892.54+16753.30=38241.98（元）

单元小练

一、单选题

1.《民法典》对合同的形式规定可以采用口头形式，也可以采用书面形式。建设工程合同应当采用（　　　）。

A. 书面形式　　　　　　　　　　　B. 口头形式

C. 书面形式和口头形式　　　　　　D. 书面形式或口头形式

2.某施工单位在一写字楼项目的招标中中标，那么该施工单位与发包人签订《建设工程施工合同》时，其合同价应该是（　　　）。

A. 标底价　　　　　　　　　　　　B. 评标价

C. 中标价　　　　　　　　　　　　D. 上述三者的一个加权值

3.某工程的投资规模为125万元，砖混结构，工期7个月且施工图纸比较齐全，

请问该工程最适宜采用什么计价形式的合同?(　　)

 A. 单价合同   B. 总价合同

 C. 可调价格合同   D. 成本加酬金合同

4.《建设工程施工合同(示范文本)》GF—2017—0201 主要适用于(　　)。

 A. 专业分包   B. 劳务分包

 C. 工程总承包   D. 施工总承包

5.《建设工程施工合同(示范文本)》GF—2017—0201 主要由《协议书》《通用合同条款》《专用合同条款》三部分组成,其中哪一部分是针对不同具体工程就双方的权利义务关系等做出具体的约定?(　　)

 A.《专用合同条件》   B.《协议书》

 C.《通用合同条款》   D.《专用合同条款》

6. 某建筑工程项目施工合同在履行过程当中,出现了该施工合同的专用合同条款和通用合同条款约定不一致,那么请问如何按合同对该事件进行处理?(　　)

 A. 按该合同的合同争议处理 B. 按该合同的专用合同条款处理

 C. 按该合同的通用合同条款处理 D. 按监理工程师的意见处理

7. 建设项目施工许可证的申请人是(　　)。

 A. 监理单位   B. 施工单位

 C. 建设行政管理部门   D. 建设单位

8.《建设工程施工合同(示范文本)》规定,工程施工完毕,经验收确认达到竣工标准,应以(　　)日确认为承包人的实际竣工日期。

 A. 承包人自检合格

 B. 承包人递交竣工验收报告

 C. 竣工验收开始

 D. 竣工检验完毕,有关各方在竣工检验报告签字

9. 根据《示范文本》的规定,"将施工所需水、电、通信线路从施工场地外部接至专用条款约定地点,保证施工期间的需要。"这项工作是(　　)的工作。

 A. 承包人   B. 发包人

 C. 监理工程师   D. 设计人

10. 已竣工工程未交付发包人之前,承包人按专用条款约定负责已完工程的成品保护工作,保护期间发生损坏的,修复费用应由谁来承担?(　　)

 A. 承包人   B. 损坏人

 C. 发包人   D. 承包人和发包人共同承担

11. 在《建设工程施工合同(示范文本)》中,监理人对隐蔽工程重新验收合格,则(　　)。

 A. 承包人承担追加的合同价款,工期不顺延

B. 发包人承担追加的合同价款，工期顺延

C. 承包人赔偿发包人的损失，工期不顺延

D. 发包人赔偿承包人的损失，工期不顺延

12.《建设工程施工合同（示范文本）》规定，工程质量保修期的起算日期是（　　）。

A. 竣工日 　　　　　　　　　　　　B. 竣工验收合格日

C. 完成全部施工任务之日 　　　　　D. 签订保修责任之日

13. 为了保证工程质量,《建设工程质量管理条例》规定（　　）的最低质量保修期限为 5 年。

A. 地基基础工程 　　　　　　　　　B. 防水工程

C. 给水排水工程 　　　　　　　　　D. 设备安装工程

14.《中华人民共和国建筑法》规定，建筑物在合理使用寿命内，必须确保地基基础工程和（　　）的质量。

A. 给水水排水工程 　　　　　　　　B. 主体工程

C. 装饰工程 　　　　　　　　　　　D. 屋面防水

15.《中华人民共和国建筑法》规定，建筑工程主体结构的施工（　　）。

A. 必须由总承包单位自行完成

B. 可以由总承包单位分包给具有相应资质的其他施工单位

C. 经总监理工程师批准，可由总承包单位分包给具有相应资质的其他施工单位

D. 经业主批准，可由总承包单位分包给具有相应资质的其他施工单位

16. 下列哪些情况，承包商不能要求延长工期（　　）。

A. 异常恶劣的气候条件 　　　　　　B. 征地拆迁延误

C. 工程变更 　　　　　　　　　　　D. 承包商施工准备延误

17. 某项目在施工过程中，由于建设单位没有筹措到资金而未按照约定向施工单位支付工程款，该行为属于（　　）。

A. 合法行为 　　　　　　　　　　　B. 自然事件

C. 违约行为 　　　　　　　　　　　D. 社会事件

18. 暂停施工持续（　　）以上不复工的，且不属于承包人原因引起的暂停施工及不可抗力约定的情形，并影响到整个工程以及合同目的实现的，承包人有权提出价格调整要求，或者解除合同。

A.28 天 　　　　　　　　　　　　　B.56 天

C.84 天 　　　　　　　　　　　　　D.110 天

19. 发包人自行供应材料、工程设备的，承包人应提前（　　）通过监理人以书面形式通知发包人供应材料与工程设备进场。

A.14 天 　　　　　　　　　　　　　B.15 天

C.28 天 　　　　　　　　　　　　　D.30 天

20. 除专用合同条款另有约定外，工程量的计量按（　　）进行。

A. 年 　　　　　　　　　　　B. 季度

C. 月 　　　　　　　　　　　D. 天

21. 缺陷责任期自实际竣工日期起计算，合同当事人应在专用合同条款约定缺陷责任期的具体期限，但该期限最长不超过（　　）。

A.6 个月 　　　　　　　　　　B.12 个月

C.24 个月 　　　　　　　　　　D.36 个月

22. 承包人应在索赔事件发生后多少天内，按合同约定程序以书面形式向监理工程师发出索赔意向通知？（　　）

A.7 天 　　　　　　　　　　　B.14 天

C.21 天 　　　　　　　　　　　D.28 天

23. 关于承包人的索赔程序，正确的顺序是（　　）。

① 递交索赔报告；② 发出索赔意向通知；③ 确定合理的补偿额；

④ 发包人审查索赔处理；⑤ 承包人是否接受最终处理；

⑥ 监理工程师审核索赔报告。

A. ①→②→③→④→⑥→⑤ 　　　B. ②→①→⑥→③→④→⑤

C. ①→②→⑥→③→④→⑤ 　　　D. ②→①→③→④→⑥→⑤

二、多选题

1.《建设工程施工合同（示范文本）》规定，以下可以顺延工期的有（　　）。

A. 设计变更 　　　　　　　　　B. 发包人提供的测量基准点不准确

C. 分包人的施工干扰 　　　　　D. 不可抗力

E. 发包人不能按合同约定日期支付预付款，使工程不能正常进行

2.《建设工程施工合同（示范文本）》中规定，发包人的主要违约责任有（　　）。

A. 因发包人原因未能在计划开工日期前 7 天内下达开工通知的

B. 因发包人原因未能按合同约定支付合同价款的

C. 因发包人违反合同约定造成暂停施工的

D. 发包人未能按照合同约定履行其他义务的

E. 工程质量达不到协议书约定的质量标准

3. 合同争议的处理方式通常包括：协商和解、（　　）等。

A. 调解 　　　　　　　　　　　B. 仲裁

C. 诉讼 　　　　　　　　　　　D. 裁决

E. 解除合同

4. 下列哪些工作属于发包人的义务？（　　）

A. 办理土地征用

B. 平整施工场地

C. 将施工所需的水、电等接至专用条款约定地点

D. 向承包人提供施工场地的工程地质和地下管线资料，但不对其真实准确性负责

E. 确定水准点

5. 下列哪些工作属于承包人的义务？（　　　　）

A. 办理施工许可证

B. 向工程师提供工程进度计划

C. 向发包人提供施工场地办公和生活的设施，但不承担由此发生的费用

D. 组织图纸会审

E. 办理安全生产许可证

6. 下列哪些因不可抗力事件导致的费用由承包人承担？（　　　　）

A. 工程本身的损害　　　　　　　　B. 运至施工场地用于施工的材料的损害

C. 承包人人员伤亡　　　　　　　　D. 承包人机械设备损害

E. 承包人停工损失

7. 隐蔽工程检查基本程序包括以下内容（　　　　）。

A. 承包人对工程隐蔽部位进行自检，确认具备覆盖条件

B. 承包人书面通知监理人检查，监理人应按时到场并对隐蔽工程及其施工工艺、材料和工程设备进行检查

C. 经监理人检查确认质量符合隐蔽要求的，报发包人组织共同检查，检查合格并在验收记录上签字后，承包人才能进行覆盖

D. 承包人覆盖工程隐蔽部位后，发包人或监理人对质量有疑问的，可要求承包人对已覆盖的部位进行钻孔探测或揭开重新检查

E. 重新检查的费用由发包人承担

8. 除专用合同条款另有约定外，合同履行过程中发生以下（　　　　）情形的，应按照约定进行变更。

A. 增加或减少合同中任何工作，或追加额外的工作

B. 取消合同中的部分工作并转由他人实施

C. 改变合同中任何工作的质量标准或其他特性

D. 改变工程的基线、标高、位置和尺寸

E. 改变工程的时间安排或实施顺序

9. 以下（　　　　）情况下承包人的工期索赔是合理的。

A. 现场地质情况与招标人提供的不符

B. 因洪水暂停施工

C. 业主延误支付工程款

D. 设计变更工程量增大

E. 租赁的施工设备有故障

10. 下列哪些资料可以作为索赔的证据？（　　　）

A. 合同资料　　　　　　　　　B. 日常的工程资料

C. 合同双方信息沟通资料　　　D. 气候报告

E. 地下管线资料

三、判断题

1. 发包人一定要给承包人工程预付款，否则承包人可停止施工。　　　　（　　　）

2. 承包人要更换项目经理，应至少提前7天通知发包人，并征得发包人同意。

（　　　）

3. 在施工过程中，对施工现场实行安全保卫是承包人的工作。　　（　　　）

4. 承包人要延期开工，须征得发包人同意。　　　　　　　　　（　　　）

5. 发包人要延期开工，须征得承包人同意。　　　　　　　　　（　　　）

6. 由承包人采购的材料设备，发包人不得指定生产厂或供应商。　（　　　）

7. 施工中承包人发现图纸有错误可对其进行修改。　　　　　　（　　　）

8. 工程竣工验收通过的日期，为实际竣工日期。　　　　　　　（　　　）

9. 分包工程价款由发包人与分包单位结算。　　　　　　　　　（　　　）

10. 由承包人原因发生的火灾属于不可抗力。　　　　　　　　（　　　）

11. 质量保修期自工程竣工验收合格之日起计算。　　　　　　（　　　）

12. 由于环保部门要求修改设计，则由业主承担相应的责任。　（　　　）

13. 根据合同文件的优先解释顺序，专用条款与通用条款有矛盾时以专用条款为准。　　　　　　　　　　　　　　　　　　　　　　　（　　　）

14. 由于发包人原因导致非关键线路上工期延误，承包人一定可以索赔工期。

（　　　）

15. 发包人未按合同履约，但未给承包人造成任何损失，承包人也可以索赔工期和费用。　　　　　　　　　　　　　　　　　　　　（　　　）

单元6　建设工程总承包合同管理

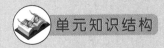 单元知识结构

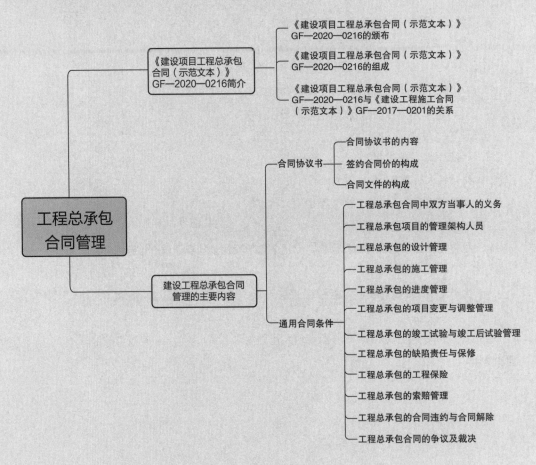

工程总承包合同管理

《建设项目工程总承包合同（示范文本）》GF—2020—0216简介
- 《建设项目工程总承包合同（示范文本）》GF—2020—0216的颁布
- 《建设项目工程总承包合同（示范文本）》GF—2020—0216的组成
- 《建设项目工程总承包合同（示范文本）》GF—2020—0216与《建设工程施工合同（示范文本）》GF—2017—0201的关系

建设工程总承包合同管理的主要内容
- 合同协议书
  - 合同协议书的内容
  - 签约合同价的构成
  - 合同文件的构成
- 通用合同条件
  - 工程总承包合同中双方当事人的义务
  - 工程总承包项目的管理架构人员
  - 工程总承包的设计管理
  - 工程总承包的施工管理
  - 工程总承包的进度管理
  - 工程总承包的项目变更与调整管理
  - 工程总承包的竣工试验与竣工后试验管理
  - 工程总承包的缺陷责任与保修
  - 工程总承包的工程保险
  - 工程总承包的索赔管理
  - 工程总承包的合同违约与合同解除
  - 工程总承包合同的争议及裁决

任务 6.1　《建设项目工程总承包合同（示范文本）》GF—2020—0216 简介

知识目标

了解《建设项目工程总承包合同（示范文本）》GF—2020—0216 的颁布过程；熟悉工程总承包合同与施工承包合同的区别；掌握《建设项目工程总承包合同（示范文本）》GF—2020—0216 的组成及适用。

能力目标

能写出一般合同书的一级条款；能为工程总承包合同的签订准备适合、完整的文本。

素质目标

培养一丝不苟、严谨细致、重视细节、精益求精的职业精神；培养诚实守信、客观公正、坚持准则、知法守法的职业道德。

情境导入

小李所在的设计单位以联合体的身份中标了一个建设项目的总承包工程，联合体的另外一个单位为某施工单位，小李的单位作为牵头单位现在要为即将与发包人谈判签订的总承包合同准备合同空白文本，项目经理将这项任务交给了小李，作为职场新人的他为此感到很困惑，以前只接触过工程施工承包的合同，工程总承包的合同与施工合同有什么不同呢？

6.1.1 《建设项目工程总承包合同（示范文本）》GF—2020—0216 的颁布 ·································●

建筑业是我国国民经济的重要支柱产业。近几年，我国建筑业持续快速发展，产业规模不断扩大，建造能力不断增强，有力支撑了国民经济持续健康发展。工程总承包模式对促进建筑业可持续发展具有重要作用，是国家战略部署和大力推进的领域。规范发展工程总承包，是当下促进建筑业转型升级的重要举措之一，是实现高质量发展的必然要求。

为了规范工程总承包的发展，我国早在 1984 年 9 月 18 日发布的《国务院关于改革建筑业和基本建设管理体制若干问题的暂行规定》中，就已经提出并推行工程总承包；之后的二十多年时间里，国务院、住房和城乡建设部等部门，先后发布了十多部涉及工程总承包的政策性文件。其中：

2011 年，住房和城乡建设部、原国家工商行政管理总局（即目前的"国家市场监督管理总局"）编制了《建设项目工程总承包合同示范文本（试行）》GF—2011—0216。

2019 年 12 月 23 日，《住房和城乡建设部　国家发展和改革委关于印发房屋建筑和市政基础设施项目工程总承包管理办法的通知》（建市规〔2019〕12 号）发布，这标志着房屋建筑和市政基础设施工程领域的工程总承包正式纳入了法治化正轨。

2020 年 11 月 25 日，住房和城乡建设部、市场监督管理总局对《建设项目工程总承包合同示范文本（试行）》GF—2011—0216 进行了修订，颁布了新的《建设项目工程总承包合同（示范文本）》GF—2020—0216（以下简称 2020 版《工程总承包合同》），自 2021 年 1 月 1 日起执行。

目前，工程总承包模式是国际上广泛采用较成熟的建设工作管理模式，具有精简招标程序、化解项目风险、提升项目效率、缩短建设工期、降低工程成本、确保工程质量等优点。2020 版《工程总承包合同》在总结我国工程总承包实践经验的基础上适时出台，大力推动了我国工程总承包的专业化、法治化的发展，对我国建筑业持续健康发展将产生深远的影响。

6.1.2 《建设项目工程总承包合同（示范文本）》GF—2020—0216 的组成

2020 版《工程总承包合同》由合同协议书、通用合同条件和专用合同条件三部分组成，并在专用合同条件中附具了 6 个附件。

1. 合同协议书

合同协议书是 2020 版《工程总承包合同》总纲性的文件，共计 11 条，主要包括：工程概况、合同工期、质量标准、签约合同价与合同价格形式、工程总承包、项目经理、合同文件构成、承诺、订立时间、订立地点、合同生效和合同份数等重要内容。集中约定了合同当事人基本的合同权利义务。

本协议书规定了组成合同的文件及合同当事人对履行合同义务的承诺，并且合同当事人在这份文件上签字盖章，因此具有很高的法律效力。在组成本合同的所有文件中，协议书具有最优先的解释效力。

2．通用合同条件

通用合同条件是合同当事人根据《民法典》《建筑法》等法律法规的规定，就工程总承包项目的实施及相关事项，对合同当事人的权利义务作出的原则性约定，具有很强的通用性。

通用合同条件共计 20 条，具体条款分别为：一般约定、发包人、发包人的管理、承包人、设计、材料和工程设备、施工、工期和进度、竣工试验、验收与工程接收、缺陷责任与保修、竣工后试验、变更与调整、合同价格与支付、违约、合同解除、不可抗力、保险、索赔、争议解决。前述条款的安排既考虑了现行法律法规对工程总承包活动的有关要求，也考虑了工程总承包项目管理的实际需要。

3．专用合同条件

（1）专用合同的编写

专用合同条件是合同当事人根据不同建设项目的特点及具体情况，通过双方的谈判、协商对通用合同条件原则性约定细化、完善、补充、修改或另行约定的合同条件。在编写专用合同条件时，应注意以下事项：

1）专用合同条件的编号应与相应的通用合同条件的编号一致；

2）在专用合同条件中有横道线的地方，合同当事人可针对相应的通用合同条件进行细化、完善、补充、修改或另行约定；如无细化、完善、补充、修改或另行约定，则填写"无"或划"/"；

3）对于在专用合同条件中未列出的通用合同条件中的条款，合同当事人根据建设项目的具体情况认为需要进行细化、完善、补充、修改或另行约定的，可在专用合同条件中，以同一条款号增加相关条款的内容。

（2）附件

附件是对合同当事人的权利和义务的进一步明确，并且使得合同当事人的有关工作一目了然，便于执行和管理。专用合同条件包含 6 个附件：

附件 1 发包人要求

附件 2 发包人供应材料设备一览表

附件 3 工程质量保修书

附件 4 主要建设工程文件目录

附件 5 承包人主要管理人员表

附件 6 价格指数权重表

6.1.3 《建设项目工程总承包合同（示范文本）》GF—2020—0216 与《建设工程施工合同（示范文本）》GF—2017—0201 的关系 ·· ●

工程施工承包合同，是承包人受发包人委托，仅对工程的施工任务进行承包的合同。

项目工程总承包合同是承包人受发包人委托，除对工程建设项目进行施工承包之外，还必须对工程建设项目进行设计承包，除此以外还有可能包含工程项目的可行性研究、工程材料设备采购、工程竣工后试运行以及与工程运行、维护相关的技术服务等若干阶段的工程承包合同。

2020 版《工程总承包合同》与作为现行施工承包合同的《建设工程施工合同（示范文本）》GF—2017—0201（以下简称"2017 版《施工合同》"），从各自的合同协议书和通用合同条款结构以及条款标题上看，比较明显的区别是前者比后者多了设计、竣工后试验条款，其他的相似度较高。正是由于各自是否把设计工作纳入承包范围，这就使得这两个合同范本就发包人、承包人在涉及设计内容的工程质量、工期、施工工程量的风险、责任的分配方面存在巨大差异，2020 版《工程总承包合同》其核心是通过设计与施工过程的组织集成，促进设计与施工的紧密结合，以达到为项目建设增值的目的。

"施工总承包合同"和"项目工程总承包合同"二者之间还是有很大差别的。因此，不能简单地把 2017 版《施工合同》视为 2020 版《工程总承包合同》缺少了设计、竣工后试验承包内容的简化版，2020 版《工程总承包合同》也不应被理解为 2017 版《施工合同》增加了设计、竣工后试验承包内容的扩展版。

任务 6.2 建设工程总承包合同管理的主要内容

知识目标

熟悉《建设项目工程总承包合同（示范文本）》GF—2020—0216 协议书的内容；掌握工程总承包合同管理的主要内容。

能力目标

能填写工程总承包合同的合同协议书；能协助项目负责人进行工程总承包合同管理。

素质目标

培养一丝不苟、严谨细致、重视细节、精益求精的职业精神；培养诚实守信、客观公正、坚持准则、知法守法的职业道德。

情境导入

小李单位所中标的总承包工程马上要开始实施了，他做了项目经理的助理协助该工程的合同管理工作，作为职场新人的他感到很忐忑：总承包工程的实施过程中合同管理的要点有哪些呢？

6.1 合同协议书

1. 合同协议书的内容

2020 版《工程总承包合同》中合同协议书的内容如下：

合同协议书

发包人（全称）：

承包人（全称）：

根据《中华人民共和国民法典》《中华人民共和国建筑法》及有关法律规定，遵循平等、自愿、公平和诚实信用的原则，双方就_____项目的工程总承包及有关事项协商一致，共同达成如下协议：

一、工程概况

1. 工程名称：

2. 工程地点：

3. 工程审批、核准或备案文号：

4. 资金来源：

5. 工程内容及规模：

6. 工程承包范围：

二、合同工期

计划开始工作日期：_____年_____月_____日。

计划开始现场施工日期：_____年_____月_____日。

计划竣工日期：_____年_____月_____日。

工期总日历天数：_____天，工期总日历天数与根据前述计划日期计算的工期天数不一致的，以工期总日历天数为准。

三、质量标准

工程质量标准：_____。

四、签约合同价与合同价格形式

1. 签约合同价（含税）为：人民币（大写）_____（￥_____元）。具体构成详见价格清单。其中：_____。

（1）设计费（含税）：人民币（大写）_____（￥_____元）；适用税率：_____%，税金为人民币（大写）_____（￥_____元）；

（2）设备购置费（含税）：人民币（大写）_____（￥_____元）；适用税率：_____%，税金为人民币（大写）_____（￥_____元）；

（3）建筑安装工程费（含税）：人民币（大写）_____（￥_____元）；适用税率：_____%，税金为人民币（大写）_____（￥_____元）；

（4）暂估价（含税）：人民币（大写）_____（￥_____元）。

（5）暂列金额（含税）：人民币（大写）_____（￥_____元）；适用税率：_____%，税金为人民币（大写）_____（￥_____元）。

2. 合同价格形式：_____。

合同价格形式为总价合同，除根据合同约定的在工程实施过程中需进行增减的款项外，合同价格不予调整，但合同当事人另有约定的除外。

合同当事人对合同价格形式的其他约定：_____。

五、工程总承包项目经理

工程总承包项目经理：_____。

六、合同文件构成

本协议书与下列文件一起构成合同文件：

（1）中标通知书（如果有）；

（2）投标函及投标函附录（如果有）；

（3）专用合同条件及《发包人要求》等附件；

（4）通用合同条件；

（5）承包人建议书；

（6）价格清单；

（7）双方约定的其他合同文件。

上述各项合同文件包括双方就该项合同文件所作出的补充和修改，属于同一类内容的合同文件应以最新签署的为准。专用合同条件及其附件须经合同当事人签字或盖章。

七、承诺

1. 发包人承诺按照法律规定履行项目审批手续、筹集工程建设资金并按照合同约定的期限和方式支付合同价款。

2. 承包人承诺按照法律规定及合同约定组织完成工程的设计、采购和施工等工作，确保工程质量和安全，不进行转包及违法分包，并在缺陷责任期及保修期内承担相应的工程维修责任。

八、订立时间

本合同于_____年_____月_____日订立。

九、订立地点

本合同在_____订立。

十、合同生效

本合同经双方签字或盖章后成立，并自_____生效。

十一、合同份数

本合同一式_____份，均具有同等法律效力，发包人执_____份，承包人执_____份。

发包人：（公章）　　　　　　　　承包人：（公章）

法定代表人或其委托代理人：　　　法定代表人或其委托代理人：

（签字）　　　　　　　　　　　　（签字）

统一社会信用代码：　　　　　　　统一社会信用代码：

地址：　　　　　　　　　　　　　地址：

邮政编码：　　　　　　　　　　　邮政编码：

法定代表人：　　　　　　　　　　法定代表人：

委托代理人：　　　　　　　　　　委托代理人：

电话：　　　　　　　　　　　　　电话：

传真：　　　　　　　　　　　　　传真：

电子信箱：　　　　　　　　　　　电子信箱：

开户银行：　　　　　　　　　　　开户银行：

账号：　　　　　　　　　　　　　账号：

2．签约合同价的构成

合同协议书第四条中对合同价款的组成进行了细化，分别区分设计费、设备购置费、建筑安装工程费，引导市场主体区分列明不同费用组成、适用税率、税金等内容，是在建筑业全面营改增的背景下，以免因适用营改增税收法律及政策，导致从高适用税率的风险，同时也避免发承包双方因为税费计算口径的差异以及税收政策调整引发合同价格的争议。

3．合同文件的构成

2020 版《工程总承包合同》协议书第六条规定了合同协议书与下列文件一起构成合同文件：

（1）中标通知书（如果有）；

（2）投标函及投标函附录（如果有）；

（3）专用合同条件及《发包人要求》等附件；

（4）通用合同条件；

（5）承包人建议书；

（6）价格清单；

（7）双方约定的其他合同文件。

在合同订立及履行过程中形成的与合同有关的文件均为合同文件的组成部分。

上述各项合同文件包括双方就该项合同文件所作出的补充和修改，属于同一类内容的合同文件应以最新签署的为准。

2020 版《工程总承包合同》将《发包人要求》《价格清单》一起构成合同文件，并把《发包人要求》的解释顺序列为与合同专用条件同顺位，同时在第二部分通用合同条件第 1 条"词语定义和解释"中，明确发包人提供的《项目清单》中应当载明工程内容的各项费用和相应数量等项目明细，承包人应当按照发包人提供的《项目清单》制作《价格清单》等来响应发包人要求。

通过这些文件，提高了工程总承包项目合同内容的精确度，减少了工程履约过程中对计价、变更、索赔等内容的争议。

【工程案例】

某国有生产企业 A 公司与某施工企业和设计院组成的 B 联合体于 2020 年 5 月在未履行招投标程序的情况下，签订了《××项目技术改造工程总承包合同（EPC）》，项目基本情况如下：

一、资金来源：财政拨款。

二、承包范围：设计、采购、施工总承包。

三、合同主要内容：

1. 合同中约定的文件效力解释顺序为：协议书、通用条款、专用条款。

2. 第二部分"通用合同条款"对合同价款及调整进行了约定，明确"协议书中标明的合同价款为固定合同总价，任何一方不得擅自改变"，合同价款所包括的工程内容为初步方案设计范围所包含的工程范围。

3. 第三部分"专用合同条款"又约定本合同价款（暂定价）为 9800 万元，投资详见本项目的设计概算书。

四、合同履约过程中，发生了如下情况：

（一）总承包方在初步设计完成后，没有完善设计概算书相关手续。在完成施工图设计后，也没有及时编制工作量清单或预算书，和发包人明确工程价款。

（二）双方在结算工程款的问题上产生较大的争议。

1. 争议的焦点是：项目完成后，承包人 B 联合体提供的相关结算资料证明，EPC 合同所包含的设计、设备材料采购、土建、安装等实际施工造价合计约 1.36 亿元，所以主张结算工程款为 1.36 亿元。而发包人则主张合同价款（暂定价）9800 万元为合同固定总价，结算工程款按 9800 万元支付工程款。

2. 双方观点：

（1）承包人 B 联合体认为：

① 尽管"通用合同条款"关于固定价有约定，即"协议书中标明的合同价款为固定合同总价，任何一方不得擅自改变"，但该合同第一部分"协议书"中并没有约定具体的合同价款。

② 在"专用合同条款"中约定的本合同价款 9800 万元明确为暂定价，本工程合同履约的事实证明是边设计、边施工、边采购的三边工程，因此，本 EPC 合同的价款应属于可调价款。

③ 本工程合同约定的组成合同文件的效力解释顺序与其他的合同文本解释顺序不同，其优先顺序为协议书、通用条款、专用条款，本合同协议书、通用条款均没有约定具体的价格。

④ 合同中约定的 9800 万元应视为暂定价，最终工程款应据实结算。相关证据证明 EPC 合同所包含的设计、材料设备采购、土建和安装施工总造价约 1.36 亿元。

（2）发包人 A 公司则认为：

① 本工程在"专用合同条款"中约定的 9800 万元虽然是暂定价，但"通用合同条款"中已明确约定合同价款为固定总价，所以本合同为固定总价合同。

② 在合同中也明确约定了合同价款调整的条件，即：因我方变更而导致合同价

款增减时才可调整，且合同价款变更必须经我方同意。本工程中我方既没有变更也没有同意调整价款。因此合同价款不存在调整的情形，合同价款应为 9800 万元。

③ 本合同是总承包合同，设计费、材料采购费、建安费、试车费用均包含在合同内的交钥匙工程。价格变动的商业风险应当由对方自行承担。对于设计的缺陷和不足，由承包人自行承担。

【问题思考】

1. 本工程项目 EPC 合同是否有效？

2. 按照本合同的相关约定，最终工程价款该如何确定？

【案例评析】

1. 住房和城乡建设部、国家发展改革委 2019 年 12 月 23 日颁布的《房屋建筑和市政基础设施项目工程总承包管理办法》第八条明确规定：工程总承包项目范围内的设计、采购或者施工中，有任一项属于依法必须进行招标的项目范围且达到国家规定规模标准的，应当采用招标的方式选择工程总承包单位。本项目的资金来源是财政拨款，根据《招标投标法》第三条的规定，本工程必须进行招标。

而双方在未进行招投标的情况下就签订了本项目总承包合同，违反了《招标投标法》的相关规定，可认定合同无效。

2. 关于工程价款的确定。该合同"通用条款"约定合同价款为固定合同总价，但合同第一部分"协议书"、第二部分"通用条款"中均没有约定具体的合同价款，第三部分"合同专用条款"约定合同价款（暂定价）为 9800 万元。按照合同第三部分"专用合同条款""合同文件及解释优先顺序"中约定的合同条款解释顺序（优先顺序为协议书、通用条款、专用条款），合同价款应认定为固定总价（暂定价）9800 万元。

约定合同价款为固定总价并非不能变更，根据合同的约定，在符合"通用条款"约定"变更价款的确定"的情形时，可对合同价款进行变更。承包人 B 联合体主张合同价款为暂定价 9800 万元、并非固定总价 9800 万元，与合同约定并不矛盾。

承包人 B 联合体根据本合同的约定，要有效规避该合同风险的做法是：在施工图完成后，承包人应当自行编制工程量清单或报请发包方编制工程量清单，将合同总价变更为明确的超过原暂定价 9800 万元的某个金额的固定价格，或是变更为标后固定单价合同。

6.2.2 通用合同条件 ●

1. 工程总承包合同中双方当事人的义务

（1）发包人的工作

① 办理许可和批准。发包人应办理法律规定或合同约定由其办理的许可、批准

或备案手续，包括但不限于建设用地规划许可证、建设工程规划许可证、建设工程施工许可证等许可和批准。

②向承包人移交施工现场。如专用合同条件没有约定移交时间，则发包人应最迟于计划开始现场施工日期 7 天前移交，但承包人未能按照合同约定提供履约担保的除外。

③向承包人提供工作条件。主要包括：

A. 将施工用水、电力、通信线路等施工所必需的条件接至施工现场内；

B. 保证向承包人提供正常施工所需要的进入施工现场的交通条件；

C. 协调处理施工现场周围地下管线和邻近建筑物、构筑物、古树名木、文物、化石及坟墓等的保护工作，并承担相关费用（专用合同条件另有约定除外）；

D. 对自己位于工程现场附近正在使用、运行，或用于生产的建筑物、构筑物、生产装置、设施、设备等，要设置隔离设施，竖立禁止入内、禁止动火的明显标志，并以书面形式通知承包人须遵守的安全规定和位置范围；

E. 按照专用合同条件约定应提供的其他设施和条件。

④发包人应当向承包人提供支付担保，按照合同约定向承包人及时支付合同价款。在履约过程中出现约定情况时则承包人可随时要求发包人在 28 天内补充提供能够按照合同约定支付合同价款的相应资金来源证明。发包人有提供资金来源证明的义务。

⑤除专用合同条件另有约定外，发包人应负责取得出入施工现场所需的批准手续和全部权利，以及取得因工程实施所需修建道路、桥梁以及其他基础设施的权利，并承担相关手续费用和建设费用。

⑥发包人应提供场外交通设施的技术参数和具体条件，场外交通设施无法满足工程施工需要的，由发包人负责承担由此产生的相关费用。

⑦履行在专用合同条件中约定的其他义务。

发包人可以将上述部分工作委托承包人办理，双方应在专用合同条件内约定。

（2）承包人的工作

①办理法律规定和合同约定由承包人办理的许可和批准，将办理结果书面报送发包人留存，并承担因承包人违反法律或合同约定给发包人造成的任何费用和损失。

②按合同约定完成全部工作并在缺陷责任期和保修期内承担缺陷保证责任和保修义务，对工作中的任何缺陷进行整改、完善和修补，使其满足合同约定的目的。

③提供合同约定的工程设备和承包人文件，以及为完成合同工作所需的劳务、材料、施工设备和其他物品，并按合同约定负责临时设施的设计、施工、运行、维护、管理和拆除。

④按合同约定的工作内容和进度要求，编制设计、施工的组织和实施计划，保

证项目进度计划的实现，并对所有设计、施工作业和施工方法，以及全部工程的完备性和安全可靠性负责。

⑤ 按法律规定和合同约定采取安全文明施工、职业健康和环境保护措施，办理员工工伤保险等相关保险，确保工程及人员、材料、设备和设施的安全，防止因工程实施造成的人身伤害和财产损失。

⑥ 承包人的工程款必须专款专用。将发包人按合同约定支付的各项价款专用于合同工程，且应及时支付其雇用人员（包括建筑工人）工资，并及时向分包人支付合同价款。

⑦ 在进行合同约定的各项工作时，不得侵害发包人与他人使用公用道路、水源、市政管网等公共设施的权利，避免对邻近的公共设施产生干扰。

⑧ 承包人负责在现场施工过程中对现场周围的建筑物、构筑物、文物建筑、古树、名木，及地下管线、线缆、文物、化石和坟墓等进行保护。因承包人未能通知发包人，并在未能得到发包人进一步指示的情况下，所造成的损害、损失、赔偿等费用增加和（或）竣工日期延误，由承包人负责。反之，由发包人负责。

⑨ 承包人应采取措施，并负责控制和（或）处理现场的粉尘、废气、废水、固体废物和噪声对环境的污染和危害。同时承包人应及时或定期将施工现场残留、废弃的垃圾分类后运到发包人或当地有关行政部门指定的地点。

⑩ 除专用合同条件另有约定外，发包人应在承包人进场前将施工临时用水、用电等接至约定的节点位置，并保证其需要。否则，由此给承包人造成的损失和关键路径延误的，由发包人负责。

⑪ 承包人应在计划开始现场施工日期 28 天前或双方约定的其他时间，向发包人提交施工（含工程物资保管）所需的临时用水、用电等相关资料。因承包人未能按合同约定提交资料，造成发包人费用增加和竣工日期延误时，由承包人负责。

⑫ 承包人承担自发包人向其移交施工现场、进入占有施工现场至发包人接收单位 / 区段工程或（和）工程之前的现场安保责任，并负责编制相关的安保制度、责任制度和报告制度，提交给发包人。

⑬ 自开始现场施工日期起至发包人应当接收工程之日止，承包人应承担工程现场、材料、设备及承包人文件的照管和维护工作。

【工程案例】

2016 年 5 月 18 日，某煤电企业 A 与由某建设集团和某设计院组成的联合体 B 签订了《油页岩炼油项目工程总承包合同书》和《油页岩炼油项目工程总承包技术协议书》，对合同工作进行了全面约定。并在"技术协议书"中明确了原料性质及指标参数。具体内容有：

1. 承包范围：包括油页岩炼油项目工程的全部设计、设备采购、工程施工、项目管理、调试、验收、培训、移交及保修服务的总承包。

2. 合同总价：人民币 9800 万元。

3. 合同工期要求：

2017 年 2 月 8 日前完成本工程系统联合调试；

2017 年 5 月 28 日前完成性能测试，并达到双方合同约定的验收条件。

4. 工程款支付方式：

第一次付款：合同签订之日起 7 天内，支付合同总价的 5% 费用；

第二次付款：工程满足合同约定的工程质量、技术协议及附件要求并整体移交后 10 天内支付合同总价的 80% 费用；

第三次付款：工程"竣工验收"后，系统在达产达标测试合格的基础上，连续稳定运行 30 天，项目安评、环评、消防等单项通过上级主管部门验收，并且工程总体通过主管部门验收后，7 个工作日内支付合同总价的 10% 费用；

第四次付款：项目总体验收结束，系统稳定运行 1 年后的 7 个工作日内支付合同总价的 5% 费用。

5. 发包人在合同中明确约定了原料参数指标且数据由其自身提供。"技术协议书"中的第 3.9 条对原料参数指标进行了明确约定，在项目顺利运行后将处理符合"技术协议书"第 3.9 条约定的原料，超过此范围的原料则不在处理范围之内。

6. 合同履约过程中，发生了如下事件：

① 2017 年 6 月 20 日至 9 月 5 日期间进行了第一次带料试运行。

② 2018 年 8 月 25 日至 11 月 22 日进行了第二次带料试运行，但系统无法实现独立满负荷运行。

③ 2020 年 5 月 30 日，某煤电企业 A 与联合体 B 双方共同组织专家团队对项目运行情况和改造技术方案进行了评审。专家组出具了该项目《专家评审会评审意见》，该专家组评审意见一致认为：现场原料实际指标低于设计值是导致自产煤气热值低，系统无法实现独立满负荷运行的关键因素。

④ 专家意见出具后，某煤电企业 A 与联合体 B 进行了协商。联合体 B 认为，发包人提供的原料不符合技术协议中约定的原料参数指标是导致项目未能通过达产达标测试和总体竣工验收的根本原因，其责任应当全部由发包人负责。按照相关法律规定，应当视为付款条件已经成立，发包人应当立即支付全部工程款项。

而发包人某煤电企业 A 则认为，与承包人之间签订的是 EPC 总承包固定总价合同，交钥匙总承包是设计采购施工总承包业务和责任的延伸，最终是向业主提交一个满足使用功能、具备使用条件的工程项目。本工程因整体试运行、调试不符合合同约定要求，一直处于技术整改阶段，并未通过竣工验收，承包人未能依约完成并交付工程项目，无权主张收取工程款，其应继续履行合同义务，尽快交付合格工程项目。双方协商未果。

⑤ 2021 年 7 月，承包人向法院提起诉讼，发包人随后提出反诉。

【问题思考】

该项目未能通过达产达标测试和总体竣工验收，责任该由谁承担？

【案例评析】

项目未能通过达产达标测试和总体竣工验收，责任应在发包人，发包人应当向承包人支付全额工程价款，理由如下：

1. 案例中项目对于原料的要求。项目的合同目的在于将油页岩中含有的油通过一定技术加工提炼出来，这样提炼的过程势必会考虑技术的可行性和经济性，意味着仅有部分品质比较高的原料才能进行提炼且提炼具有价值。因此，项目顺利投产后客观上仅能处理部分油页岩原料，不可能处理任何油页岩原料。

一个工程项目，作为承包人的工作范围一定是有边界的，且该边界将在合同中进行明确约定并对应了相应的合同价款。具体到本案例，在技术协议的第 3.9 条对原料参数指标进行了明确约定，项目顺利运行后将处理符合技术协议第 3.9 条约定的原料，超过此范围的原料则不在处理范围之内。

2. 原料参数指标系某煤电企业 A 提供。原料参数指标的设定即意味着项目应当处理符合什么条件的原料。处理原料的范围与投资规模密不可分，而投资规模由业主方考虑决定，原料参数指标也是发包人设定。同时，技术协议第 3.9 条对于原料性质进行了明确约定，油页岩原料参数指标由发包人设定，发包人应当负责提供符合技术协议第 3.9 条约定条件的原料，否则将承担不利后果。

由于发包人提供的原料不符合"技术协议书"约定的原料参数指标标准，所以，项目未能通过达产达标测试和总体竣工验收的责任在发包人。

2. 工程总承包项目的管理架构人员

（1）项目经理

① 工程总承包项目经理为承包人任命的正式聘用员工，应具备履行其职责所需的资格、经验和能力。

② 工程总承包项目经理不得同时担任其他工程项目的工程总承包项目经理或施工工程总承包项目经理（含施工总承包工程、专业承包工程）。

③ 工程总承包项目经理每月在施工现场时间不得少于专用合同条件约定的天数；确需离开施工现场时，应取得发包人的书面同意。

④ 承包人需要更换工程总承包项目经理的，应提前 14 天书面通知发包人并抄送

工程师，征得发包人书面同意。发包人有权书面通知承包人要求更换其认为不称职的工程总承包项目经理，通知中应当载明要求更换的理由。

项目管理人员的
工匠精神

（2）负责人

通用合同条件第1条词语定义和解释中，明确了"设计负责人""采购负责人""施工负责人"的职责，对"设计负责人"和"施工负责人"提出了要具有相应资格条件的要求。

（3）关键人员

关键人员是指在承包人人员中，对工程建设起重要作用的"主要管理人员"或"技术人员"。关键人员的具体范围，由发包人及承包人在附件5承包人主要管理人员表中另行约定。

除专用合同条件另有约定外，承包人的现场管理关键人员离开施工现场每月累计不超过7天的，应报工程师同意；每月累计超过7天的，应征得发包人书面同意。

（4）现场人员

在附件5承包人主要管理人员表中，按"总部人员"和"现场人员"区分填写。承包人应根据能满足工程实施的实际需要来安排现场人员和其他相关人员。

3．工程总承包的设计管理

"通用合同条件"第五条有关"设计"的条款，是区别于传统的工程施工总承包合同的重要条款。其主要内容有：

（1）承包人的设计义务。包括设计义务的一般要求、对设计人员的要求。当承包人完成设计工作所应遵守的法律规定，以及国家、行业和地方的规范和标准，发生重大变化，或者有新的法律，承包人应向工程师提出遵守新规定的建议，发包人应合理调整合同工期和价格。

（2）承包人文件审查。主要包括设计成果的审查程序、审查期限、审查意见及其处理方式。承包人文件应当按照合同中"发包人要求"约定的范围和内容及时报送审查。自工程师收到承包人文件以及承包人的通知之日起，发包人对承包人文件审查期不超过21天。承包人的设计文件对于合同约定有偏离的，应在通知中说明。

（3）培训。承包人应按照合同中的"发包人要求"相关内容，对发包人的雇员或其他发包人指定的人员进行工程操作、维修或其他合同中约定的培训。

（4）竣工文件。承包人应编制并及时更新反映工程实施结果的竣工记录，如实记载竣工工程的确切位置、尺寸和已实施工作的详细说明，并在竣工试验开始前提交给工程师。

（5）操作和维修手册。在竣工试验开始前，承包人应向工程师提交暂行的操作和维修手册并负责及时更新，竣工试验工程中，承包人应为任何因操作和维修手册错误或遗漏引起的风险或损失承担责任。同时，承包人应向发包人提交足够详细的最终操作和维修手册。

（6）承包人文件错误。承包人文件存在错误、遗漏、含混、矛盾、不充分之处或其他缺陷，无论承包人是否根据本款获得了同意，承包人均应自费对前述问题带来的缺陷和工程问题进行改正，因此导致的工程延误和必要费用增加由承包人承担。

4．工程总承包的施工管理

（1）交通运输

除专用合同条件另有约定外，发包人应负责取得出入施工现场的手续和权利，提供场外交通设施的技术参数和具体条件。

承包人应负责修建、维修、养护场内交通临时道路和设施（包括发包人提供的），并承担相应费用。这些临时道路和设施应免费提供发包人和工程师为实现合同目的使用。

（2）施工设备和临时设施

① 承包人应及时配置施工设备和修建临时设施，自行承担相关费用。

提供的施工设备需经工程师核查后才能投入使用。如其施工设备不能满足项目进度计划和（或）质量要求时，工程师有权要求承包人增加或更换施工设备，由此增加的费用和（或）延误的工期由承包人承担。

修建的临时设施需要临时占地的，应由发包人办理申请手续并承担相应费用。

承包人运入施工现场的施工设备以及在施工现场建设的临时设施必须专用于工程。未经发包人批准，承包人不得运出施工现场或挪作他用。

② 发包人提供的施工设备或临时设施在专用合同条件中约定。

（3）测量放线

承包人应负责施工控制网点的管理和修复费用，负责施工过程中的全部施工测量放线工作，负责校正工程的位置、标高、尺寸或基准线中出现的任何差错，并对放线的准确性和工程各部分的定位负责。在工程竣工后将施工控制网点移交发包人。

测量放线所需要的前期基础性资料由发包人负责提供，并对其准确性负责。

（4）现场劳动用工

承包人及其分包人招用建筑工人的，应当依法与所招用的建筑工人订立劳动合同，实行建筑工人劳动用工实名制管理，为建筑工人开设工资专用账户、存储工资保证金，专项用于支付和保障该工程建设项目建筑工人工资。

（5）安全文明施工

① 安全生产要求

合同当事人均应遵守国家和工程所在地有关安全生产的要求。承包人有权拒绝发包人及工程师强令承包人违章作业、冒险施工的任何指示。

在工程实施过程中，如遇到突发的地质变动、事先未知的地下施工障碍等影响施工安全的紧急情况，承包人应及时报告工程师和发包人，发包人应当及时下令停工并采取应急措施，按照相关法律法规的要求处理。

② 安全生产保证措施

承包人应当按照法律、法规和工程建设强制性标准进行设计、在设计文件中注明涉及施工安全的重点部位和环节，提出保障施工作业人员和预防安全事故的措施建议，防止因设计不合理导致生产安全事故的发生。

承包人应当按照有关规定编制安全技术措施或者专项施工方案，建立安全生产责任制度、治安保卫制度及安全生产教育培训制度，并按安全生产法律规定及合同约定履行安全职责，如实编制工程安全生产的有关记录，接受发包人、工程师及政府安全监督部门的检查与监督。

承包人应按照法律规定进行施工，在开工前应做好安全技术交底工作，施工过程中做好各项安全防护措施。承包人为实施合同而雇用的特殊工种的人员应受过专门的培训并已取得政府有关管理机构颁发的上岗证书。

③ 文明施工

承包人在工程施工期间，应当采取措施保持施工现场平整，物料堆放整齐。工程所在地有关政府行政管理部门有特殊要求的，按照其要求执行。合同当事人对文明施工有其他要求的，可以在专用合同条件中明确。

④ 事故处理

工程实施过程中发生事故的，发包人和承包人应立即组织人员和设备进行紧急抢救和抢修，按国家有关规定，及时如实地向有关部门报告。

在工程实施期间或缺陷责任期内发生危及工程安全的事件，工程师通知承包人进行抢救和抢修，承包人声明无能力或不愿立即执行的，发包人有权雇佣其他人员进行抢救和抢修，属于承包人义务的，由此增加的费用和（或）延误的工期由承包人承担。

（6）安全生产责任

① 发包人应负责赔偿以下各种情况造成的损失：

A. 工程或工程的任何部分对土地的占用所造成的第三者财产损失；

B. 由于发包人原因在施工现场及其毗邻地带、履行合同工作中造成的第三者人身伤亡和财产损失；

　　C. 由于发包人原因对发包人自身、承包人、工程师造成的人身伤害和财产损失。

　　② 承包人应负责赔偿由于承包人原因在施工现场及其毗邻地带、履行合同工作中造成的第三者人身伤亡和财产损失。

　　③ 如果上述损失是由于发包人和承包人共同原因导致的，则双方应根据过错情况按比例承担。

　　（7）施工中有关职业健康、环境保护、临时性公用设施、现场安保、工程照管等方面的条款，合同双方当事人应遵守适用的法律、法规规定。

5. 工程总承包的进度管理

　　（1）开始工作

　　合同当事人应按专用合同条件约定完成开始工作的准备。工程师应提前 7 天向承包人发出经发包人签认的开始工作通知，工期自开始工作通知中载明的开始工作日期起算。

　　除专用合同条件另有约定外，因发包人原因造成实际开始现场施工日期迟于计划开始现场施工日期后第 84 天的，承包人有权提出价格调整要求，或者解除合同。发包人应当承担由此增加的费用和（或）延误的工期，并向承包人支付合理利润。

　　（2）项目实施计划和进度计划

　　除专用合同条件另有约定外，承包人应在合同订立后 14 天内，向工程师提交项目实施计划（包含概述、总体实施方案、项目实施要点、项目初步进度计划等），工程师应在收到项目实施计划后 21 天内确认或提出修改意见。

　　项目进度计划就是经工程师批准的项目初步进度计划。承包人还应根据项目进度计划，编制更为详细的分阶段或分项的进度计划，报工程师批准。对工程师提出的合理意见和要求，承包人应自费修改完善。

　　工程师应在收到修订的项目进度计划后 14 天内完成审批或提出修改意见，如未按时答复视作已同意。工程师对承包人提交的项目进度计划的确认，不能减轻或免除承包人根据法律规定和合同约定应承担的任何责任或义务。

　　（3）进度报告及提前预警

　　项目实施过程中，承包人应进行实际进度记录，编制月进度报告，并提交给工程师。

　　任何一方应当在下列情形发生时尽快书面通知另一方：

　　① 该情形可能对合同的履行或实现合同目的产生不利影响；

② 该情形可能对工程完成后的使用产生不利影响；

③ 该情形可能导致合同价款增加；

④ 该情形可能导致整个工程或单位/区段工程的工期延长。

（4）工期延误

① 因发包人原因导致工期延误

在合同履行过程中，因下列情况导致工期延误和（或）费用增加的，工期顺延，由发包人承担增加的费用，且发包人应支付承包人合理的利润：

A. 根据"通用合同条件"第 13 条变更与调整的约定构成一项变更的；

B. 发包人违反本合同约定，导致工期延误和（或）费用增加的；

C. 发包人、发包人代表、工程师或发包人聘请的任意第三方造成或引起的任何延误、妨碍和阻碍；

D. 发包人未能依据"通用合同条件"第 6.2.1 项发包人提供的材料和工程设备的约定提供材料和工程设备导致工期延误和（或）费用增加的；

E. 因发包人原因导致的暂停施工；

F. 发包人未及时履行相关合同义务，造成工期延误的其他原因。

② 因承包人原因导致工期延误

由于承包人的原因，未能按项目进度计划完成工作，承包人应采取措施加快进度，并承担加快进度所增加的费用。导致逾期竣工的，承包人应支付逾期竣工违约金，发包人有权从工程进度款、竣工结算款或约定提交的履约担保中扣除，但不免除承包人完成工作及修补缺陷的义务。

③ 行政审批迟延

因国家有关部门审批迟延造成工期延误的，竣工日期相应顺延。造成费用增加的，由双方在负责的范围内各自承担。

6. 工程总承包的项目变更与调整管理

（1）变更权

变更指示应经发包人同意，并由工程师发出经发包人签认的变更指示。承包人收到变更指示后，方可实施变更。未经许可，承包人不得擅自对工程的任何部分进行变更。

（2）除专用合同条件另有约定外，变更估价按照如下约定处理：

① 合同中未包含价格清单，合同价格应按照所执行的变更工程的成本加利润调整；

② 合同中包含价格清单，合同价格按照如下规则调整：

A. 价格清单中有适用于变更工程项目的，应采用该项目的费率和价格；

B. 价格清单中没有适用但有类似于变更工程项目的，在合理范围内参照类似项目的费率或价格；

C. 价格清单中没有适用也没有类似于变更工程项目的，该工程项目应按成本加利润原则调整适用新的费率或价格。

（3）当发包人与承包人约定，市场价格波动引起的主要工程材料、设备、人工价格调整采用《价格指数权重表》的，对于承包人原因引起的工期延误后的价格调整，应采用原约定竣工日期与实际竣工日期的两个价格指数中较低的一个作为当期价格指数；反之，发包人原因导致工期延误后的价格调整，则采用原约定竣工日期与实际竣工日期的两个价格指数中较高的一个作为当期价格指数。

未列入《价格指数权重表》的费用不因市场变化而调整。

（4）因法律变化而需要对工程的实施进行任何调整的，承包人应迅速通知发包人，或者发包人应迅速通知承包人，并附上详细的辅助资料。

【工程案例】

某高职学院图书馆工程签订了总承包合同（EPC），合同约定了如下内容：

一、承包范围及工作界面如下：

1. 设计部分：EPC 总承包商负责工作范围内施工图阶段所有项目的工程勘察、工程设计及竣工图编制工作。

2. 采购部分：EPC 总承包商负责工作范围内的所有项目物资采购、安装及调试。

3. 施工部分：设计图纸范围内所有的总图、建筑、结构、电气、自控仪表、通信、给水排水及消防、热工、防腐等以及完成以上工作内容后的联合试运转工作，具备工程预生产调试条件。

4. 专项评估及验收：包括职业病危害预评价及控制效果评价、地震安全性评价、地质灾害危险性评价、水土保持评价及验收、节能评估等 10 项工作。

5. 临时用电补偿及协调工作。

6. 合同附件 1 对业主与 EPC 总包的界面进行了明确约定（附件 1 内容略）。

根据以上范围及工作界面，该 EPC 合同的工作范围为从勘察到联合试运转完成的所有工作，是一个交钥匙工程。

二、合同计价方式：固定总价包干

三、合同价格包括：1. 勘察设计费；2. 物资购置费；3. 建筑安装工程费；4. 临时用地补偿费及协调费；5. 总承包综合管理费；6. 工程保险金；7. 不可预见费；8. 专项评估及验收费。

关于"建筑安装工程费"还有如下约定：

1）业主根据初步设计概算批复文件中确定的工程量，编制《工程量清单》提供给 EPC 总承包商。

2）EPC 总承包商根据《工程量清单》进行报价提交业主。

3）业主清标完成后，双方对《工程量清单》约定的工程量及单价进行协商和确认，最终确定设备购置及建筑安装工程费的固定总价。

四、初步设计及设计概算由 EPC 总承包单位提供。

五、可以发生合同变更的情形：

1. 因国家有关部门审批迟延造成费用增加和（或）工期延误的情形；

2. 合同生效后，国家发布的法律法规造成的变更；

3. 因不可抗力的客观原因导致工期延误和费用增加的情形；

4. 业主要求变更设计、规模、试验检验标准及单项工程的功能；

5. 因业主原因引起的暂停工作或无法复工造成工期延误的情形；

六、合同变更应采用书面形式，且在变更发生之日起 14 日内，双方签订《合同变更单》，在项目结算时一并结算。

竣工结算时，EPC 总承包单位认为：业主提供的《工程量清单》项目特征描述及清单内容与实际施工不符，要求推翻该《工程量清单》，合同变更为按实结算，项目按实际施工内容增加合同价款。

业主认为：该项目为固定总价包干，清标后总包单位已对清单工程量及价格进行了确认，不能增加。

【问题思考】

该项目竣工结算能否增加合同价款？

【案例评析】

根据《房屋建筑和市政基础设施项目工程总承包管理办法》（建市规〔2019〕12号）第十六条规定，总价包干的合同，除合同约定可以调整的情形外，合同总价一般不予调整。合同所附清单与实际施工不符，是由于初步设计深度不够所导致，非业主变更造成。而本项目初步设计均在 EPC 总承包范围，且合同所附《工程量清单》的内容及工程量在清标阶段双方已经确认。

所以，EPC 总承包单位以清单错误为由要求变更为按实结算理由不充分，不能增加费用。

7. 工程总承包的竣工试验与竣工后试验管理

（1）竣工试验的义务

① 承包人应提前 21 天将可以开始进行各项竣工试验的日期通知工程师，并在

该日期后的 14 天内或工程师指示的日期进行竣工试验。在进行竣工试验之前,承包人应至少提前 42 天向工程师提交详细的竣工试验计划,该计划应载明竣工试验的内容、地点、拟开展时间和需要发包人提供的资源条件。工程师应在收到计划后的 14 天内进行审查并提出意见,承包人应在收到意见后的 14 天内自费对计划进行修正。工程师逾期未提出意见的,视为竣工试验计划已得到确认。

② 承包人应按先进行启动前试验、再进行启动试验、最后进行试运行试验的顺序分阶段进行竣工试验。

进行上述试验不应构成第 10 条验收和工程接收的规定接收,但试验所产生的任何产品或其他收益均应归属于发包人。

③ 完成上述各阶段竣工试验后,承包人应向工程师提交试验结果报告,试验结果须符合约定的标准、规范和数据。工程师应在收到报告后 14 天内予以回复,逾期未回复的,视为认可竣工试验结果。

(2)竣工后试验的义务

发包人接收工程或区段工程后,在合理可行的情况下应尽早进行竣工后试验。

除专用合同条件另有约定外,发包人应提供全部电力、水、材料以及全部其他仪器、设备、劳力等,启动工程设备,并组织安排有适当资质、经验和能力的工作人员实施竣工后试验。

如承包人未在发包人通知的时间和地点参加竣工后试验,发包人可自行进行,该试验数据应被视为承包人已认可。

竣工后试验的结果应由双方进行整理和评价。

(3)延误的试验

① 承包人无正当理由延误进行竣工试验的,工程师可向其发出通知,要求其在收到通知后的 21 天内进行该项竣工试验。否则,发包人有权自行组织该项竣工试验,由此产生的合理费用由承包人承担。发包人应在试验完成后 28 天内向承包人发送试验结果。

② 发包人原因延误竣工后试验的,发包人应承担承包人由此增加的费用并支付承包人合理利润。

如果因承包人以外的原因,导致竣工后试验未能在缺陷责任期或双方另行同意的其他期限内完成,则相关工程或区段工程应视为已通过该竣工后试验。

(4)重新试验

如果工程或区段工程未能通过竣工试验,则承包人应根据第 6.6 款缺陷和修补中的约定修补缺陷后重新进行未通过的试验以及相关工程或区段工程的竣工试验。

如果工程或区段工程未能通过竣工后试验,则承包人应根据第 11.3 款缺陷调查的规定修补缺陷,达到合同约定的要求后,按照第 11.4 款缺陷修复后进一步试验,重新进行竣工后试验以及承担风险和费用。

如未通过试验和重新试验是承包人原因造成的，则承包人还应承担发包人因此增加的费用。

（5）未能通过竣工试验

① 未能通过竣工试验，承包人应继续进行修补、改正直至更换，并再次进行竣工试验；

② 如果由于丧失了生产、使用功能使整个工程或区段工程未能通过竣工试验时，发包人可拒收，或指令承包人重新设计、重置相关部分，承包人应承担相应费用。同时发包人有权根据第 16.1 款由发包人解除合同的约定解除合同；

③ 因发包人原因导致竣工试验未能通过的，承包人进行竣工试验的费用由发包人承担，竣工日期相应顺延。

（6）未能通过竣工后试验

① 承包人在缺陷责任期内向发包人支付相应违约金或按补充协议履行后，视为通过竣工后试验。

② 承包人可向发包人提出进行调整或修补的建议，发包人收到建议后，未在缺陷责任期内向承包人发出指示通知的，相关工程或区段工程应视为已通过该竣工后试验。

③ 发包人无故拖延给予承包人进行调查、调整或修补所需的进入工程或区段工程的许可，并造成承包人费用增加的，应承担由此增加的费用并支付承包人合理利润。

8．工程总承包的缺陷责任与保修

（1）缺陷责任与保修主要指在竣工接收之前，因试验和检验程序而发现的缺陷其责任和修补工作。本合同约定的主要内容有：

① 发包人可在颁发接收证书前随时指示承包人：

A. 对不符合合同要求的任何工程设备、材料或其他工作进行修补，也可以将其移出现场更换或重新实施；

B. 实施因意外、不可预见的事件或其他原因引起的、为工程的安全迫切需要的任何修补工作。

② 如果引起上款第② 目的情形是由发包人或其人员的任何行为导致或者是合同第 17.4 款不可抗力后果的承担中适用的不可抗力事件的情形导致，发包人应承担因此引起的工期延误和承包人费用损失，并向承包人支付合理的利润。

（2）在工程移交发包人后，缺陷责任期内，发包人和承包人应共同查清缺陷或损坏的原因。因承包人原因产生的质量缺陷，承包人应承担质量缺陷责任和保修义务，保修范围、期限和责任在专用合同条件和工程质量保修书中约定。经查验非承包人原因造成的，发包人应承担修复的费用，并支付承包人合理利润。缺陷责任期届满，承包人仍应按合同约定的工程各部位保修年限承担保修义务。

【工程案例】

2012 年 12 月 25 日，某城市投资公司与 ZY 工程公司签订了《科研生产办公写字楼工程 EPC 总承包合同》，该合同约定：合同价格为 354，200，000 元（大写：叁亿伍仟肆佰贰拾万元整）。ZY 工程公司负责承建该工程所涉及的主体建筑土建及安装的施工图设计、材料设备采购、施工。专用合同条件第 11.1.1 条约定，缺陷责任保证金金额为合同协议书签约合同价格的 5%。

2017 年 12 月 15 日，该工程完成竣工验收。2018 年 12 月 28 日，该项目结算价双方确认为合同包干价 354，200，000 元，ZY 工程公司作为施工单位与城市投资公司作为建设单位盖章确认。随后城市投资公司向中油工程公司支付了结算总价 95% 的工程款即 336，490，000 元，剩余质量保证金 17，710，000 元未支付。

2020 年 8 月 25 日，ZY 工程公司向人民法院提出诉讼请求：（1）判令城市投资公司支付工程质量保证金 17，710，000 元；（2）判令城市投资公司支付逾期付款利息 7，739，27 元【以 17，710，000 元为基数，按照中国人民银行 1~5 年（含 5 年）贷款基准利率为 4.75%，自 2012 年 12 月 25 日算至 2020 年 8 月 25 日共计 92 个月】。

【问题思考】ZY 工程公司这两项诉求合理吗？

【案例评析】原告（ZY 工程公司）向新疆维吾尔自治区克拉玛依市中级人民法院提出诉讼请求：（1）判令城市投资公司支付工程质量保证金 17，710，000 元；（2）判令城市投资公司支付工程款 3，131，713 元；（3）判令城市投资公司支付施工图设计费 3，836，000 元及逾期付款利息 1，117，5.60 元【以 3，068，800 元为基数，按照中国人民银行 1~5 年（含 5 年）贷款基准利率为 4.75%，自 2012 年 12 月 25 日算至 2020 年 8 月 25 日共计 92 个月】。

法院审理后认为：《最高人民法院关于审理建设工程施工合同纠纷案件适用法律问题的解释（二）》第 8 条规定："有下列情况之一，承包人请求发包人返还工程质量保证金的，人民法院应予支持：（一）当事人约定的工程质量保证金返还期限届满。（二）当事人未约定工程质量保证金返还期限的，自建设工程通过竣工验收之日起满二年……"《建设工程质量保证金管理办法》第 2 条规定："本办法所称建设工程质量保证金（以下简称保证金）是指发包人与承包人在建设工程承包合同中约定，从应付的工程款中预留，用以保证承包人在缺陷责任期内对建设工程出现的缺陷进行维修的资金。缺陷责任期一般为 1 年，最长不超过 2 年，由发、承包双方在合同中约定。"由此可见，对于保修期限的规定属于强制性的规定。ZY 工程公司应在《建设工程质量管理条例》第 40 条规定的最低保修期内承担法定的保修责任。而质量保证金的期间实际针对的是缺陷责任保修期，《科研生产办公写字楼工程 EPC 总承包合同》中专用条款第 11.1.1 条约定缺陷责任保证金金额为合同协议书签约合同价格的 5%，即 17，710，000 元（354，200，000 元 ×5%）。涉案工程自 2017 年 12 月 15 日竣工验收至今，约定的两年期已经届满，城市投资公司未对该工程提出缺陷质量问题，应当根据合同约定返还全部 5% 的质量保证金，即向 ZY 工程公司返还质保金 17，710，000 元，ZY 工程公司的该项诉求合法有据，本院予以支持。

9. 工程总承包的工程保险

双方应按照专用合同条件的约定向双方同意的保险人投保建设工程设计责任险、建筑安装工程一切险和第三者责任险等保险。第三者责任险最低投保额应在专用合同条件内约定。

发包人应为其在施工现场的雇用人员办理工伤保险，缴纳工伤保险费；包括工程师及由合同当事人为履行合同聘请的第三方在施工现场的雇用人员依法办理工伤保险。

10. 工程总承包的索赔管理

2020 版《工程总承包合同》规定，一旦索赔事件发生，索赔方应立即严格按照合同约定的时效提交索赔意向书及索赔报告，如果索赔事项具有持续影响力的，应每月递交延续索赔通知，在索赔事件影响结束后的 28 天内，索赔方应向对方提交最终的索赔报告。否则，极有可能导致追加付款、延长工期的请求都得不到保护的不利后果。

2020 版《工程总承包合同》还规定，无论是承包人或工程师，在收到索赔方提交索赔报告后，应及时审查索赔报告的内容，并在 42 天内将书面认可的索赔处理结果答复索赔方，否则会被视为认可索赔。

在 2020 版《工程总承包合同》中，对合同当事人提交索赔材料的对象也做了规定。承包人作为索赔方时，其提出索赔意向通知书、索赔报告及相关索赔文件的对象是工程师。发包人作为索赔方时，其索赔意向通知书、索赔报告及相关索赔文件可自行向承包人提出或由工程师向承包人提出。

根据 2020 版《工程总承包合同》，承包人索赔的主要条款见表 6-1：

2020 版《工程总承包合同》中承包人索赔的主要条款　　　　表 6-1

序号	合同条款	索赔的事由
1	1.4.3	承包人需对实施方法进行研发试验的，或须对项目人员进行特殊培训及其有特殊要求的，除签约合同价已包含此项费用外，双方应另行订立协议，费用由发包人承担
2	1.9	在施工现场一旦发现文物、古迹以及具有地质研究或考古价值的其他遗迹、化石、钱币或物品文物，发包人、工程师和承包人应按有关政府行政管理部门要求采取妥善的保护措施，由此增加的费用和（或）延误的工期由发包人承担
3	1.12	《发包人要求》或其提供的基础资料错误导致承包人增加费用和（或）工期延误的，发包人应承担由此增加的费用和（或）工期延误，并向承包人支付合理利润
4	2.2.3	发包人原因未能及时向承包人提供施工现场和施工条件
5	2.3	发包人原因未能在合理期限内提供相应基础资料
6	2.4.2	发包人原因未能及时办理完毕相关的许可、批准或备案
7	3.2	发包人人员未遵守法律及有关安全、质量、环境保护、文明施工等规定
8	3.5.3	工程师未能按合同约定发出指示、指示延误或指示错误
9	3.6.4	合同双方当事人在争议解决前暂按工程师的确定执行
10	4.2	非因承包人原因导致工期延长继续提供履约担保
11	4.8	承包人因采取合理措施克服不可预见的困难
12	5.1.3	在基准日期之后，国家颁布新的强制性规范、标准
13	5.2.3	对约定需审查或批准的承包人文件，政府有关部门或第三方审查单位审查批准时间较合同约定时间延长
14	6.2.1	1. 发包人需要对材料设备进场计划进行变更； 2. 发包人提供的材料和工程设备的规格、数量或质量不符合合同要求，或由于发包人原因发生交货日期延误及交货地点变更等
15	6.2.2	由于国家新颁布的强制性标准、规范，造成承包人负责提供的材料和工程设备，虽符合合同约定的标准，但不符合新颁布的强制性标准
16	6.2.3	承包人负责对发包人供应的材料和工程设备使用前的必要检验
17	6.4.1	发包人原因造成工程质量未达到合同约定标准
18	6.4.3	1. 工程师不能按时对隐蔽工程进行检查的，顺延时间超过 48 小时； 2. 工程师对已覆盖的部位进行重新检查
19	6.5.3	工程师要求承包人重新试验和检验
20	6.6.2	因发包人或其人员的任何行为导致工程需要修补、重做
21	7.3	承包人提供合同约定的合作、条件或协调在考虑到《发包人要求》所列内容的情况下是不可预见的
22	7.8.1	发包人对已知悉的承包人对施工现场周围和（或）地下的建筑物、构筑物、文物建筑、古树、名木、管线、线缆、化石和坟墓等进行保护的措施未能及时作出指示，所造成的损害、损失、赔偿等
23	7.9.1	发包人未能按约定使开工时间延误；发包人未能按约定提供水、电等，给承包人造成的损失
24	8.1.2	发包人原因造成实际开始现场施工日期迟于计划开始现场施工日期后第 84 天的
25	8.7.1	因发包人原因导致工期延误
26	8.7.4	承包人因采取合理措施而延误工期
27	8.8.1	发包人指示承包人提前竣工
28	8.8.2	承包人提出提前竣工的建议得到发包人接受

续表

序号	合同条款	索赔的事由
29	8.9.1	由发包人暂停工作
30	8.9.2	发包人收到承包人发出的通知（催告付款通知、或发包人原因导致承包人无法继续履行合同的通知）后的 28 天仍不予以纠正
31	8.9.4	暂停工作期间的工程照管
32	9.2.1	竣工试验因发包人原因被延误 14 天以上的
33	9.4.1	试验因发包人原因被延误 14 天以上的
34	10.2.2	发包人在全部工程竣工前，使用已接收的单位/区段工程导致承包人费用增加
35	10.3.3	发包人无正当理由不接收工程
36	11.3.1	承包人按照发包人指令进行调查，其调查结果未发现任何缺陷或者缺陷非承包人原因所致
37	11.3.3	经查验缺陷或损坏非承包人原因造成的
38	12.2.1	竣工后试验因发包人原因被延误
39	12.2.2	竣工后试验非承包人原因未能在缺陷责任期或双方另行同意的其他期限内完成
40	12.4.3	发包人已向承包人发出通知，但在通知的修补时间内发包人又无故拖延承包人，并造成承包人费用增加
41	13.3.4	因变更引起工期变化的，合同当事人均可要求调整合同工期
42	13.4.2	发包人原因导致暂估价合同订立和履行迟延
43	13.7.1	基准日期后，法律变化导致承包人在合同履行过程中所需要的费用发生除第 13.8 款市场价格波动引起的调整约定以外的增加时
44	15.1.3	发包人违约的责任
45	16.2.1	因发包人违约解除合同
46	17.4	不可抗力的后果

11．工程总承包的合同违约与合同解除

（1）发包人因承包人违约解除合同

除专用合同条件另有约定外，发包人有权基于下列原因，以书面形式通知承包人解除合同：

①承包人未能遵守第 4.2 款履约担保的约定；

②承包人未能遵守第 4.5 款分包有关分包和转包的约定；

③承包人实际进度明显落后于进度计划，并且未按发包人的指令采取措施并修正进度计划；

④工程质量有严重缺陷，承包人无正当理由使修复开始日期拖延达 28 天以上；

⑤承包人破产、停业清理或进入清算程序，或情况表明承包人将进入破产和（或）清算程序，已有对其财产的接管令或管理令，与债权人达成和解，或为其债权人的利益在财产接管人、受托人或管理人的监督下营业，或采取了任何行动或发生

任何事件（根据有关适用法律）具有与前述行动或事件相似的效果；

⑥ 承包人明确表示或以自己的行为表明不履行合同，或经发包人以书面形式通知其履约后仍未能依约履行合同，或以不适当的方式履行合同；

⑦ 未能通过的竣工试验、未能通过的竣工后试验，使工程的任何部分和（或）整个工程丧失了主要使用功能、生产功能；

⑧ 因承包人的原因暂停工作超过 56 天且暂停影响到整个工程，或因承包人的原因暂停工作超过 182 天；

⑨ 承包人未能遵守第 8.2 款竣工日期规定，延误超过 182 天；

⑩ 工程师根据第 15.2.2 项通知改正发出整改通知后，承包人在指定的合理期限内仍不纠正违约行为并致使合同目的不能实现的。

（2）承包人因发包人违约解除合同

除专用合同条件另有约定外，承包人有权基于下列原因，以书面形式通知发包人解除合同：

① 承包人就发包人未能遵守第 2.5.2 项关于发包人的资金安排发出通知后 42 天内，仍未收到合理的证明；

② 在第 14 条规定的付款时间到期后 42 天内，承包人仍未收到应付款项；

③ 发包人实质上未能根据合同约定履行其义务，构成根本性违约；

④ 发承包双方订立本合同协议书后的 84 天内，承包人未收到根据第 8.1 款的开始工作通知；

⑤ 发包人破产、停业清理或进入清算程序，或情况表明发包人将进入破产和（或）清算程序或发包人资信严重恶化，已有对其财产的接管令或管理令，与债权人达成和解，或为其债权人的利益在财产接管人、受托人或管理人的监督下营业，或采取了任何行动或发生任何事件（根据有关适用法律）具有与前述行动或事件相似的效果；

⑥ 发包人未能遵守第 2.5.3 项的约定提交支付担保；

⑦ 发包人未能执行第 15.1.2 项通知改正的约定，致使合同目的不能实现的；

⑧ 因发包人的原因暂停工作超过 56 天且暂停影响到整个工程，或因发包人的原因暂停工作超过 182 天的；

⑨ 因发包人原因造成开始工作日期迟于承包人收到中标通知书（或在无中标通知书的情况下，订立本合同之日）后第 84 天的。

发包人接到承包人解除合同意向通知后 14 天内，发包人随后给予了付款，或同意复工，或继续履行其义务，或提供了支付担保等，承包人应尽快安排并恢复正常工作；因此造成工期延误的，竣工日期顺延；承包人因此增加的费用，由发包人承担。

（3）提出解除合同的当事人应在发出正式解除合同通知 14 天前告知对方其解除合同意向，除非对方在收到该解除合同意向通知后 14 天内采取了补救措施，否则可向对方发出正式解除合同通知立即解除合同。解除日期应为对方收到正式解除合同通知的日期，但在第⑤目的情况下，提出解除合同的当事人无须提前告知对方其解除合同意向，可直接发出正式解除合同通知立即解除合同。

（4）合同解除后，由发包人或由承包人解除合同的结算及结算后的付款约定仍然有效，直至解除合同的结算工作结清。

【案例背景】

由某建设集团有限公司作为牵头人，和某建筑设计研究院组成联合体，签订了《联合体投标协议书》，共同参与"某科幻谷文化园主体工程"的设计、采购、施工总承包投标（招标前项目只完成了方案设计）。后联合体与项目建设单位签订了《某科幻谷文化园主体工程设计采购施工（EPC）总承包工程总承包合同》（以下简称总承包合同），合同主要内容有：

1. 承包范围：以设计采购施工总承包方式对该项目实行全过程的工程总承包，包含了该项目有关的所有建安工程相关的建设内容。

2. 签约合同价：52600 万元。其中：建安工程费 32000 万元，设备费 18800 万元，设计费 1800 万元。

3. 预付款：发包人收到承包人提交的预付款保函后 10 日内支付 8800 万元。

4. 合同价款支付：按月进度支付。承包人应在每月 25 日之前向发包人提交月进度付款报表，经监理人审核、发包人确认、发包人委托的审计单位审核通过后进行支付。

合同履约过程中发生了如下情况：

1. 中标后承包人对项目进行了初步设计与概算，发现造价超过 7 亿元，远高于中标价。

2. 合同履行中，各方对设计方案进行了多次调整与优化，设法降低造价；同时发包人也需要优化方案以适应开馆运营，但修改后的方案概算仍超过 6 亿元。

3. 2017 年 6 月 23 日承包人向发包人提供 5000 万预付款银行保函，发包人在 7 月 5 日支付 5000 万元预付款。

4. 2017 年 8 月 25 日，承包人报送第一期工程款支付申请表，监理单位于 2017 年 9 月 13 日完成审核，审核金额为 15 202 142 元。发包人于当日要求承包人补充如下资料："1. 请提供工程款支付依据，即提供工程量清单综合单价计算表（工程预算书）。2. 请提供临时设施专用账号，按有关规定和文件执行。"承包人对发包人的回复未作出回应。

2017 年 9 月 25 日，承包人报送第二期工程进度款支付申请表，监理单位于 2017 年 10 月 22 日也出具了工程款支付证书，发包人于 2017 年 10 月 31 日才进行审核，审价单位于 2017 年 11 月 6 日签字审核完毕，审定金额为 6813976 元。

5. 2017 年 10 月 23 日，承包人告知发包人"尚有 3800 万元预付款至今尚未支付，如贵司继续拖延，将保留解除合同的权利。"发包人当日回复"3800 万元预付款事宜我公司一直未收到贵司的支付票据。"承包人对发包人的回复未作出回应。

6. 2017 年 11 月 9 日，承包人以发包人未按合同约定支付预付款和进度款为由，向发包人发出《解除 EPC 总承包合同通知函》。

7. 本项目设计方案进行多次修改，前期工程施工量并不大，截至 2017 年 10 月份，已完工程价款并未超过已付预付款金额。

【问题思考】

承包人在 2017 年 11 月 9 日提出解除 EPC 总承包合同是否构成违约行为？

【案例评析】

在本案例中，承包人称发包人未按合同约定按时支付预付款和工程进度款，从而解除 EPC 总承包合同。据此我们重点来分析发包人在履行合同过程中，是否存在延期支付预付款和工程进度款的违约行为。

1. 关于预付款。根据合同约定，发包人应当向承包人支付 8800 万元预付款，而发包人仅支付 5000 万元之事实清楚。发包人未全面支付预付款的原因：① 2017 年 6 月 23 日承包人向发包人提供预付款银行保函是 5000 万元，因此，发包人在 7 月 5 日支付的预付款只有 5000 万元。② 2017 年 10 月 23 日，承包人告知发包人"尚有 3800 万元预付款至今尚未支付。"发包人当日回复"3800 万元预付款事宜我公司一直未收到贵司的支付票据。"但承包人对发包人的回复未作出回应，既不进行解释或说明，也不按发包人要求提供支付票据。故发包人未支付全部的预付款应属于非故意拖欠。

2. 关于工程进度款。承包人报送第一期工程款支付申请表，监理单位审核完成的当日，发包人就要求承包人补充如下资料："1. 请提供工程款支付依据，即提供工程量清单综合单价计算表（工程预算书）。2. 请提供临时设施专用账号，按有关规定和文件执行。"但承包人对发包人的回复未作出回应。故发包人在提出具体的书面要求后未得到回应的情况下，暂停支付第一期工程进度款应属于非故意拖欠。

2017 年 9 月 25 日，承包人报送第二期工程款支付申请表，监理单位于 2017 年 10 月 22 日出具了工程款支付证书，发包人于 2017 年 10 月 31 日完成审核，审价单位于 2017 年 11 月 6 日签字审核完毕。但 2017 年 11 月 9 日，承包人向发包人发出《解除 EPC 总承包合同通知函》。按合同约定的程序 11 月 6 日才完成全部审核手续，发包人在 11 月 9 日前还没有支付工程款，事实上是构成了延迟付款三天，但这是否就构成解除合同的充足理由呢？

3. 关于合同的解除。通用条款 14.9.2 条约定："发包人延误付款 30 日以上，承包人有权向发包人发出要求付款的通知，发包人收到通知后仍不能付款，承包人可暂停部分工作，视为发包人导致的暂停，并遵照 4.6.1 条发包人暂停的约定执行"。14.9.3 条约定："发包人的延误付款达 60 日以上，并影响到整个工程实施的，承包人有权根据 18.2 款的约定向发包人发出解除合同的通知，并有权就因此增加的相关费用向发包人提出索赔。"

因此，发包人在工程款支付方面虽然存在一定违约责任，但承包人可以要求工期顺延，或按照合同主张其他索赔，但不足以达到主张合同解除之标准，即不足以"影响到整个工程实施的"程度。

4. 承包人解除合同的原因。承包人急于解除合同，其主要原因应该是本身对投资风险预估严重不足。在合同履行过程中发现实际造价远远高于合同中标价：① 虽然投标时有总体设计方案，但初步设计、概算未完成，土建估价存在较大误差。中标后进行初步设计与概算才发现造价超过 7 亿元，远高于中标价 5.26 亿元。② 合同履行中，各方对设计方案进行了多次调整与优化，设法降低造价，但修改后的方案概算仍超过 6 亿元。

结论：承包人关于发包人逾期支付预付款和工程款而解除合同的事由与事实不符（详见上面的【案例评析】），承包人单方面解除合同构成违约行为。

退一步而言，即使发包人存在逾期支付预付款和进度款的违约行为，根据总承包合同的通用条款第 14.9.3 条约定，发包人延误付款达 60 日以上，并影响到整个工程实施的，承包人有权根据 18.2 条的约定向发包人发出解除合同的通知。本案例中，承包人前期工程施工量不大，截至 2017 年 11 月 9 日，其申报的两期工程进度款分别为 15202142 元、6813976 元，发包人已支付的 5000 万元预付款足以抵扣，故发包人未足额支付的预付款、进度款尚未达到"影响到整个工程实施的"的程度。

因此，本案例不符合约定的解除合同的条件，承包人于 2017 年 11 月 9 日无正当理由发出了解除合同通知，其提出解除合同的行为存在违约。

12．工程总承包合同的争议及裁决

（1）发生争议后，合同双方首先应通过友好协商解决。争议的一方，应以书面形式通知另一方，说明争议的内容、细节及因由。在上述书面通知发出之日起的 30 日内，经友好协商后仍存争议时，合同双方可提请双方一致同意的工程所在地有关单位或权威机构对此项争议进行调解；在争议提交调解之日起 30 日内，双方仍存争议时，或合同任何一方不同意调解的，按专用条款的约定通过仲裁或诉讼方式解决争议事项。

（2）发生争议后，须继续履行其合同约定的责任和义务，保持工程继续实施。除非出现下列情况，任何一方不得停止工程或部分工程的实施：

A. 当事人一方违约导致合同确已无法履行，经合同双方协议停止实施；

B. 仲裁机构或法院责令停止实施。

（3）停止实施的工程或部分工程，当事人按合同约定的职责、责任和义务，保护好与合同工程有关的各种文件、资料、图纸、已完工程，以及尚未使用的工程物资。

单元小练

一、简答题

1. 工程总承包合同与施工总承包合同有什么区别？

2.《建设项目工程总承包合同（示范文本）》GF—2020—0216 的内容有哪几部分？

3. 工程总承包合同中"签约合同价"中价格的构成有哪几部分？

二、案例分析

案例背景资料：

2020 年 9 月 17 日，广东 A 公司与北京 B 建设公司签订《广东 A 公司 100 万吨 / 年含硫含酸重质油综合利用装置配套污水处理厂项目设计设备采购安装工程总包合同》（以下简称《工程总包合同》），合同主要内容包括：

1. 合同当事人：发包方（甲方）为：广东 A 公司，

承包方（乙方）为：北京 B 建设公司。

2. 承包范围：污水处理厂设计、设备材料供货、工程安装、指导调试等工作。

3. 合同工期：工程设计、建设工期为 2020 年 9 月 17 日至 2021 年 5 月 31 日。

合同履约过程中，发生了如下事件：

1. 2020 年 10 月 22 日，广东 A 公司与北京 B 建设公司等共同召开初步设计审查会，各方对污水处理厂初步方案进行讨论，经协商一致，确定优化边界条件、重新优化布置平面图等修改内容。

2. 2020 年 12 月 27 日，召开了污水处理构筑物桩基设计图协调会，发包人广东 A 公司要求变更设计方桩基方案，由此设计方进行了相关调整。此后发包人于 2021 年 1 月 12 日两次对设计方关于平面布置及防爆区域确认函予以了回复，调整了防爆区域图纸。

3. 2021 年 5 月 29 日，承包人向发包人出具《关于广东 A 公司项目执行过程中涉及工程增量的请示函》，称因"设计变更"，请广东 A 公司"根据实际情况对于增加的工作量和设备变更给予支持并确认"。

4. 发包人回函"对于增加工作量和设备变更"予以拒绝。此后，双方多次协商未能达成一致意见，还因北京 B 建设公司未进场进行安装工程施工等问题产生诸多争议。

5. 2021 年 9 月 2 日，承包人北京 B 建设公司向发包人广东 A 公司出具《关于解除合同的通知》要求解除双方签订的《工程总包合同》，由发包人广东 A 公司支付设计、设备采购费及实际增加设计、采购费用并支付延误工期违约金、返还履约保证金。

【问题思考】

承包人北京 B 建设公司在 2021 年 9 月 2 日提出的索赔成立吗？说明理由。

参考文献

[1] 沈中友.工程招投标与合同管理 [M].3 版.武汉：武汉理工大学出版社，2018.

[2] 刘钦.工程招投标与合同管理 [M].北京：高等教育出版社，2003.

[3] 张立秋.工程招投标与合同管理 [M].北京：化学工业出版社，2009.

[4] 钱闪光，姚激，杨中.工程招投标与合同管理 [M].北京：北京邮电大学出版社，2021.

[5] 刘旭灵，陈博.建设工程招投标与合同管理 [M].3 版.长沙：中南大学出版社，2021.

[6] 夏清东，蒋慧杰.工程招投标与合同管理 [M].北京：中国建筑工业出版社，2014.

[7] 中华人民共和国住房城乡建设部.建设工程施工合同（示范文本）：GF—2017—0201[Z].2017.

[8]《标准文件》编制组.标准施工招标资格预审文件 [M].北京：中国计划出版社，2007.

[9]《标准文件》编制组.标准施工招标文件 [M].北京：中国计划出版社，2007.

[10] 全国一级造价师执业资格考试用书编写委员会.建筑工程项目施工管理（全国一级建造师执业资格考试用书）[M].北京：中国建筑工业出版社，2023.

[11] 全国造价工程师职业资格考试培训教材编写委员会.建设工程计价（全国注册造价师职业资格考试培训教材）[M].北京：中国计划出版社，2023.

[12] 中华人民共和国住房和城乡建设部，中华人民共和国国家质量监督检验检疫总局.建设工程量清单计价规范：GB 50500—2013 [S].北京：中国计划出版社，2013.